Edición exclusiva impresa bajo demanda
por CreateSpace, Charleston SC.

© Rafael Arráiz Lucca, 2016
© Editorial Alfa, 2016
© alfadigital.es, 2016

Reservados todos los derechos. Queda rigurosamente prohibida, sin autorización escrita de los titulares del Copyright, bajo las sanciones establecidas en las leyes, la reproducción parcial o total de esta obra por cualquier medio o procedimiento, incluidos la reprografía y el tratamiento informático.

Editorial Alfa
Apartado 50304, Caracas 1050, Venezuela
Telf.: [+58-2] 762.30.36 / Fax: [+58-2] 762.02.10
e-mail: contacto@editorial-alfa.com
www.editorial-alfa.com

ISBN: 978-980-354-406-5

Diseño de colección
Ulises Milla Lacurcia

Diagramación
John Sánchez

Corrección
Magaly Pérez Campos

Imagen de portada
Avenida Abraham Lincoln. Sabana Grande. Caracas.
Tarjetas Nacionales de Venezuela. Intana.

Printed by CreateSpace, An Amazon.com Company

El petróleo en Venezuela.
Una historia global

Rafael Arráiz Lucca

Índice

Agradecimientos 11

Introducción 13

**Los afloramientos de petróleo y sus primeros usos:
de la antigüedad a 1878** 17
   En la Antigüedad 18
   En América y Venezuela 20
   La tradición jurídica 27
   El dictamen del doctor José María Vargas 34
   En el mundo 36
   A Edwin Drake le suena la flauta 39
   Rockefeller entra en escena 41
   La dinastía Nobel y los Rothschild en Bakú 43
   Las primeras concesiones venezolanas 45

De Petrolia del Táchira a Los Barrosos 2 (1878-1922) 49
   Petrolia del Táchira 50
   El lago de asfalto de Guanoco y nuevas concesiones 53
   La Royal Dutch y la Shell 60
   Los buques cisterna y el canal de Suez 62
   La tecnología no se detiene: el automóvil comienza a gobernar 63

El automóvil llega a Venezuela 65
California y Texas 69
El Medio Oriente en el mapa 71
La epopeya de los hermanos Wright 72
Rumbo a la Primera Guerra Mundial 74
Incendio en Bakú 75
El llamado Proceso de Burton 76
México entra en escena 77
Fin del *trust* de la Standard Oil 79
La Venezuela promisoria. El Informe Arnold.
   La Shell abre la puerta 80
La Turkish Petroleum Company 86
Los inicios de la postguerra 87
La primera ley sobre Hidrocarburos de Venezuela (1920) y la
   impronta de Gumersindo Torres y Pedro Manuel Arcaya . . 88
Lluvia de concesiones 95
Cuarenta y cuatro años (1878-1922)
   y una apuesta en espera de resultados 97

De Los Barrosos 2
a la Ley de Hidrocarburos (1922-1943) 99
Nuevas técnicas de exploración 99
La gasolina reina 100
El Teapot Dome 101
Los acuerdos de San Remo y de la Línea Roja 102
En Venezuela: un punto de inflexión (1922) 103
La Compañía Venezolana del Petróleo:
   ¿una empresa al servicio del general Gómez? 105
La Standard Oil toca a la puerta 110
Edward Doheny y la familia Mellon (Gulf) en Venezuela . 113
El mapa petrolero venezolano entre 1928 y 1935 115
El Acuerdo de Achnacarry 122
La Gran Depresión 124

De nuevo Texas 125
Turbulencia en Irán 127
El indicio de Bahrein 127
El gobierno del general Eleazar López Contreras (1936-1941)
    y las huellas de Néstor Luis Pérez y Manuel R. Egaña . . 128
Arabia Saudita y Kuwait entran en escena 138
El gobierno del general Isaías Medina Angarita (1941-1945)
    y la Ley de Hidrocarburos de 1943 140
En veintiún años (1922-1943), un cambio radical 154

De la Ley de Hidrocarburos a la OPEP (1943-1960) 159
El petróleo en el ojo del huracán:
    la Segunda Guerra Mundial (1939-1945) 159
Japón expansionista 160
Rommel en el desierto 161
Los delirios de Hitler 162
Superioridades técnicas 163
Pausa y desarrollo 164
El trienio adeco (1945-1948), el *fifty-fifty*, Rómulo Betancourt,
    Rómulo Gallegos y Juan Pablo Pérez Alfonzo 165
El orden petrolero de la postguerra (1946-1958) 175
Los dos años de Carlos Delgado Chalbaud (1948-1950),
    el regreso de Egaña y la misión al Medio Oriente 178
Otra crisis en Irán 185
Gamal Abdel Nasser y el canal de Suez 186
Nuevos actores 187
La dictadura militar de Marcos Pérez Jiménez (1950-1958)
    y las nuevas concesiones 189
El gobierno de transición de Edgar Sanabria (1958)
    y el 60% y 40% 199
El segundo gobierno de Rómulo Betancourt (1959-1964)
    y la creación de la CVP y la OPEP 205
Diecisiete años cruciales (1943-1960) 209

De la OPEP a la estatización del petróleo (1960-1976) ... 211
  Libia toca la trompeta 211
  Un elefante en Alaska 213
  El segundo gobierno de Rómulo Betancourt (1959-1964)
    y la política petrolera con Pérez Alfonzo en el epicentro 213
  El gobierno de Raúl Leoni (1964-1969)
    y los desacuerdos con Pérez Alfonzo 219
  La guerra de los Seis Días 226
  El primer gobierno de Rafael Caldera (1969-1974):
    reversión y estallido de precios 227
  Mayor consumo, menor producción 232
  La guerra del Yom Kippur 234
  Otro embargo petrolero 235
  La hora de la OPEP ha llegado 235
  El mar del Norte 236
  El primer gobierno de Carlos Andrés Pérez (1974-1979):
    la administración de la bonanza y la estatización
    de la industria 237
  La decantación de un proyecto nacional (1960-1976) 245

De la estatización a la apertura petrolera (1976-1995) ... 247
  La creación de PDVSA y el proceso de simplificación
    de sus filiales 248
  El *sha* de Irán y el ayatola Jomeini 255
  El gobierno de Luis Herrera Campíns (1979-1984)
    y los inicios de la internacionalización de PDVSA 256
  La anarquía en los precios 265
  Estalla la guerra Irán-Irak 265
  La deuda externa, un nuevo sacudón 266
  El mercado petrolero inicia una transformación 267
  El gobierno de Jaime Lusinchi: un cambio
    de criterio gerencial para PDVSA (1984-1989) 268
  La situación cambió 275

El tema ambiental sobre la mesa 276
El segundo gobierno de Carlos Andrés Pérez (1989-1993) y
   el interregno de Ramón J. Velásquez (1993-1994) 277
Cayó el muro de Berlín 286
Irak invade Kuwait 286
Nuevas realidades 287
El segundo gobierno de Rafael Caldera (1994-1999)
   y la apertura petrolera 288
Veintitrés años al mando de la industria petrolera nacional
   (1976-1999) 293

De la apertura petrolera a nuestros días (1995-2016) 297
Los precios inician su escalada 298
El primer gobierno de Hugo Chávez (1999-2000) 299
El segundo gobierno de Hugo Chávez (2000-2006) 303
El paro petrolero 306
PDVSA cambia su naturaleza 308
La eficiencia en el consumo: una tendencia mundial 314
Fuentes alternativas de energía 315
El tercer gobierno de Hugo Chávez (2006-2012) 317
Nuevo mapa de producción: el petróleo de esquisto 320
Cambios en las legislaciones,
   nuevas alianzas en el ámbito mundial 322
El gobierno de Nicolás Maduro (2013-2016) 323
El petróleo venezolano en manos de la izquierda
   (1999-2016) 326

Consideraciones finales 331

Bibliohemerografía 337

Fuentes documentales 367

Trabajos de grado 371

Entrevistas 373

Índice onomástico 375

Agradecimientos

ESTOY EN DEUDA CON MUCHOS AMIGOS que me estimularon a emprender esta investigación y con otros que respondieron amablemente mis llamadas, ofreciéndome alguna pista para dar con el camino. Los primeros: Luis Pacheco y Armando Izquierdo, en Bogotá, quienes respaldaron los primeros pasos desde su condición de expedevesas fervorosos. Ya en Caracas, mi gratitud para Diego González Cruz, presidente de Coener (Centro de Orientación en Energía), quien fue solícito y prolijo en apoyos documentales; para Luis Xavier Grisanti Cano, presidente de AVH (Asociación Venezolana de Hidrocarburos), con quien me entrevisté innumerables veces; para el investigador de temas petroleros venezolanos Brian McBeth, a quien frecuenté en la Universidad de Oxford durante el período en que estuve allá (1999-2000) y quien ha sido generoso con sus trabajos e informaciones; a los profesores de la Unimet vinculados con el asunto petrolero: Rafael Mac Quhae, Carlos Lee Blanco, Nelson Quintero Moros y Ernesto Fronjosa; también va mi gratitud para Pedro Mario Burelli, exdirector externo de PDVSA, así como a gerentes que en la empresa estatal laboraron: Víctor Guédez y Luis Moreno Gómez, ambos acuciosos y entusiastas con esta investigación. Estoy en deuda con amigos y allegados a quienes el tema petrolero no les resulta ajeno: Fernando Egaña, Gustavo Henrique Machado, Luis Alfonso Herrera Orellana, y quienes han sido solícitos en proporcionarme información testimonial y documental.

Mi gratitud al personal de las bibliotecas de la Universidad del Rosario y la Biblioteca Luis Ángel Arango del Banco de la República, en Bogotá, así como al personal de la Biblioteca Pedro Grases y del Centro de Estudios Latinoamericanos Arturo Úslar Pietri de la Universidad Metropolitana, en Caracas.

Introducción

EN LAS LÍNEAS QUE SIGUEN VAMOS a pulsar el devenir del petróleo en Venezuela desde sus primeros afloramientos registrados y hasta nuestros días. Hemos organizado el trabajo en siete etapas, de acuerdo con seis acontecimientos que constituyen hitos indudables para la industria petrolera venezolana. Nos referimos a la creación de la primera empresa petrolera en Venezuela que, efectivamente, extrajo petróleo del subsuelo (1878); al hallazgo de un yacimiento de enormes proporciones que ubicó a Venezuela en el mapa mundial de los países productores en los primeros lugares (1922); a la promulgación de la Ley de Hidrocarburos (1943); a la fundación de la OPEP (1960); a la estatización de la industria petrolera nacional (1976) y a la política de apertura petrolera (1995). Estos seis hitos marcan las siete etapas en las que vamos a organizar nuestro trabajo para su mejor comprensión.

Estos períodos se acotarán de la siguiente manera. Uno primero que registra someramente los afloramientos petroleros en la Antigüedad, sus primeros usos y las noticias iniciales americanas sobre el particular. Este período parte de la Antigüedad y se detiene en 1878. El segundo período se inicia en esta fecha, cuando se funda la primera empresa petrolera en Venezuela (Petrolia del Táchira) y concluye en 1922, cuando se produce el estallido de Los Barrosos 2, en Cabimas, estado Zulia. El tercer período se inicia en esta fecha y culmina el 13 de marzo de 1943, cuando el Congreso Nacional sanciona la Ley de Hidrocarburos. El cuarto se inicia en este año anterior y culmina con la creación de la OPEP el 14 de septiembre de 1960. El quinto se inicia en 1960 y concluye el 1 de enero de 1976, cuando el presidente Carlos Andrés Pérez estatizó la industria petrolera en Venezuela. El sexto período parte de esta fecha anterior y concluye el 4 de julio de 1995, cuando el Congreso Nacional aprueba los convenios de asociación entre PDVSA y otras empresas, dentro del marco de la política de apertura petrolera adelantada por el gobierno de Rafael Caldera. El séptimo y último período se inicia en 1995 y concluye en nuestros días.

Debemos intentar ahora explicar en qué consiste la sustancia que origina esta investigación. ¿Qué es el petróleo? El doctor en geología Salvador Ortuño Arzate nos auxilia en este cometido científico. La teoría que estuvo en boga durante los años finales del siglo XIX y comienzos del XX se le debe al químico ruso Dmitri Ivánovich Mendeléiev (1834-1907), quien pensaba que el origen del petróleo era inorgánico y provenía de «la acción del agua sobre los carburos metálicos a partir de hidruros metálicos» (Ortuño, 2009: 24). Con alguna variante, pero igualmente de origen inorgánico, pensaba el químico francés Marcellin Berthelot (1827-1907) que provenía el petróleo. No obstante, las investigaciones químicas y geológicas de la comunidad internacional reúnen suficientes pruebas del origen orgánico del petróleo.

Dos párrafos del geólogo Ortuño dan cuenta del proceso de formación del petróleo. Afirma Ortuño: «La materia orgánica fósil que se encuentra en los sedimentos y en las rocas, es la precursora del petróleo. Éste se origina a partir de la materia orgánica que ha sido transformada durante millones de años, a causa de las altas presiones y el aumento de temperatura que ocurren cuando los sedimentos son sepultados y evolucionados mineralmente en el interior de los estratos de la corteza terrestre» (Ortuño, 2009: 25). Luego, el geólogo explica qué es la materia orgánica. Afirma: «está constituida por todos aquellos materiales que proceden de los organismos vivos, plantas y animales que han vivido en las épocas geológicas pasadas. Todos los seres vivos nacen, se desarrollan y mueren en la parte de la Tierra que constituye la biosfera. Todos estos materiales orgánicos o materia orgánica son acarreados, junto con los sedimentos, hacia las cuencas sedimentarias marinas o lacustres donde se depositan, o son paulatinamente desintegrados o transformados» (Ortuño, 2009: 25).

Más adelante, explica el científico cómo se desarrolla el proceso. Señala: «Cuando los materiales orgánicos son atrapados entre los sedimentos evitando el acceso de oxígeno, existirán las condiciones apropiadas para la conservación inicial de la materia orgánica ahí acumulada. Esta materia será la precursora de los hidrocarburos. El depósito de sedimentos ricos en materia orgánica es un hecho inusitado en la naturaleza, es decir, no es un fenómeno extensivo, ya que tiene baja probabilidad» (Ortuño, 2009: 26).

Respondida la pregunta que nos hemos formulado, pasemos a responder otra que el lector podría hacerse. ¿Por qué si se trabaja el petróleo en Venezuela se ausculta tanto el entorno internacional? La respuesta es sencilla: la industria petrolera es por definición una actividad internacional, ya que vive de los mercados externos, se vale de avances tecnológicos globales y, sobre todo, cualquier incidencia nacional en su desarrollo proviene de circunstancias ajenas al ámbito local. En otras palabras, es una industria globalizada a tal punto que historiar episodios nacionales de ella, en el fondo, es colocar la lupa en coyunturas de una historia planetaria. La interrelación entre los factores en juego es de tal intensidad que es imposible historiarla obviando el entorno planetario.

Por último, debemos aclararle al lector que el trabajo que emprendemos está signado por la necesidad de fijar una visión de conjunto. En este sentido, no trabajamos con una perspectiva especializada en materia técnica, política, jurídica, económica o social, sino que, tratándose de una primera historia panorámica del petróleo en Venezuela, nos ubicamos en la perspectiva general, que incluye aportes de todos los ángulos citados antes y busca ofrecer una visión de conjunto, necesariamente breve, determinada por la síntesis. En tal sentido, si el lector siente que determinados sesgos que surgen en la lectura podrían dar pie a más extensos desarrollos, el autor también experimenta el mismo desasosiego, incluso mayor, pero si atiende al llamado de todas las sirenas no habrá manera jamás de llegar a ningún puerto. Dicho de otra manera, las ventanas que abre cada tema tocado, cada aspecto visitado, son tan seductoras que si atendemos a su llamado llegaríamos a escribir un tratado y no es nuestro propósito.

Por último, debemos expresar nuestro deseo de contribuir con un área historiográfica no abordada hasta la fecha. Nos referimos al de una historia general del petróleo venezolano en su dimensión internacional. Esta ausencia es la que nos ha llevado a articular esta investigación, además, por supuesto, del interés evidente que tiene historiar el desarrollo de la industria principal de la república, la que desde hace más de un siglo le proporciona al fisco nacional el porcentaje más alto de sus ingresos en divisas y, en consecuencia, la que representa la fuente de riqueza fundamental del Estado.

Los afloramientos de petróleo y sus primeros usos: de la antigüedad a 1878

EL DEVENIR DEL PETRÓLEO PUEDE DIVIDIRSE en distintas etapas dependiendo de la zona del planeta que vaya a historiarse, pero todas pueden agruparse en dos grandes períodos: el de los afloramientos y el de la búsqueda y extracción específica. Es decir, la larga etapa en la que el petróleo afloraba a la superficie sin que algún método lo provocara y aquella en que el hombre, con su tecnología, comenzó a extraerlo premeditadamente y con el mayor afán.

¿Cuáles son las evidencias más antiguas de la advertencia del petróleo en el planeta por parte del hombre? No es fácil responder esta pregunta en toda su diversidad, pero intentemos un mínimo cuadro de referencias que aluda a los afloramientos de un «aceite de piedra» (*petroleum*, en latín, de la combinación de *petra* y *oleum*), negro y viscoso, que emanaba del subsuelo y al que se le dio un uso diverso, dependiendo de la cultura reinante en los lugares en donde afloraba.

A aquel aceite de piedra, *petroleum*, no solo se le designó así; también se le llamó «betún» o «bitumen», vocablo latino que viene de *bitus* y señala la madera resinosa del pino; «asfalto», del latín asphaltus; «nafta», que viene del acadio (*naptu*), en Mesopotamia, o de una voz babilónica: *napata*, según otra hipótesis. En México, los aborígenes lo designaban «chapopote» y, en Venezuela, «mene» (voz indígena guajira, originalmente «mena», según certifican los lingüistas Jusayú y Olza) y título de la novela de Ramón Díaz Sánchez, acaso la mejor que se haya escrito entre nosotros sobre el universo del petróleo, junto con la de Miguel Otero Silva: *Oficina n.º 1*.

En la Antigüedad

Los griegos lo conocían. Homero (siglo VIII a. C.) en *La Ilíada* refiere, en el canto XVI, lo siguiente: «El intachable ánimo de Ayante se dio cuenta, y le estremeció esta obra de los dioses, porque truncaba sus planes de lucha el altisonante Zeus y planeaba dar la victoria a los troyanos, y se puso al abrigo de sus dardos. Prendieron infatigable fuego en la veloz nave, de la que al punto brotó llama inextinguible» (Homero, 2001: 317). Alude al «fuego griego», que veremos más adelante.

El padre de la historia, Herodoto de Halicarnaso (484 y 425 a. C.), en su obra *Historia*, en el libro VI, refiere lo siguiente:

> Pero, al ver que habían sido llevados a su presencia y que estaban a su merced, no les causó el menor daño, limitándose a instalarlos en un territorio de su propiedad, en la región de Cisia, cuyo nombre es Arderica, situado a una distancia de doscientos diez estadios de Susa y a cuarenta del pozo que produce tres tipos de sustancias. Resulta que de dicho pozo, se obtiene asfalto, sal y aceite mediante el siguiente procedimiento. Su contenido se extrae con un cigoñal que, en vez de un cubo, lleva adosado medio odre; con este recipiente remueven el producto y lo extraen para, acto seguido, echarlo en una cisterna, desde la que, todavía líquido, pasa a otro depósito, donde sigue tres conductos: el asfalto y la sal se solidifican inmediatamente, y en cuanto al aceite, que es negro y que despide un fuerte olor, los persas lo denominan *radinace* (Herodoto, 2001, tomo 12: 381).

Luego, Alejandro Magno (356 a 323 a. C.) apunta que sus enviados han hallado asfalto en Mesopotamia. Diodoro (siglo I, a. C.), refiriéndose a Babilonia, afirmaba que allí se hallaban grandes cantidades de asfalto. Plutarco (46-120 d. C.) apunta haber sabido de emanaciones en *ecbátana* y en su biografía de Alejandro (en *Vidas paralelas*), señala que el héroe recibía masajes con nafta, lo que le provocaba «desahogo y diversión».

En la India se guardan referencias todavía más antiguas de la existencia de afloramientos, cuyo líquido viscoso era usado en las construcciones para juntar ladrillos, alrededor de tres mil años antes de Cristo. En China y Japón también se recogen referencias al aceite de piedra. En Indonesia, el petróleo era conocido y hasta objeto de presentes del rey de Sumatra al emperador chino, como ocurrió el año 971. En Birmania era frecuente el uso del petróleo, al que llamaban «agua que hiede».

En la Biblia, en el Antiguo Testamento y en el Segundo Libro de los Macabeos hay una referencia precisa a un «líquido espeso» que fue rociado sobre la leña y prendió la fogata. En el libro del Génesis, capítulo ocho, se refiere que Noé utilizó petróleo para impermeabilizar el arca donde salvó a los animales del diluvio universal. En el capítulo once del mismo libro se hallan alusiones al uso de petróleo para las juntas de ladrillos en la construcción de la Torre de Babel.

Pero de todas las referencias antiguas, la más lejana es la de Asiria y Babilonia (4000 a. C.) donde se utilizaba el aceite de piedra para calafatear las embarcaciones, mientras en Egipto se usaba para mantener engrasadas las pieles y, también, en el proceso de momificación de los cadáveres. De hecho, en la tablilla XI del poema épico de *Gilgamesh* (2650 a. C.), cuando se relata el diluvio, ya se menciona el betún para el calafateo del arca: «Vertí en el horno seis *shar* de asfalto / y les añadí tres *shar* de betún. / Los porteadores de los cubos trajeron tres *shar* de aceite. / Además del *shar* de aceite que consumió el calafateo / estaban los dos *shar* que el baletero estibó» (Gilgamesh, 1997: 167-168).

De modo que en la Antigüedad el petróleo era usado para estimular el fuego, para alumbrar, para aliviar y curar dolencias.

Plinio (23-79 d. C.), en su *Historia natural,* llega a establecer hasta treinta utilidades terapéuticas, teniéndosele como la panacea universal. Afirma: «Corta hemorragias, cicatriza heridas, trata las cataratas, sirve como linimento para la gota, cura el dolor de muelas, cura el catarro crónico, alivia la fatiga al respirar, corta la diarrea, corrige los desgarros musculares y alivia el reumatismo y la fiebre».

También fue usado para mantener las antorchas encendidas, lo que le daba una supremacía guerrera a quien lo utilizaba en las contiendas. Sobre todo a partir del siglo VI, cuando los bizantinos lo utilizaron como *oleum incendiarium* («fuego griego»). Esto consistía en una combinación de petróleo con cal que, al colisionar con lo húmedo, estallaba en llamas. De allí que los bizantinos lo dispararan colocado en la punta de sus flechas o como una suerte de granadas. El fuego griego era considerado un secreto de Estado, ya que le atribuía una supremacía notable a quien sabía utilizarlo. De hecho, se ha apuntado muchas veces que Constantino logra salvar a Constantinopla de la flota musulmana de Moaviah con el uso del fuego griego, con el que pudo poner a raya a los invasores. De allí en adelante la supremacía bizantina sobre los mares se funda en esta herramienta.

En América y Venezuela

Entre las primeras referencias americanas a los afloramientos de petróleo está la de Gonzalo Fernández de Oviedo y Valdés (1478-1557), el primero en dejar por escrito una mención al petróleo venezolano, en 1535, al observarlo manar sin confundirse con el agua en una punta de la isla de Cubagua. Así consta en su *Historia natural y general de las indias, islas y tierra firme del mar océano,* en donde alude al petróleo expresamente. Afirma:

> Tiene en la punta del Oeste una fuente o manadero de un licor, como aceite, junto al mar, en tanta manera abundante que corre aquel betún

o licor por encima del agua del mar, haciendo señal más de dos y tres leguas de la isla; y aun da olor de sí ese aceite. Algunos de los que lo han visto dicen ser llamado por los naturales *stercus demonis*, y otros le llaman petrolio, y otros asfalto; y los que este postrero dictado le dan, es queriendo decir que este licor es del género de aquel lago *Aspháltide*, de quien en conformidad muchos autores escriben (Fernández de Oviedo y Valdés, 1986: 33).

De modo que será Fernández de Oviedo, alcalde de Santo Domingo y cronista de indias, el primero en dejar constancia por escrito de su presencia y, a su vez, el primero que acuñe el término con que muchos de los críticos de su presencia en la vida nacional (Juan Pablo Pérez Alfonzo) lo han llamado: «estiércol del diablo».

El mismo Fernández de Oviedo y Valdés, en la segunda parte de su libro, es el primero en referir el vocablo «mene», cuando señala que: «Hay en aquella provincia algunos ojos o manantiales de betún, a manera de brea o pez derretida, que los indios llaman *mene*, y en especial hay unos ojos que nacen en un cerrillo, en lo más alto de él, que es sabana, y muchos de ellos que toman más de un cuarto de legua en redondo. Y desde Maracaibo a estos manantiales hay veinticinco leguas» (Fernández de Oviedo y Valdés, 1987: 207-208).

Muchos años después, en 1948, un científico venezolano de origen suizo, Henri Pittier (1857-1950), describió los menes a orillas del lago de Maracaibo, observándolos *in situ*. Apelamos a esta descripción de Pittier para precisar, desde el principio de estas líneas, su naturaleza. Dijo acerca de las características de estos fenómenos: «Los menes se presentan bajo varias formas: más a menudo el asfalto mana de las rocas en las pequeñas barrancas de los declives de las lomas y corre lentamente hacia los bajos en donde llega a formar verdaderas lagunas. Otras veces, la misma sustancia cubre superficies casi planas con una capa traidora y viscosa de la que es difícil desprenderse...» (Pittier, 1948: 88).

Cuatro años después de la mención de Fernández de Oviedo, en 1539, nuestro petróleo hace su primer viaje. Un barril, este sí literal y no como medida, es enviado en las bodegas de una carabela con rumbo a Cádiz con un objeto medicinal. La historia la refiere el hermano Nectario María (Luis Alfredo Pratlong Bonicel, 1888-1986) en un trabajo publicado en 1958. Señala que Juana la Loca, reina de España, ha enviado una carta el 3 de septiembre de 1536 a los oficiales reales de Nueva Cádiz en Cubagua donde les dice que «Algunas personas han traído en estos Reynos del azeite petrolio de que hay una fuente en dicha isla… acá ha parecido que es provechoso» (Nectario María, 1958: 24-25). A partir de 1539 los envíos fueron frecuentes, según certifica el hermano Nectario María al comprobarlo en el Archivo de Indias. De modo que la primera vez que se exporta un barril de petróleo de América a Europa es esta de 1539, desde la desértica isla de Cubagua. Hasta entonces, los envíos que se han hecho a requerimiento de la reina son en envases menores. Se dice, pero no hallamos prueba convincente, que la urgencia de las solicitudes se debe a que el aceite cubagüense untado aliviaba los dolores de gota de Carlos V de Alemania y I de España, el hijo de Juana y Felipe el Hermoso.

También, la referencia a los manaderos de Cubagua es hecha por parte de uno de los principales cronistas de la época: Juan de Castellanos (1522-1607). En su *Elegías de Varones Ilustres de Indias*, el bardo deja constancia de haber vivido en la isla en su período de esplendor y de haber sufrido la catástrofe del terremoto y la desaparición de la ciudad de Nueva Cádiz, en 1543. Afirma: «Sería por el año de cuarenta / Y tres con el millar y los quinientos, / Cuando cierta señal nos representa / Bravos y furiosos movimientos. / Siguióse después desto tal tormenta / Que hizo despertar los soñolientos, / De todos vientos rigurosa guerra, / Y el mar mucho más alto que la tierra» (Castellanos, 1997: 291). Luego, la ciudad fue saqueada y quemada por piratas franceses ese mismo año.

La primera parte de la obra monumental de Castellanos (alrededor de 150 000 versos, probablemente la obra poética más extensa escrita por ser humano alguno) fue publicada en 1589. En ella se lee: «Tienen sus secas playas una fuente / Al oeste do bate la marina / De licor aprobado y escelente / En el uso común de medicina: / El cual en todo tiempo de corriente / Por cima de la mar se determina / Espacio de tres leguas, con las manchas / Que suelen ir patentes y bien anchas» (Castellanos, 1997: 275). Se trata del mismo afloramiento advertido por Fernández de Oviedo. Cualquiera que vaya a la isla puede comprobarlo en el sitio indicado. Sigue manando. Allí hemos estado varias veces y lo hemos comprobado.

Contamos con la *Descripción de la ciudad de Nueva Zamora, su término y laguna de Maracaybo, hecha por Rodrigo de Argüelles y Gaspar de Párraga, de orden del gobernador don Juan de Pimentel*, en 1579. En esta relación, los autores señalan:

> Hay en los términos de esta ciudad, una fuente de *mene* que mana como agua que sale a borbollones e hirviendo, y alrededor de estos materiales (*sic*, manantiales) se hace una laguna y se cuaja en forma de pez. Esta sirve de brea para los navíos, y en opinión de la gente de mar es mejor que la brea para el efecto de brear, y sirve también para algunas curas, y mezclándola con cera y otras grosuras se hacen velas. También sirve para pavonear espadas y otras cosas. Es un metal y un betún negro, y después de frío, duro como la pez. De ello hay cuatro fuentes en esta provincia, y de cada una de ellas se pueden cargar muchas naos para otras partes. Y si algún animal o ave, pasa por las dichas fuentes al tiempo que el sol está en su fuerza, se queda pegado y allí muere y se seca en el dicho *mene* (Arellano Moreno, 1964: 207).

Fray Bernardino de Sahagún (1499-1590) en Nueva España, hoy México, redactó no pocas obras de importancia capital. Entre ellas, la monumental *Historia general de las cosas de la Nueva España*, en donde puede leerse la primera referencia castellana al chapopotli, hoy conocido como chapopote. Dice Sahagún: «El chapopotli es un betún que sale de la mar, y es como pez de Castilla, que fácilmente se deshace y el mar lo echa de sí, con las ondas, y esto ciertos y señalados días, conforme al creciente de la luna; viene ancha y gorda a manera de manta, y ándala a coger a la orilla los que moran junto al mar. Este chapopotli es oloroso y preciado entre las mujeres, y cuando se echa en el fuego su olor se derrama lejos» (Mata García, 2009: 29). Aclaremos que la obra de Sahagún fue publicada muchos años después, ya que sus envíos eran leídos exclusivamente por funcionarios *ad hoc* y se preservaban en secreto por razones de Estado.

En la segunda mitad del siglo XVII los piratas ingleses y franceses saben que al entrar en el lago de Maracaibo, por la barra, pueden hacerse de brea para calafatear sus naves y seguir en sus trapisondas. Consta que los piratas William Jackson (1642-1643), Jean David Nau, alias el Olonés (1668), Henry Morgan (1669), Francisco Grammont de la Mothe (1678) lo hicieron en los años indicados entre paréntesis, antes o después de asolar la ciudad.

También, François Depons (1751-1812) en su *Viaje a la parte oriental de la Tierra Firme en la América Meridional* (1806) anota manaderos de petróleo en el lago de Maracaibo. Afirma: «Al noreste del lago, en la parte más estéril de sus riberas, y en un lugar llamado mene, existe un depósito inagotable de pez mineral que es el verdadero pisafalto natural (*pix montana*). Esta pez mezclada con cebo sirve para embrear los navíos» (Depons, 1960: 48). Luego, Jean-Joseph Dauxion Lavaysse (1774-1829) en su *Viaje a las islas de Trinidad, Tobago, Margarita y diversas partes de la América meridional* (1813) alude al lago de asfalto de Trinidad, a un pantano cerca de Cariaco donde «recogí petróleo» (Dauxion Lavaysse, 1967: 247), a la desembocadura del Orinoco, de cuya región afirma: «Aquí se consigue yeso abundante en azufre; en otros lugares hay piritas mezcladas con todas las rocas; hasta en las graníticas; también arcilla bituminosa muriatífera del petróleo o asfalto» (Dauxion Lavaysse, 1967: 312).

Pero de todos los viajeros de aquellos años ningunos más importantes para las ciencias que Alejandro de Humboldt (1769-1859) y Aimé Bonpland (1773-1858); y el petróleo, naturalmente, no quedó fuera de sus registros. El dúo naturalista llegó a Cumaná el 16 de julio de 1799 y estuvo en los territorios de la Capitanía General de Venezuela hasta el 24 de noviembre de 1800, cuando zarpó rumbo a Cuba. En la isla estuvieron Humboldt y Bonpland cerca de tres meses y navegaron hacia Cartagena, a donde llegan en marzo de 1801; de allí subieron a Bogotá por el río Magdalena y recorrieron el altiplano andino hasta Quito; luego fueron a Cajamarca, en Perú. Después, ya el 22 de marzo de 1803, llegan a Acapulco, procedentes de Guayaquil. El 7 de marzo de 1804 regresan a La Habana y de allí a los Estados Unidos y, finalmente, en agosto de 1804, vuelven a Europa, recalan en Burdeos y luego se dirigen a París y allí se establecen a escribir.

Cinco años de viaje por América fueron suficientes para acopiar material científico abundante y redactar un libro capital: *Viaje a las regiones equinocciales del Nuevo Continente*, publicado entre 1816 y 1831, en trece volúmenes. En este libro monumental los naturalistas vinculan los afloramientos con los terremotos, con las fallas geológicas, con los volcanes del Caribe, y fijan los sitios donde hay aguas termales y afloramientos de asfalto entre Trinidad y Maracaibo. Este constituye, en verdad, el primer mapa petrolero (un protomapa) de la parte norte de Suramérica. Afirma Humboldt: «Cito los yacimientos de asfalto, a causa de las circunstancias notables que les son propias en estas regiones; pues no ignoro que la nafta, el petróleo y el asfalto se hallan en terrenos volcánicos y secundarios, y más a menudo en los últimos. El petróleo sobrenada treinta leguas al Norte de Trinidad en derredor de la isla de Granada, en donde hay un cráter apagado y basaltos» (Humboldt, 1991: tomo III, 42-43). El relato humboldtiano continúa a lo largo de varias páginas de su libro indispensable. Señalando todos los lugares que ha visto en Tierra Firme y territorio insular en donde mana petróleo, constituyéndose en el primer registro científico petrolero venezolano.

En 1825 se envían a Europa y Estados Unidos unas muestras de petróleo denominado *aceite de Colombia* o *Colombio*. Estas muestras proceden de Betijoque y Escuque, en la entonces provincia de Trujillo, hoy Andes venezolanos. Se trata de los afloramientos que Miguel Tejera (1848-1892) en su *Venezuela pintoresca e ilustrada* (1875) refiere: «Se conocen dos minas en Trujillo, departamento Escuque… varias en el Estado Falcón, lo mismo que en el Estado Nueva Andalucía, parroquia de Araya, cerca del golfo de Cariaco» (Tejera, 1987: 319). Luego, al referirse al asfalto, señala: «Este combustible es por demás abundante en el territorio venezolano» (Tejera, 1986: 319). Afirma que se halla en Falcón, Zulia y Guayana, lo que denota que ignora la existencia del lago de asfalto de Guanoco. En cualquier caso, consigna la existencia de ambos y hace la diferencia entre petróleo y asfalto.

Por otra parte, tanto en Colombia como en Venezuela será el coronel italiano Agustín Codazzi (1793-1859) quien establezca los primeros croquis geográficos profesionales y no dejará de señalar los manaderos de petróleo donde los hubiere. En su *Resumen de la Geografía de Venezuela* (1841) y su *Atlas físico y político de la República de Venezuela* (1840) el ingeniero señala los manaderos de Trujillo, Mérida, Coro, Maracaibo y Cumaná. Afirma: «Minas inagotables de mene o pez mineral hai [sic] en las provincias de Mérida y Coro, y sobre todo en la de Maracaibo. En este último se sirven de él para embrear las embarcaciones que surcan el lago» (Codazzi, 1841: 155). La obra de Codazzi es de grandes dimensiones tanto para Venezuela como para Colombia. Asombran sus magnitudes, utilidad e importancia, así como su condición pionera.

El geólogo alemán Hermann Karsten publica en 1850, en el *Boletín de la Sociedad Geológica Alemana*, un sumario de la geología de Venezuela en sus regiones central y oriental. Al año siguiente, desde Barranquilla (donde también estudia a Colombia), redacta un informe sobre occidente aludiendo a los afloramientos en el lago de Maracaibo. Lo mismo hace el geólogo inglés G.P. Wall en su informe de 1860 para la Sociedad Geológica de Londres. Por su parte, un científico venezolano se interesa por el tema. No podía ser otro que Arístides Rojas, quien publica tres trabajos en el diario *La Opinión Nacional* en abril de 1869. Lamentablemente, no fueron recogidos en alguno de sus libros publicados. Seguramente estos textos están en la obra completa planificada por su autor, que se mantiene inédita en buena medida. En todo caso, señala en ellos los rezumaderos de petróleo, los lagos de asfalto y las emanaciones de aguas termales existentes en la geografía nacional. Hasta aquí el mapa de referencias americanas y venezolanas. Veamos ahora el intrincado tablero de la tradición jurídica y organicemos su secuencia.

La tradición jurídica

Cuatro años después del envío de muestras de Betijoque y Escuque a Europa, Simón Bolívar decreta sobre minas, el 24 de octubre de 1829, en Quito. Este decreto lo recoge luego la *Gaceta de Colombia*, en Bogotá, el 13 de diciembre del mismo año, en sus 38 artículos, que dan fe de la atención pormenorizada del legislador. Allí se establece en su artículo 1, después de los considerandos:

> Art. 1 Conforme a las leyes, las minas de cualquiera clase, corresponden a la república, cuyo gobierno las concede en propiedad y posesión a los ciudadanos que las pidan, bajo las condiciones expresadas en las leyes y ordenanzas de minas, y con las demás que contiene este decreto.

Por lo general se cita este artículo y se pasan por alto los considerandos, que aclaran mejor el propósito del Libertador y ayudan a no descontextualizar este primer artículo. En ellos se afirma:

1º Que la minería ha estado abandonada en Colombia, sin embargo de que es una de las principales fuentes de la riqueza pública.

2º Que para fomentarla es preciso derogar algunas antiguas disposiciones, que han sido origen fecundo de pleitos y disensiones entre los mineros.

3º Que debe asegurarse la propiedad de las minas, contra cualquier ataque y contra la facilidad de turbarla o perderla.

4º En fin, que conviene promover los conocimientos científicos de la minería y de la mecánica, como también difundir el espíritu de asociación y de empresa, para que la minería llegue al alto grado de perfección que se necesita para la prosperidad del estado.

Este decreto bolivariano quiteño fue ratificado el 29 de abril de 1830 por parte del Congreso Nacional, cuando la República de Venezuela se había reconstituido como tal, ya separada de Colombia, y gobernaba el general José Antonio Páez.

Detengámonos ahora en la sucesión de textos legales que atañen en distintos grados al tema minero. Antes, apelemos al estudio del doctor Antonio Planchart Burguillos, donde se lee:

> Todas nuestras tradiciones, desde la más remota antigüedad, parten del sistema regalista; los orígenes romanos y españoles de nuestra legislación, en cuanto a minas son enteramente inspirados en la vieja institución regalista y señorial, según la cual los yacimientos mineros pertenecen al Soberano, teniendo por objeto satisfacer las personales necesidades de los príncipes, quienes pueden concederlos a los súbditos mediante «mercedes reales», en virtud de las cuales los interesados se obligaban a prestar a los señores determinadas regalías (Planchart Burguillos, 1939: 13-14).

Previamente, Planchart ha aludido a las cuatro posibilidades que existen en cuanto a la propiedad de las minas. Se refiere al sistema de accesión (el dueño del suelo es dueño del subsuelo); el sistema de regalía (el Estado es dueño de la mina y concede el dominio a los particulares mediante canon); el sistema de la libre minería o *res nullius* (el particular es dueño de la mina y el Estado regularizador de la explotación) y el sistema dominial (dominio directo del Estado sobre las minas y puede conceder el derecho de explotación).

En Venezuela, desde la colonización española hasta nuestros días ha prevalecido el sistema dominial, que se diferencia del de regalías en que el dominial es facultativo. Es decir, el Estado puede o no otorgar la concesión; en el de regalías, el Estado está obligado a darla. No obstante, como bien lo indica Planchart, el sistema de regalías es anterior al dominial, y este no se explica sin el primero. En otras palabras: el de regalías establece que las minas pertenecen al rey; el segundo deja sentado que el soberano puede o no cederlas en concesión. Veamos ahora la línea de la tradición legal al respecto. Partimos de España, antes del descubrimiento de América.

La referencia más lejana es la del Fuero Viejo de Castilla, de 1128, donde se establece que pertenecen al rey las minas que estén en sus dominios. Se lee: «a las minas de oro, de plata y de plomo que se encuentren en las propiedades reales». No incluye las que estén en las propiedades de los particulares. En las Siete Partidas del rey Alfonso X el sabio, redactadas entre 1256 y 1265, se sigue el mismo principio y se añade que las que estén en sus dominios prediales pueden ser objeto de concesión. En la Segunda Partida, Ley V, Título XV, se lee en cuanto a las minas lo dicho antes: «no pudiendo los particulares explotarlas sino mediante licencia real la cual no constituía donación».

Luego, en el Ordenamiento de Alcalá de 1384, el rey don Alfonso XI sigue el mismo principio de concesión, añadiendo la sal: «Todas las mineras de plata, oro, plomo y de otro cualquier metal, de cualquier clase que sea, pertenecen a Nos; por ende, ninguno sea osado de labrar sin nuestra especial licencia y mandato; y así mismo las fuentes y pilas y pozas de sal, que son para hacer sal nos pertenecen». Tres años después, en la Ordenanza de Briviesca de

1387, el rey Juan I liberaliza la explotación de las minas, aboliendo la necesidad de licencia real para trabajarlas, aunque la contribución tributaria a favor de la Corona se incrementa.

Luego, tenemos la bula papal *Noverint Universi*, del 4 de mayo de 1493, donde se le reconoce a la Corona española la propiedad de todo aquel territorio que esté al oeste de las Azores y de las islas de Cabo Verde. Esta bula fue la que dirimió el conflicto entre españoles y portugueses, fijando el territorio que le correspondía a cada reino. Entonces, en relación con las minas se establece que «los interesados se obligaban a prestar a los señores determinadas regalías».

Sobre la base de la bula *Noverint Universi* del papa Alejandro VI, el Borgia, el rey Carlos I promulgó una real cédula específica para el ámbito americano el 9 de diciembre de 1526. Quedaban las minas de América incorporadas al patrimonio de la Corona y se permitía su explotación por parte de los particulares, previa autorización. Esta cédula real fue la primera referida a las minas de América.

Luego, las Ordenanzas de Valladolid del 10 de enero de 1559, también conocidas como las Ordenanzas de 1559, firmadas por el rey Felipe II, ratifican el mismo criterio. En ellas se declara la propiedad de la Corona sobre las minas metálicas y contempla la posibilidad de otorgar a los particulares la concesión de la explotación de las minas. Es de hacer notar que, refiriéndose al territorio americano, el monarca se manifiesta propietario de todo el territorio, no hace la distinción anterior acerca de los particulares propietarios de tierra en la península, ya que en su visión de América no los había, en cuanto al dominio sobre las minas. El mismo Felipe II, cuatro años después, firma la Pragmática de Madrid, en 1563. En este conjunto de 78 artículos se complementan las anteriores. A esta Pragmática también se la denominó Ordenanzas nuevas de las minas. Por último, Felipe II también legisló, en 1584, las llamadas Ordenanzas del Nuevo Cuaderno, también conocidas como las Ordenanzas de San Lorenzo, donde retoma los 78 artículos de Madrid y les suma unos pocos más. Estas tienen la particularidad de abolir todas las anteriores y especificar el tema relativo a las minas. Se lee:

> Revocamos, anulamos y damos por ningunas las pragmáticas y Ordenamientos hechos en Valladolid y en Madrid y cualquier reyes de Ordenamiento, Partidas y otros cualesquier Derechos y pragmáticas y fueros y costumbres en cuanto fueren contrarios a lo dispuesto en esta Ley; y queremos y mandamos que en cuanto a esto, no tengan fuerza ni vigor alguno, quedando solamente en su fuerza y vigor la Ley 3a. de este título que trata de la incorporación en nuestro Real Patrimonio de los mineros de oro, plata y azogue de estos nuestros Reinos de que se había hecho merced a personas particulares por partidas obispados y provincias.

Como vemos, Felipe II estuvo particularmente atento al tema de las minas. Naturalmente, se trataba de la primera fuente de recursos que aportaba América.

Entre las disposiciones legales dictadas y firmadas en suelo americano, contamos con las Ordenanzas de Francisco de Villagra, en Chile, en 1561; las Ordenanzas de Polo de Ondegardo para las minas de Huamanga (Perú), en 1562, y las del virrey Francisco de Toledo, en Chuquisaca, en 1574, referidas a la minas de Potosí, pero que luego se extendieron a otros ámbitos de América del Sur. Versaban sobre aspectos específicos de Potosí, extensibles por analogía. Se las conoce como las Ordenanzas de Toledo de 1574. Estas disposiciones, emanadas de autoridades en América, son particularmente casuísticas, basadas en la experiencia concreta de minas chilenas y peruanas. No obstante, las ordenanzas de Felipe II de 1584 fueron posteriores a estas y tuvieron una vigencia muy dilatada, ya que la próxima legislación sobre las minas será la de 1783, de Carlos III. Dos siglos de vigencia.

El 22 de mayo de 1783, Carlos III dicta en Aranjuez las Reales Ordenanzas para la Dirección, Régimen y Gobierno del Importante Cuerpo de la Minería de Nueva España y de su Real Tribunal General, vigentes por extensión a partir del 27 de abril de 1784 en la Intendencia de Venezuela, ya que habían sido dictadas para México. En este texto se ratifica la facultad de la Corona para otorgar concesiones. Estas fueron las últimas disposiciones de la Corona española sobre minas en América, vigentes para el momento de las independencias de las provincias españolas y las formaciones de las repúblicas americanas. Con estas ordenanzas de la monarquía en la mano, legisló el Libertador para la República de Colombia, de la que formaba parte Venezuela como departamento.

De acuerdo con Manuel R. Egaña (1900-1985) en su estudio *Venezuela y sus minas* estas ordenanzas constituyen un código de minas, exhaustivo y pormenorizado. Queda claro en su artículo 22 el objeto amplio de la ordenanza:

> Asimismo concedo que se puedan descubrir, solicitar, registrar y denunciar en la forma referida no sólo las Minas de Oro y Plata, sino también las de Piedras Preciosas, Cobre, Plomo, Estaño, Azogue, Antimonio, Piedra Calaminar, Bismuth, Salgema y cualesquiera otros fósiles, ya sean metales perfectos o medios minerales, bitúmenes o jugos de la tierra, dándose para su logro, beneficio y laborío, en los casos ocurrentes, las providencias que correspondan (Egaña, 1979: 36-37).

Como vemos, el petróleo está comprendido en «bitúmenes o jugos de la tierra»: una hermosa expresión, sin duda. Añadamos que el régimen de concesiones queda establecido en las ordenanzas. Igualmente, que las concesiones son transferibles y que las regalías serán el procedimiento tributario escogido. Conviene recordar que el Libertador, en su decreto quiteño, alude a esta ordenanza en el artículo 38. Allí se lee: «Mientras se forma una ordenanza propia para las minas y mineros de Colombia, se observará provisionalmente la ordenanza de minas de Nueva España, dada en 22 de mayo de 1783, exceptuando todo lo que trata del tribunal de minería, y jueces diputados de minas, y lo que sea contrario a las leyes y decretos vigentes. Tampoco se observará en todo lo que se halle reformada por el presente decreto». Como vemos, el presidente de la República de Colombia en 1829, Simón Bolívar, acepta este antecedente colonial en sus aspectos no modificados por el decreto que firma.

A la asunción del decreto bolivariano de 1829 por parte del Congreso Nacional en 1830 le sigue la promulgación del primer Código de Minas, sancionado por el Poder Legislativo el 15 de mayo de 1854, durante el gobierno de José Gregorio Monagas. Con este código se deroga toda la legislación anterior. A su vez, este código es perfeccionado con el Reglamento del Código de Minas, sancionado el 4 de enero de 1855.

Recordemos que la Constitución Nacional de 1811 no aborda el tema minero en ninguno de sus artículos; tampoco lo hace la Constitución Nacional de 1819, la de Angostura, ni la ley que crea la República de Colombia, el mismo año. La Constitución Nacional de 1821, la de Cúcuta, tampoco norma el asunto minero, pero sí le atribuye al Congreso, en el artículo 55: «Decretar lo conveniente para la administración, conservación y enajenación de los bienes nacionales» y, naturalmente, estas facultades incluyen las minas. La Constitución Nacional de 1830 no alberga disposiciones sobre las minas; tampoco las de 1857 y 1858, de modo que hasta esta fecha las disposiciones normativas mineras vigentes serán las contempladas en el Código de Minas de 1854 y su reglamento, de 1855.

El mapa jurídico se va a modificar a partir de la Constitución Nacional de 1864, cuando el federalismo triunfante consagre un texto constitucional netamente federal y se les otorgue gran autonomía política y administrativa a los estados que conforman la nación. La Constitución Nacional de 1864 fue sancionada por la Asamblea Nacional Constituyente el 28 de marzo de 1864 y promulgada por el mariscal Juan Crisóstomo Falcón (1820-1870) el 13 de abril del mismo año. Introduce cambios sustanciales en la república, empezando por la denominación, ya que al acogerse la forma federal del Estado, la república pasó a llamarse Estados Unidos de Venezuela, con fundamento en que la nación estaría jurídicamente instituida sobre la base de una federación de estados con autonomía. Con base en esta carta magna, veremos en otro subcapítulo cómo los estados nacionales comenzaron a otorgar concesiones mineras. Pero antes detengámonos en el preclaro dictamen del doctor Vargas sobre el «asfalto de Pedernales».

De todo lo anterior se desprende que en Venezuela, ni en el período colonial español ni en el republicano en curso, ha prevalecido el sistema de accesión, que hace al propietario del suelo propietario del subsuelo, como ocurre en los Estados Unidos de Norteamérica. Por lo contrario, siempre ha prevalecido el sistema dominial, establecido por la Corona de España y ratificado por el presidente de Colombia, Simón Bolívar, en 1829.

El dictamen del doctor José María Vargas

Otra incidencia significativa para nuestra materia de estudio tuvo al doctor José María Vargas (1786-1854) como protagonista el 3 de octubre de 1839, cuando ya había ejercido la primera magistratura (1835-1836) y había vuelto a sus tareas científicas y clínicas. Se trata de la constancia que deja de haber recibido noticias sobre la existencia de minas de asfalto en Pedernales (Guayana), y la exhortación que debería hacerse al gobernador de esta provincia para determinar la extensión de la mina y las posibilidades de arriendo para su explotación. Se manifiesta con base en una muestra que le ha llegado de Pedernales, en la región orinoquense, similar a la que ha llegado antes de Trujillo. El informe escrito del doctor Vargas se produce por solicitud del despacho de Hacienda y Relaciones Exteriores y uno de sus párrafos es francamente visionario. Dice: «Es mi única convicción que el hallazgo de las minas de carbón mineral y de asfalto en Venezuela es, según sus circunstancias actuales, más precioso y digno de felicitación para los venezolanos y su liberal Gobierno, que el de las de plata u oro» (Vargas, 1986: 73).

Párrafos antes, con su proverbial precisión científica, el doctor Vargas ha definido la naturaleza de la muestra que se le ha enviado para su examen. Afirma: «Esta sustancia mineral es el asfalto o betún de Judea de los antiguos, llamado también pez mineral. Su bello color negro de terciopelo, su brillo, su fragilidad junto con su consistencia más o menos blanda, según el calor a que está expuesta, su combustión con buena llama dejando poco residuo, su olor y demás modos muestran su buena calidad si hemos de juzgar por la muestra presentada» (Vargas, 1986: 71).

También enumera los usos que hasta entonces se le han encontrado a la sustancia; y es tan pormenorizado y erudito que vale la pena que reproduzcamos sus palabras en integridad, ya que se trata de un enunciado completo, con fundamento histórico. Afirma Vargas:

> Sus usos son: 1°- El de proteger las maderas contra efectos del agua y la destrucción por los insectos en la misma forma que el alquitrán o pez negra vegetal, así, es el alquitrán que los Indios y Árabes usan. 2°, es uno de los ingredientes del barniz negro de los Chinos, disuelta en cinco partes de nafta… Se usa como cemento en la construcción debajo del agua; y los viajeros aseguran que los grandes ladrillos de las murallas de babilonia estaban cementados con ese asfalto…Es un excelente preservativo de la putrefacción animal y de los insectos que atacan esas substancias. Así era el principal ingrediente del embalsamado de las momias egipcias…Entra en los fuegos de artificio y se cree que era uno de los ingredientes del célebre fuego griego… Constituye en parte el barniz que dan los grabadores a sus planchas de cobre antes de morderlas (Vargas, 1986: 71-73).

A los usos enumerados por Vargas le añade el sabio una opinión que no le están pidiendo, pero que lo dibuja en su formación y sensatez, además de que constituye todo un programa de políticas públicas de inspiración liberal. No olvidemos que Vargas se había educado en Edimburgo y Londres y que ya para entonces había sido el presidente fundador de la Sociedad Económica de Amigos del País, institución liberal de gran importancia para los planes de construcción de la república en su etapa postbélica. Afirma el galeno:

> En cuanto a las medidas que por el Gobierno puedan adoptarse para beneficiar la mina por cuenta del Estado: me atrevo a opinar que convendría más arrendar su uso, que beneficiarla por cuenta del Fisco; porque un empresario particular sacaría, según mi parecer, muchísimas más ventajas que un administrador puesto por Gobierno; y estas ventajas particulares vendrían a ser públicas y aun directamente útiles al erario, dando al arrendatario bastante duración para alentar al empresario a entrar en trabajos y en desarrollar su especulación, sin prolongarla tanto o hacerla indefinida que prive al Gobierno de participar de las ventajas acaso grandes que esta propiedad pública pueda dar al primer empresario (Vargas, 1986: 72-73).

Como vemos, todo un lujo de exactitud y prescripción para darle marco a las tareas de explotación del asfalto por parte de los particulares, con la supervisión y el beneficio de la nación y su Estado.

En el mundo

Los yacimientos más grandes de petróleo del mundo hasta comienzos del siglo XX fueron los de Bakú, capital de Azerbaiyán, en la península de Abserón, en el mar Caspio. También en la región de Languedoc, al sur de Francia, así como en la Alsacia se reportaron emanaciones de petróleo durante las centurias XVII y XVIII, pero de menores dimensiones. Afloramientos de brea se hallaban en menores cantidades también en Italia, cerca de Módena, cerca de Parma, de donde hacia mediados del siglo XVIII se saca de los pozos de donde emana con cubos, como si fuera agua. Será el físico italiano Alejandro Volta (1745-1827) uno de los primeros que estudie el «gas de los pantanos», el metano, al que llamaba «el aire inflamable de los pantanos», en 1776. Los resultados de su investigación fueron un paso hacia adelante en el conocimiento de estas sustancias.

Recordemos que durante estos años la única manera que tuvo el hombre de valerse del «aceite de piedra» fue por los afloramientos naturales; aún no había desarrollado la tecnología para extraerlo *ex profeso*. A partir de comienzos del siglo XIX sí sabe cómo refinarlo, lo que ya es un gran paso en el desarrollo de esta industria entonces incipiente. Recordemos, también, que está en proceso de decantación el uso que se le puede dar a la sustancia. Veamos esta secuencia.

El paso más interesante va a darse paulatinamente, en una secuencia concatenada. Nos referimos a la transición en el uso de aceite vegetal (o de ballenas) a mineral para el alumbrado. Dicho de otro modo: la sustitución del aceite de ballenas (o vegetal) en las lámparas de kerosén. Esto va a ocurrir entre las primeras décadas del siglo XIX y la mitad de la centuria. Para entonces, el costo del aceite de ballenas era muy alto, ya que escaseaba y, además, estaba diezmando la población de los gigantes mamíferos marinos.

La secuencia se inicia en Polonia, en 1815, cuando el emprendedor Joseph Hecker alumbra el pueblo de Drohobych con aceite de petróleo, rudimentariamente refinado; continúa en Bakú, cuando los hermanos Dubinin refinan petróleo para convertirlo en aceite para el alumbrado, en 1823; sigue Francia con los experimentos de destilación de los científicos Selligues (1832) y Legros (1836), que no condujeron a la instalación de una fábrica que permitiera comercializar el aceite de piedra. Esto sí ocurre en Escocia, cuando James Young destile el aceite de Boghead y construya una fábrica, en 1847. Young hace una fortuna vendiendo su aceite para lámparas en Inglaterra y este llega hasta los Estados Unidos, donde se consume con éxito. En Canadá, Abraham Gesner, en Nueva Brunswick, en 1846, procesa el asfalto que le envían de los afloramientos de Trinidad (el lago de asfalto La Brea) y logra destilar aceite fluido al que bautizará «Kerosene», basándose en el vocablo griego *kerós*, que significa «cera», con *elaion*, que significa aceite. Como vemos, la designación de Gesner tuvo fortuna; hasta el sol de hoy se utiliza el kerosén (keroseno o queroseno, como también se le denomina) y su denominación primaria.

Evidentemente, el uso del petróleo para las lámparas le asignó un mercado y un futuro excepcional a los hidrocarburos, razón de más para buscar la manera de extraer petróleo expresamente, dejando de depender de la intensidad de los afloramientos. El punto es importante, ya que las emanaciones estaban allí, pero se necesitaba un incentivo económico robusto para invertir en investigaciones tecnológicas (que hoy nos lucen rudimentarias) para extraerlo. Ya había un motivo: las lámparas necesitaban petróleo. Había un mercado ávido y creciente y el aceite de ballenas era muy costoso y escaso, como señalamos antes. De modo que el uso que se le halló al petróleo refinado en kerosén articuló una industria (refinerías, oleoductos) y abrió un mercado.

Luego, en las últimas décadas del siglo XIX, el proceso de refinación se pronunció y se comenzaron a obtener aceites y gasolina. Así, el uso del petróleo le abrió poco a poco un mercado distinto al de las lámparas de kerosén, pero esto ocurrirá especialmente a partir de 1885, cuando el motor de combustión comience a abastecerse de gasolina, como veremos más adelante.

En los Estados Unidos ese mercado ansioso de kerosén tenía como base la llamada «lámpara de Viena», importada desde Europa a partir de 1850, inventada en la zona de Galitzia (hoy República Checa) y popularizada en la capital de Austria. Sus características eran formidables: el kerosén no olía mal y el humo no se dispersaba en las salas donde se encendía la luz. De modo que en los Estados Unidos de Norteamérica el mercado estaba creado; faltaba el suministro principal.

Lo anterior fue lo que constató el empresario y abogado George Bissell y, antes de emprender una aventura, quiso tener el aval de la Academia. Entonces contactó al profesor Benjamin Silliman, de la Universidad de Yale, para que investigara si el aceite que manaba naturalmente en las montañas del noroeste de Pensilvania era apto como lubricante para las máquinas y como fuente para las lámparas de iluminación. En verdad, no era necesario el estudio, dadas las evidencias empíricas europeas, pero para reunir a un grupo de inversionistas norteamericanos sí era indispensable. Con las buenas noticias de Silliman, el abogado Bissell incluyó al banquero James Townsend y se creó la Pennsylvania Rock Oil Company, cuyo objetivo era intentar extraer petróleo por métodos distintos a los trapos con que hasta entonces se sacaba en el lugar. En los pozos donde afloraba se colocaban mantas de trapo que se subían y se escurrían sobre cubos, como quien escurre el coleto con que seca el piso, como apuntamos antes.

A Edwin Drake le suena la flauta

Faltaba alguien que se animara a emprender la aventura en el sitio, tarea para la que los tres involucrados (Bissell, Silliman y Townsend) no estaban dispuestos. Surgió entonces Edwin Drake. ¿Quién era este personaje clave de la historia petrolera mundial? En verdad, nadie en particular. Un desempleado del servicio de ferrocarriles que merodeaba el hotel donde se alojaba el banquero Townsend y no era experto en nada, pero estaba dispuesto a todo con tal de salir de la pobreza. Se le inventó el grado de coronel, sin haber estado nunca en el Ejército, para que gozara de alguna respetabilidad al llegar al sitio de exploración y así lo recuerda la historia: el «coronel Drake», aquel desconocido que llegó a la pequeña ciudad maderera de Titusville (Pensilvania), en diciembre de 1857.

Drake contaba con la virtud perfecta para la tarea: era obsesivo, empecinado, no iba a abandonar el esfuerzo fácilmente. Comenzó por resolver los temas legales y regresó a reunirse con sus mandantes. Volvió en 1858 ya con la idea de utilizar una torre de perforación como las que se usaban para extraer sal desde tiempos remotos en

China, y así fue. Esta idea la tuvo Bissell al ver esas torres en una foto en una tienda en Manhattan y se la refirió a Drake. «El coronel» buscó unos ayudantes y halló a William Smith y sus dos hijos, que se dedicaban a sondear las profundidades sin resultado. En estas tareas infructuosas estuvieron hasta que, en julio de 1859, ya el financista Townsend estaba decidido a suspender la operación: muchos costos y ningún resultado. Le escribió a Drake ordenándole la suspensión a finales de agosto, pero la carta no había llegado aún el sábado 27 de agosto de 1859, cuando a veinte metros de profundidad dieron con algo que solo supieron qué era al día siguiente: en el agua del pozo había un líquido negro y espeso flotando.

Cuando Drake llegó el lunes a ver qué pasaba halló esta situación. Entonces, con una bomba de mano comenzó a sacar petróleo y la voz se corrió por todo el vecindario: el yanqui había encontrado petróleo. Nacía una nueva era para la humanidad. El problema ahora era cómo almacenarlo, en dónde. Buscaron barriles de whisky y los llenaron, pero pronto se agotaron y, naturalmente, llegaron a costar el doble del líquido que contenían. Había nacido la industria petrolera. Ya se sabía que era posible extraer aceite de piedra de las profundidades.

Los primeros años fueron caóticos, ya que no había nada previsto sobre la base de la experiencia para la industria incipiente. Entre otros cabos sueltos estaba la medida de un barril y cuál barril era el escogido. Nos informa Daniel Yergin en su libro monumental, *La historia del petróleo*, que se optó por el barril de arenques inglés, fijado en 42 galones como medida por el rey Eduardo IV, en 1482, para evitar fraudes en el mar del Norte. Esta asunción ocurrió en 1866, cuando los productores de Pensilvania acogieron el barril de 42 galones (159 litros) como la medida del petróleo, y así se ha mantenido hasta nuestros días.

Para este año de 1866, por cierto, Drake había perdido todo su dinero y había regresado a la pobreza, casi inválido. Luego, en 1873, el estado de Pensilvania le adjudicó una pensión. ¿Cómo llegó a esto? El éxito petrolero fue instrumento de su propia calamidad en los primeros años. Al extraerse tanto crudo en la región los precios se vinieron abajo, y con ellos el pobre Drake quien, además, no era el financista de la aventura sino su instrumentador.

Hasta este momento en que Drake y sus asistentes logran extraer petróleo de un yacimiento que han perforado expresamente, la historia del aceite de piedra se basa en la circunstancia de los afloramientos, como hemos recordado varias veces. Ahora comienza la historia de la industria petrolera.

La fiebre del petróleo en Pensilvania fue vertiginosa: ya para 1860 se contaba con 75 pozos en funcionamiento y 15 refinerías de petróleo. Entonces eran fáciles de construir dadas sus condiciones rudimentarias. A toda esta región comenzó a llamársela la *Oil Region*. Los saltos en cifras fueron asombrosos. En 1860 se produjeron 450 000 barriles al año; en 1862, 3 millones de barriles, lo que trajo como consecuencia una caída de los precios. En 1866, la producción en la zona llegó a 3,6 millones de barriles, lo que trajo una nueva caída de los precios. Además, entre 1863 y 1865 se desarrollaron los primeros oleoductos, lo que trajo un conflicto grande con los dueños de las carretas, que hasta entonces eran el único medio de transporte del líquido viscoso. Estos primeros oleoductos eran de tuberías de madera, hacían mucho más barato el transporte de crudo y, naturalmente, más eficaz que las carretas, que dependían de muchas contingencias naturales.

Rockefeller entra en escena

La entrada del emblemático empresario norteamericano John D. Rockefeller (1839-1937) al mundo del petróleo ocurre a través de las refinerías, no de la extracción ni del transporte; en estas áreas incursionará después. En 1865, el metódico, severo y protestante Rockefeller, de 26 años, le gana una subasta en Cleveland a su socio Maurice Clark y se queda con la totalidad de las acciones de una refinería. Comenzaba la prehistoria de la Standard Oil. Desde este instante y hasta comienzos del siglo XX el petróleo en Norteamérica y el mundo va a estar signado por este personaje extremadamente austero, que murió a los 98 años.

En 1867, el joven John D. tomó una decisión visionaria: se asoció con Henry Flagler, quien a partir de entonces trabajó toda su vida en la Standard Oil, y fue una suerte de alma paralela en la empresa. Ya viejo, este personaje afanoso se esmeró en la fundación de la ciudad de Miami y por ello una de sus avenidas principales lleva su apellido. Fundó West Palm Beach y construyó el ferrocarril que unía la tierra firme con los cayos, hasta Key West, a 80 millas de La Habana, desde donde partían los ferris con automóviles hacia la isla. De Flagler es una frase famosa que acuñó refiriéndose a su amigo Rockefeller. Dijo: «Una amistad basada en los negocios es bastante mejor que un negocio basado en la amistad».

El 10 de enero de 1870 se constituyó la Standard Oil Company y, después de vicisitudes, guerras veladas con sus competidores, compras agresivas de otras empresas, en 1879, la compañía controlaba el 90% de las refinerías de los Estados Unidos. Los productores intentaban zafarse de su dominio y por ello construyeron un oleoducto que les permitiera llegar a refinerías distintas a las de la Standard Oil, pero esta se puso en marcha y construyó cuatro oleoductos que conectaban la *Oil Region* con Cleveland, Nueva York, Búfalo y Filadelfia, entrando así en el negocio de transporte del crudo. A los productores no les quedó otro camino que el judicial para intentar frenar a Rockefeller y lo sancionaron en Pensilvania, pero no lograron su extradición de Nueva York. Estas acciones judiciales condujeron a la creación del *trust*, en 1882: una figura legal que protegía a la empresa de los ataques de sus adversarios en el negocio.

Para 1890 la Standard Oil había entrado en el área de extracción de petróleo, no en Pensilvania, donde tenía pocas oportunidades, pero sí al noroeste de Ohio, los conocidos campos de Lima-Indiana.

Para el año siguiente, 1891, el 25% del petróleo que se extraía en Estados Unidos ya era obra de la empresa de Rockefeller. Entonces construyeron la mayor refinería del mundo, para su época, la de Whiting, a orillas del lago Michigan, en Indiana.

De Rockefeller, uno de sus biógrafos, David S. Landes, hizo un retrato perfecto de su naturaleza e importancia. Dijo:

> Antes de cumplir los veinte años, John D. era ya un gran triunfador, pues era paciente y metódico; no se precipitó ni intentó hacerse rico por medios rápidos o tortuosos. Su profunda fe en el cristianismo protestante lo ayudó mucho, enseñándole la importancia de la honradez y la moralidad y proporcionándole valiosísimos contactos personales. Además, obtuvo la ayuda de los bancos con más facilidad porque los prestamistas veían en su piedad una prueba de su fiabilidad. John D. sería el modelo de empresario protestante ascético a lo Max Weber (Landes, 2006: 242)

Naturalmente, los competidores de Rockefeller no pensaban igual y lo tenían por un despiadado actor económico que competía en el filo de la legalidad. Nadie negaba su ascetismo y seriedad, pero sus prácticas empresariales eran tan agresivas que dejó tras de sí una larga lista de enemigos.

La dinastía Nobel y los Rothschild en Bakú

La dinastía Nobel en Bakú, por su parte, inició sus envíos de petróleo a San Petersburgo a partir de 1876. Este relato familiar comienza con Immanuel Nobel, un sueco que había emigrado a Rusia en 1837 con una maleta cargada de inventos científicos. Sus hijos, Alfred, Robert y Ludwig, continuaron la tradición investigadora de su padre. Alfred inventó la dinamita; Ludwig fabricaba armas, mientras Robert no tuvo suerte, salvo por haber advertido el negocio petrolero en Bakú (entonces Rusia, hoy Azerbaiyán), que, sin embargo, desarrolló el hermano con mayores facultades empresariales: Ludwig. El premio Nobel, el más prestigioso del mundo, lo crearon ellos, dicen que por el sentimiento de culpa por haber inventado la dinamita. En todo caso, el origen de la fortuna Nobel es petrolero.

Ludwig Nobel resolvió el problema de la carga en los buques y creó el buque cisterna. Se llamaba Zoroaster y fue el primero que prestó servicios en el mundo, en este caso en el mar Caspio, en 1878. Luego, en 1880 se probó con éxito el buque cisterna en el océano Atlántico. Entonces se produjo una revolución mundial en el transporte y comercio del crudo. Para este año, en los alrededores de Bakú rugían cerca de 200 refinerías que servían al imperio zarista, pero sus mercados fuera de Rusia brillaban por su ausencia.

Sobre Ludwig Nobel, conviene reproducir el juicio de la investigadora Emma Brossard. Afirma:

> ¡Ludwig Nobel era un laboratorio de investigación ambulante! Diseñó su buque cisterna y lo construyó exclusivamente para el transporte de petróleo en grandes cantidades. Su conocimiento de ingeniería naval, adquirido en los buques de la marina, le permitió superar las normas de seguridad… los logros que Ludwig Nobel tuvo en investigación fueron asombrosos. No ha existido otra persona como él en la industria petrolera. No sólo concibió los oleoductos y el primer buque petrolero, sino que creó en 10 años todo un imperio petrolero (Brossard, 1994: 21-23).

Los otros productores rusos (Bunge y Palashkovsy) comenzaron a construir un ferrocarril que les permitiera vender petróleo en el mar Negro, que estaba desasistido, pero no contaban con suficientes recursos. Entonces se produjo la entrada de la casa Rothschild de París, la del barón Alphonse, en el negocio petrolero. Prestaron el dinero y adquirieron acciones, y ya para 1883 el puerto de Batum en el mar Negro era de los principales del mundo en materia petrolera. El ferrocarril Bakú-Batum le abrió al petróleo ruso el mercado occidental. El mapa cambió drásticamente y el desafío para la Standard Oil fue todavía mayor. Para 1888 la producción rusa alcanzó los 23 millones de barriles por año, casi cuatro veces la producción norteamericana. Dos casas, la Nobel y la Rothschild, se le adelantaron al viejo Rockefeller y le coparon el mercado de Occidente, pero este no se quedó de brazos cruzados y fundó la Anglo American Oil Company para competir en Londres con el petróleo ruso controlado por estas dos familias, sueca y judía respectivamente.

Los Rothschild, por su parte, entraron en el negocio petrolero en su condición de banqueros, área de la economía donde siguen siendo fuertes. El desarrollo posterior de su fortuna no se basó en el petróleo sino tangencialmente. En cuanto a su poder dinástico, Landes considera a esta familia «la dinastía más importante y tenaz de la historia de la economía moderna» (Landes, 2006: 79). No es poca cosa, sobre todo proviniendo de un historiador especialista en temas empresariales dinásticos.

Este es el panorama petrolero en el mundo en estos años inmediatamente posteriores a la epopeya del «coronel» Drake en Titusville. Hemos pasado de los afloramientos naturales a la extracción febril. Antes se le ha hallado un uso masivo a los hidrocarburos a través del kerosén: la sustancia que enciende las lámparas. La luz en la oscuridad, nada menos.

Las primeras concesiones venezolanas

En Venezuela, como señalamos antes, bajo el marco de la Constitución Nacional de 1864, se otorgan las primeras concesiones. La primera de la que se tenga noticia fue la otorgada por el general Jorge Sutherland (1825-1873), presidente del estado Zulia, al norteamericano Camilo Farrand el 24 de agosto de 1865. El contrato establece: «el derecho y privilegio exclusivo para taladrar, sacar y exportar petróleo o nafta, o bajo cualquier otra denominación que se conozca el aceite que exista en la tierra» (Martínez, 2000: 19).

Farrand se compromete a pagar impuestos municipales y a explotar la mina durante diez años, pero al año siguiente la concesión expiró por incumplimiento del contrato.

En 1866 se otorgaron dos concesiones que no lograron sus cometidos y caducaron al tiempo de haber sido otorgadas. Nos referimos a la adjudicada por la Asamblea Legislativa del estado Nueva Andalucía (hoy Sucre y parte de Monagas) a Manuel Olavarría el 2 de febrero; y la otorgada por la Asamblea Constitucional del estado Trujillo a Pascual Casanova el 19 de diciembre. La primera incluía todo el estado de Nueva Andalucía y 25 años de duración, la segunda estaba circunscrita a Escuque y tenía 20 años de duración. Ambas expiraron sin tener resultados.

En 1878, el hacendado Manuel Antonio Pulido (1827-1892) solicita del Gran Estado Los Andes la concesión para explotar cerca de Rubio un «globo de terreno mineralógico». Esta le es concedida el 3 de septiembre de 1878 y sí tuvo efecto, siendo así la primera en hacerse efectiva. Dada su importancia histórica, será el objeto inicial del segundo período de esta historia. Recordemos que estas tres concesiones fueron otorgadas bajo el marco de la Constitución Nacional de 1864, que autorizaba a los estados a hacerlo. Esto cambiará con la Constitución Nacional de 1881, cuando quede fijado que la administración de las minas será competencia del Gobierno federal y no del estadal.

En el artículo 13 ordinal 15 de la carta magna aludida se lee: «Los Estados de la Federación Venezolana se obligan: 15. A ceder al Gobierno de la Federación la administración de las minas, terrenos baldíos y salinas, con el fin de que las primeras sean regidas por un sistema de explotación uniforme, y que los segundos se apliquen en beneficio de los pueblos».

Luego, la sucesión legal incluye un Decreto-Ley sobre Minería el 13 de marzo de 1883 y otro el 15 de noviembre del mismo año, ambos de la administración Guzmán Blanco; en el primero se fijó el principio de la temporalidad de la mina en 99 años. Muy largo, ciertamente, pero ya se fijaba la temporalidad. Luego, el 23 de mayo de 1885 se promulga otro Código de Minas con su reglamento; el 30 de mayo de 1887 se sanciona una nueva Ley de Minas y el 30 de junio de 1891 el Congreso sanciona un nuevo Código de Minas. Esto mismo vuelve a ocurrir el 29 de marzo de 1893, cuando se vuelva a redactar y aprobar un nuevo Código de Minas.

En este último código mencionado sí viene una modificación de importancia: se regresa a la concesión perpetua y se distingue entre suelo y subsuelo. Después, los nuevos Códigos de Minas se suceden en 1904, 1905, 1909, 1910, 1915 y 1918. Entonces, la situación no fue prístina, ya que muchas de las concesiones, como veremos luego, se regían por el contrato que las establecía y por el Código de Minas, no siempre prevaleciendo este último sino el contrato, propiamente. Será con la primera Ley de Hidrocarburos, sancionada el 19 de junio de 1920, cuando se legisle de manera específica para la materia petrolera, pero estos hechos y sus consecuencias los veremos más adelante.

De Petrolia del Táchira a Los Barrosos 2 (1878-1922)

EN ESTE CAPÍTULO, QUE ABARCA 44 años, iniciamos nuestra revisión de los hechos con la empresa Petrolia del Táchira y concluiremos con el estallido del pozo Los Barrosos 2, acontecimiento que terminó de confirmar que los yacimientos petrolíferos venezolanos eran de grandes dimensiones. En lo político, el período cubre los gobiernos de Francisco Linares Alcántara (1877-1878), Antonio Guzmán Blanco (1879-1884), Joaquín Crespo (1884-1886), Antonio Guzmán Blanco (1886-1888), Juan Pablo Rojas Paúl (1888-1890), Raimundo Andueza Palacio (1890-1892), Joaquín Crespo (1892-1898), Ignacio Andrade (1898-1899), Cipriano Castro (1899-1908) y la dictadura vitalicia de Juan Vicente Gómez (1908-1935), con las presidencias nominales de José Gil Fortoul (1913-1914), Victorino Márquez Bustillos (1915-1922) y Juan Bautista Pérez (1929-1931).

Este período es central para la historia del petróleo en Venezuela gracias al Informe Arnold, que estimuló la exploración por parte de la Shell con bases geológicas ciertas y luego, concluida la Primera Guerra Mundial, animó a las empresas norteamericanas a invertir en Venezuela. Antes, el lago de Guanoco, en medio de diatribas jurídicas prolongadas, será indicio de la futura industria petrolera nacional. En este período se otorgan las primeras concesiones productivas y se redacta la primera Ley de Hidrocarburos. No obstante, el período en el que se incremente la producción notablemente será el siguiente, el que va de 1922 a 1943, como veremos en su momento. Veamos los hechos, siempre dentro de un marco internacional.

Petrolia del Táchira

El 18 de mayo de 1875, en la ciudad de Cúcuta, tuvo lugar un terremoto devastador que casi arruina la ciudad por completo. El sismo tuvo una duración de cerca de 1 minuto y llegó a 9 grados en la escala de Mercalli y 7,3 en la escala de Richter. El movimiento de las capas tectónicas produjo alrededor de Cerro Negro la emanación de unas aguas viscosas, referidas entonces en el diario *El Porvenir* de San Cristóbal por el doctor Miguel N. Guerrero, según refiere Manuel Carrero en su estudio de estos hechos. A estas aguas el pueblo comenzó a llamarlas «milagrosas», circunstancia que llevó al médico Carlos González Bona a ordenar un análisis de laboratorio de las mismas, corroborándose las propiedades de estas aguas aceitosas, señaladas por Guerrero, y aflorantes en la zona circundante de Cerro Negro, donde Manuel Antonio Pulido era propietario de una finca en la aldea de La Alquitrana. Exactamente en el municipio Rubio del distrito Junín, a 10 kilómetros del pueblo de Rubio y 20 de la ciudad de San Cristóbal.

Con la información científica de su amigo Carlos González Bona (1837-1911), entonces un médico muy conocido y apreciado en la zona, Pulido inicia el trámite para obtener una concesión por parte del Gran Estado de Los Andes para: «explorar i explotar una mina de alquitrán mineral, en los sitios de cerro negro» (Carrero, 2003: 51). El 3 de septiembre de 1878 el Ejecutivo Regional concede la licencia a Pulido y, de inmediato, se forma la Compañía Minera Petrolia del Táchira, el 12 de octubre de 1878. La concesión fue otorgada por 50 años, prorrogables por 49 más, llegado el momento de su conclusión en 1928. Los socios se distribuyen 1000 acciones con valor estimado de 100 bolívares cada una. Manuel Antonio Pulido, 192 acciones; José Antonio Baldó, 250 acciones;

Carlos González Bona, 231 acciones; José Gregorio Villafañe, 109 y ½ acciones; Rafael María Maldonado, 85 y ½ acciones; Pedro Rafael Rincones, 87 acciones, más las 40 que corresponden por mandato de ley al Gobierno Nacional.

La junta directiva de la empresa decide enviar al socio Pedro Rafael Rincones (1854-1927) a los Estados Unidos con el objeto de indagar acerca de los mejores instrumentos para la perforación y extracción de petróleo. En 1879, viaja a Pensilvania en representación de Petrolia con el objeto de estudiar *in situ* la industria petrolera. Allá compra un equipo de perforación y un pequeño sistema de destilación, una pequeña refinería. Visita las instalaciones de la Seneca Oil Company, en la región ya entonces muy famosa por los hallazgos del coronel Drake, como vimos antes. Al año siguiente (1880), llegan a La Alquitrana los aparatos comprados por Rincones. Luego (1881), la Alcaldía de Rubio exonera del pago de impuestos a Petrolia por 25 años, de modo de contribuir con el desarrollo de la industria incipiente.

Durante los primeros meses de 1882, llegan las máquinas compradas por Rincones y se instalan en La Alquitrana. Tanto el taladro de percusión como la unidad de destilación vienen a sustituir el método de mantas y cubos con que se recogía el petróleo que afloraba.

El primer pozo productivo de Petrolia se denominó Eureka. Para 1884, la empresa extraía unos 954 litros diarios de crudo. Los refinaba en la pequeña refinería de La Alquitrana, con capacidad para 2000 litros diarios, y abastecía las necesidades del consumo local e, incluso, exportaba a Colombia el kerosén que producía para el alumbrado, tanto público como doméstico (los tachirenses recuerdan con orgullo que la plaza principal de San Cristóbal la alumbraba La Alquitrana). En el diario *Los Andes*, n.° 9, de noviembre de 1895, se lee un anuncio de Petrolia:

> Los productos que hasta ahora se ofrecen al consumo, son: Aceite puro de petróleo-kersosén; Luz diamante, tan blanco como el «water color»

de las mejores fábricas norteamericanas. Kerosén azul o carbolíneo para preservar maderas y destruir comejenes. Aceite para máquinas. Benzina: excelente para destruir las hormigas y curar las bestias, matar gusanos, matar paños y para alumbrar en lámparas especiales. Alquitrán mineral: no tiene rival para conservar los caminos limpios, hacer patios para café y para calafatear depósitos de agua. Brea sólida o asfalto. Carbón mineral. Para todo lo relativo a la Compañía, entenderse con el Doctor González Bona/ San Cristóbal, teléfono N° 44 (Carrero, 2003, 36).

Es de hacer notar que Pulido murió en 1892, Baldó en 1893, Villafañe en 1894 y Maldonado en 1895. Los únicos que sobrevivieron varios años fueron González Bona, quien falleció en 1911, y Rincones, en 1927. De allí que fuesen estos dos últimos quienes se encargasen durante más años de Petrolia.

La empresa llegó a contar con 14 pozos productores, pero para seguir creciendo se necesitaban nuevas concesiones de vastos territorios y esto no se logró; tampoco el entusiasmo fue mayúsculo, ya que la producción de los pozos no llenó las expectativas. La producción fue languideciendo y la concesión expiró en 1938, según certificó el Ministerio de Fomento de entonces, en el gobierno del general Eleazar López Contreras (1883-1973). La zona de La Alquitrana fue entregada en concesión a la Oil Development Limited, subsidiaria de la Shell, pero esta, una vez hechas las investigaciones en el campo, desistió de desarrollar el proyecto por los costos y la dificultad de transporte.

En su mejor momento, en la década final del siglo XIX y las dos primeras del XX, la distribución de los productos de Petrolia se hacía en toda la zona andina y en las poblaciones fronterizas de Colombia. Cuando llegaron los primeros automóviles a San Cristóbal, en la década de los años veinte, se surtían de gasolina de Petrolia, distribuida en un camión al que denominaban El Putumayo, como la región selvática fronteriza entre Colombia y Ecuador. En 1891, el gerente de la empresa Baldó certifica la venta de cinco productos: «querosén, benzina, aceite carbolíneo, gasolina y alquitrán... Lo pequeño del tren de refinería permitía el dicho año de 1891 una producción mensual de apenas 1600 galones y era envasado en latas, la mayoría de las cuales las fabricaba la empresa en una máquina de proporciones limitadas que la misma poseía» (Rosales, 1976: 32).

Como vemos, la primera empresa petrolera venezolana fue de capital e iniciativa privadas, bajo el régimen de concesión. Logró modestos alcances, pero los tuvo. Le faltó capital para seguir explotando los pozos y explorando más, y apenas llegó a abastecer de gasolina a los primeros vehículos, pero eso no acompañó el auge del transporte en Venezuela cuando se comenzaron a construir carreteras y se importaron automóviles a escala verdaderamente comercial.

En 1928, la asamblea de accionistas de Petrolia, reunida en San Cristóbal, decidió entregarle el derecho exclusivo de la explotación al señor Clarence J. Brown, esposo de Dolores Pulido Rubio, descendiente de unos de los fundadores de la empresa. Brown se comprometió a perforar doce pozos en dos años y alcanzó a perforar nueve, logrando incrementar la producción. No obstante los logros, se trataba de alcances modestos y la empresa no logró sobrevivir, de modo que el 8 de abril de 1934 dejó de operar. La esposa de Brown intentó una renovación de la concesión en 1937, pero el gobierno, como vimos antes, entregó la concesión a otra empresa. A todas luces, a aquella modesta compañía venezolana le faltó el apoyo financiero y tecnológico que se requería entonces para su verdadero crecimiento.

El lago de asfalto de Guanoco y nuevas concesiones

Los inicios de la extracción de asfalto en Venezuela datan del 7 de mayo de 1883, cuando el gobierno de Antonio Guzmán Blanco (1829-1899) le otorga concesión del lago de asfalto de Guanoco (hoy estado Sucre, entonces estado Bermúdez) al norteamericano

Horatio Hamilton y al general venezolano Jorge Phillips por el lapso de 25 años. Hamilton había trabado amistad personal con El Ilustre Americano, como consta en epistolario cruzado entre ambos. La vida de Hamilton y todos sus pormenores está estudiada por Nikita Harwich Vallenilla en su libro *Asfalto y revolución: la New York and Bermúdez Company*. En este detallado trabajo se da cuenta de todos los intríngulis de la concesión y de las dificultades enfrentadas por Hamilton hasta que logra asociarse con una empresa con mayor músculo financiero y tecnológico. Así fue como, dos años después, en 1885, estos concesionarios (Hamilton y Phillips) le transfieren la concesión a la New York and Bermúdez Company. Imposible obviar que estamos hablando del lago de asfalto más grande del mundo, cerca de 445 hectáreas, aunque no era el de mayor calidad asfáltica.

Mejor en calidad, aunque no en cantidad, será el lago de asfalto de La Brea, en la isla de Trinidad, que comenzó a explotarse en 1876 para la pavimentación de carreteras. De hecho, tapizó la avenida Pensilvania, en Washington y, a partir de allí, ganó prestigio por su calidad. Comprende una extensión de 40 hectáreas. Todavía en la actualidad se dispone del asfalto de La Brea. Luego, están los tres lagos de asfalto del estado de California, en los Estados Unidos. Nos referimos a Rancho La Brea Tar Pits, McKittrick Tar Pits y Carpintería Tar Pits. El primero muy cerca de Los Ángeles, el segundo cerca de Taft y el tercero en las inmediaciones de Carpintero. Hoy en día no se explotan e, incluso, Rancho La Brea alberga un museo. Los tres son de menores dimensiones en comparación con el de Trinidad y, por supuesto, con el de Guanoco.

En 1888, la concesión se extiende a 99 años, y tres años después, en 1891, comenzaron las exportaciones de asfalto hacia Estados Unidos. No obstante, la empresa enfrentó dificultades económicas, dada la inversión inicial que tuvo que hacer, y le vendió el 85% de las acciones, en 1894, a la General Asphalt Company of America. Luego, según aclara Harwich Vallenilla: «Un error en la delimitación del área otorgada en concesión le permitió, en junio de 1897, a un grupo de venezolanos liderado por Mateo Guerra Marcano solicitar una nueva concesión de 300 hectáreas sobre una mina de asfalto que se llamó La Felicidad y que, de hecho, cubría parte de los terrenos de la New York and Bermúdez Company» (Harwich, 1997: 328).

Al año siguiente, el gobierno de Joaquín Crespo, en 1898, anula la concesión de los norteamericanos, pero la Alta Corte Federal, el mismo año, se las retorna. Pero los problemas no habían concluido: en 1900 otro grupo de venezolanos reclama la mina y se le otorga la concesión a otros norteamericanos, Patrick Quinlan y Charles Warner, cuya empresa se denominaba Venezuelan Mine Claim. Entonces, comienza un pleito judicial que no terminaba de decidirse a favor de uno u otro y en el entretanto llegó al poder Cipriano Castro (1899), contra quien la New York and Bermúdez Company decide respaldar la Revolución Libertadora de Manuel Antonio Matos, finalmente derrotada en 1903. Este respaldo malpuso gravemente al gobierno de Castro contra la empresa, y sus problemas vendrían a resolverse a partir de 1908, con el comienzo de la dictadura de Juan Vicente Gómez, cuando este reconoció la concesión de la General Asphalt e, incluso, esta comenzó a explotar petróleo en las cercanías del lago de asfalto de Guanoco. Luego, la empresa General Asphalt pasó a ser controlada accionariamente por la Royal Dutch Shell a partir de 1913, pero ya para entonces el foco petrolero venezolano comenzaba a desplazarse hacia el Zulia, gracias a los trabajos de campo de Ralph Arnold y su equipo de geólogos, como veremos luego.

En cuanto al asfalto, propiamente, la producción se incrementó a partir de estos años. Gracias al cuadro elaborado por Harwich Vallenilla, cruzando información de distintas fuentes y consolidándola en una sola, sabemos lo siguiente: En 1891, 250 toneladas; 1894, 7038 toneladas; 1900, 17 825; 1910, 32 732; 1911, 48 638; el punto más alto lo tendremos en 1924 con 69 892 toneladas hasta la suspensión de la extracción en 1934, con apenas 4 toneladas.

Por otra parte, siguieron otorgándose concesiones en aquella Venezuela finisecular. La de Manuel Olavarría, adjudicada en 1866, caducó en 1881 sin resultados; las concedidas a Cristóforo Dacovich (Escuque, 1883 y 1885; Encontrados, 1894) no tuvieron resultados; tampoco la firmada con Sixto González en Guárico (1884), ni la de José Andrade en Falcón (1883), así como tampoco las de Manuel Cadenas Delgado (Betijoque y Escuque, 1884), Manuel Hernández López (Paraguaná, 1884), Ramón Álvarez y Fernando Gómez (Cumaná, 1891), Miguel María Herrera (Manicuare, 1899), entre otras que sería prolijo e inútil señalar. Lo significativo fue el cambio que se introduce en el panorama nacional con la llegada de Cipriano Castro al poder en 1899. A partir de entonces se producen unas circunstancias que articulan variaciones importantes en la legislación y las relaciones políticas. Señalamos antes cómo la New York and Bermúdez Company financia la campaña del general Manuel Antonio Matos contra Castro y se ve arrastrada por este fracaso.

Con Cipriano Castro (1858-1924) en la Presidencia de la República (1899-1908), el Código de Minas de 1904 y, particularmente, la Ley de Minas de 1905 y su Reglamento de 1906, se otorgaron nuevas concesiones, dado el poder absoluto del Ejecutivo, que podía otorgarlas sin mediar la autorización del Congreso Nacional. Esta ley le dio altísima discrecionalidad al Poder Ejecutivo en el otorgamiento de las concesiones. Entonces, se firman las siguientes: a José Antonio Bueno en Delta Amacuro (1906); a Manuel Revenga en Zulia (1906); a Andrés Jorge Vigas en el distrito Colón de Zulia, por dos millones de hectáreas (1907); a Antonio Aranguren por un millón de hectáreas en los distritos Bolívar y Maracaibo en Zulia (1907); a Francisco Jiménez Arráiz por medio millón de hectáreas en los distritos Zamora y Acosta de Falcón y Silva de Zulia (1907); a Bernabé Planas, medio millón de hectáreas en el distrito Buchivacoa de Falcón (1907). Estas serán, como vemos, las principales concesiones castristas; las gomecistas comienzan a otorgarse a partir de 1909.

Cipriano Castro tuvo que enfrentar varias rebeliones armadas. La del Mocho Hernández, quien logrará reunir un contingente importante de soldados, pero será derrotado en mayo de 1900. Pocos meses después, en octubre del mismo año, se alza el general Nicolás Rolando en Guayana, proclamando la autonomía de la región. Y la seguidilla de alzamientos no cesa: Celestino Peraza en diciembre, Pedro Julián Acosta en enero de 1901, Juan Pietri en marzo; Carlos Rangel Gárbiras penetra desde Colombia en el Táchira. Todas las insurrecciones fueron vencidas por el Ejército de Castro, al mando de Juan Vicente Gómez (1857-1935) y otros generales fieles al tachirense.

Junto con la cadena de levantamientos anterior, el banquero Manuel Antonio Matos (1847-1929) entra en conflicto con el gobierno desde el comienzo del mandato. Castro pretendía lograr un crédito con el Banco de Venezuela, y esta institución consideró que no se ofrecían suficientes garantías, por lo que se lo negó, motivo por el cual Castro entró en cólera y se inició un enfrentamiento. Matos, con el apoyo de la New York and Bermúdez Company, la empresa alemana del Gran Ferrocarril de Venezuela, y la Compañía Francesa del Cable Interoceánico, enfrenta militarmente a las fuerzas de Castro. ¿Por qué la empresa asfaltera norteamericana decide apoyar a Matos en contra de Castro? Porque, al igual que el Banco de Venezuela, había sido objeto de la voracidad fiscal del gobierno de Castro, que buscaba recursos compulsivamente y con métodos más cercanos a la extorsión que a la persuasión. De modo que no fue una decisión gratuita, sino fundada en la experiencia de haber recibido amenazas de corte autoritario, como era costumbre de Castro. Prefirieron respaldar a Matos que entregarle a Castro las sumas que estaba pidiendo.

Las fuerzas de Matos reciben una estocada difícil de superar en la batalla de La Victoria, en noviembre de 1902, donde al ejército de cerca de 14 000 hombres de Matos, las fuerzas de Castro lo ponen en fuga, dispersándolo ya de manera irremediable. Será una fracción de este conjunto, que huye hacia Ciudad Bolívar, la que se enfrente con el Ejército, comandado por Juan Vicente Gómez, y pierda la contienda el 22 de julio de 1903, día en el que tuvo lugar la última batalla que ha habido en Venezuela. Concluía así la última andanada de los caudillos regionales, esta vez en asociación con el capital nacional y extranjero, para hacerse del poder por la vía de las armas, la misma ruta que utilizó Castro para hacerse del mando. De modo que el período de Castro estuvo signado por la persecución del gobierno en contra de la New York and Bermúdez Company, en razón de su apoyo a las fuerzas insurreccionales de Matos, así como el otorgamiento de varias concesiones, de las cuales cuatro serán sustanciales para entender el desarrollo futuro de la industria petrolera.

Pero el gobierno norteamericano no se quedó de brazos cruzados ante la arremetida de Castro en contra de la asfaltera. Por lo contrario, su embajador le recordó al presidente Castro que apenas unos meses atrás los Estados Unidos, invocando la Doctrina Monroe (articulando el llamado Corolario Roosevelt) habían salvado a Venezuela de la invasión de potencias europeas que venían a cobrar compulsivamente las deudas de la república, contraídas en su mayoría en tiempos de Guzmán Blanco, pero exigidas a la fuerza ahora dada la insolvencia del gobierno de Castro. De modo que no era fácil para el singular «mandamás» tachirense enfrentar la defensa norteamericana de la empresa de unos connacionales, cuando este mismo Estado lo había salvado de una invasión inminente. No obstante, el proceso judicial en contra de la asfaltera, incoado por la Procuraduría General de la Nación, siguió su curso y tuvo sus resultados: condenó a la empresa a pagar una indemnización de grandes proporciones al fisco nacional. Castro había vencido. Será Gómez, en 1909, cuando Castro deliraba de furia en el exilio al que lo redujo su compadre (con la ayuda diplomática de los Estados Unidos, que le impedía recalar en puertos americanos), el que restituya a la New York and Bermúdez Company sus derechos plenos sobre el lago de asfalto de Guanoco e, incluso, le extienda la concesión para efectuar exploraciones petroleras.

Este episodio de Castro contra la empresa norteamericana ha debido dejarle muy claro a los Estados Unidos que el personaje no era de su confianza. De hecho, las relaciones diplomáticas quedaron rotas a partir de junio de 1908 y los Estados Unidos estuvieron dispuestos a ver con buenos ojos un cambio de mando en Venezuela. Cuando Gómez desplaza del poder a Castro, el gobierno norteamericano, lejos de mover un dedo a su favor, sonrió satisfecho. Afirma Rómulo Betancourt (1908-1981) en *Venezuela, política y petróleo* que Teodoro Roosevelt se refería Castro con el mote denigrante de «monito villano». Les parecía inconsecuente por parte del tachirense haber recibido ayuda sustancial durante el episodio del bloqueo y no haber respondido a favor de sus intereses en relación con la asfaltera de Guanoco.

Con Juan Vicente Gómez (1908-1935) el método concesionario fue similar al de Castro. Gómez entregaba concesiones a sus allegados y estos, a su vez, negociaban con las empresas extranjeras la titularidad y un porcentaje de las ganancias de la concesión. Así lo señala Edwin Lieuwen en su historia. Afirma: «La lista de los concesionarios primitivos demuestra claramente que Gómez otorgaba las concesiones a sus favoritos, y que el solicitante que resultó más favorecido fue su yerno Julio F. Méndez, a quien se concedieron diecisiete arrendamientos de 15.000 hectáreas» (Lieuwen, 1964: 66). Lo mismo comprueba Brian McBeth en su tesis doctoral, *Juan Vicente Gomez and the Oil Companies in Venezuela, 1908-1935*, señalando el mismo *modus operandi* para el otorgamiento de las concesiones. La diferencia no estuvo en el método sino en que, después del Informe Arnold, se sabía que en Venezuela había petróleo; antes era un albur con algunas probabilidades.

Las dimensiones de los terrenos concedidos son asombrosas en varios casos. A los representantes de la empresa británica The Venezuelan Development Co., John Allen Tregelles y N.G. Burgh, se les otorgan 27 millones de hectáreas, el 10 de diciembre de 1909, que comprendían espacios de 12 de los entonces 20 estados de la República (Anzoátegui, Carabobo, Táchira, Monagas, Mérida, Lara, Trujillo, Yaracuy, Delta Amacuro y parte de Zulia, Falcón y Sucre) pero con apenas dos años para hallar petróleo, cosa que no ocurrió y la concesión caducó. Luego, el 14 de julio de 1910, el gobierno le otorga a Rafael Max Valladares, apoderado de la empresa General Asphalt de Filadelfia, una concesión que comprende la península de Paria y el lago de asfalto de Guanoco. La duración establecida fue de 49 años y el lapso de exploración de 3 años. Fue en esta concesión donde se halló el primer pozo productor en el siglo XX, en 1913, después de la aventura de Petrolia del Táchira en la centuria anterior. El 2 de enero de 1912, el mismo Valladares recibe en concesión el mismo territorio, con pequeñas variantes, de la concesión Tregelles, que había caducado. Esta concesión es transferida de inmediato por Valladares a la Caribbean Petroleum Company. La empresa, a su vez, era una filial de la compañía General Asphalt.

La Royal Dutch y la Shell

En las entonces Indias Orientales Holandesas (hoy Indonesia), colonizadas por la Compañía Holandesa de las Indias Orientales, se conocían afloramientos de petróleo desde siglos antes, y para mediados del XIX se tenían ubicados casi un centenar de pequeños manaderos en el vasto archipiélago. En Sumatra, el sultán de Langkat le otorgó una concesión para exploración al holandés Aeilko Jans Zijlker, pero para 1885 no se había hallado ningún pozo de importancia. Finalmente, las perspectivas cambiaron y en 1890 el rey de Holanda, Guillermo III, incluso concedió la denominación «Royal» a la empresa que se estaba formando (Royal Dutch). El pionero Zijlker falleció ese mismo año y el liderazgo de la empresa pasó a manos de August Kessler, a quien le tocó enfrentar las dificultades arduas de los primeros tiempos hasta que, en 1895, los pozos y el oleoducto en medio de las selvas de Sumatra comenzaron a dar resultados notables. Se levantaba otra bandera petrolera en el mapa.

Ya para entonces, la Standard Oil había advertido la amenaza que representaba la Royal Dutch y había intentado comprarla infructuosamente, al igual que a otra empresa que despuntaba en el área de transporte: la Shell Transport and Trading Company, constituida en 1897 con base en la experiencia previa de su líder fundamental: el británico-judío Marcus Samuel, entrenado para el negocio como comerciante transportista del petróleo que los Rothschild extraían en Bakú. Samuel era hijo de un comerciante de Londres que llevaba el mismo nombre y apellido. Tenía un almacén que se fue especializando en la venta de conchas marinas para coleccionistas; de allí que cuando su hijo fundó su empresa de transporte petrolero colocara la Shell como su emblema, en homenaje a su padre. Para cuando se abre esta ventana para el londinense, ya su reputación de empresario era conocida y contaba con capital y muchas ganas de seguir creciendo en otros campos de la actividad económica.

Los inicios de Marcus Samuel se dan en el área de transporte, ya que ese era un problema a resolver por parte de los Rothschild en sus negocios de crudo en Bakú, como dijimos antes. La oportunidad para Samuel se presentó en 1892, cuando tuvo la visión según la cual el futuro del transporte de petróleo estaría, además de en los oleoductos, en los buques cisterna. De inmediato ordenó al astillero construir unos, adecuados a las circunstancias y las condiciones que exigía el canal de Suez, para dejarlos pasar. Naturalmente, al lograr Samuel la autorización para surcar el canal, se inició una nueva era en el mundo del transporte petrolero. Esto ocurrió en enero de 1892.

Recordemos que este canal se había abierto en 1869, gracias al trabajo coordinado por el arquitecto francés Ferdinand de Lesseps, y comunicaba al Mediterráneo con el mar Rojo, es decir: a Occidente y Oriente. La construcción del canal tomó diez años y fue la gran obra de ingeniería de su tiempo, concluida por obreros egipcios bajo la coordinación del francés y a un costo asombroso en maquinaria y vidas. Luego, Lesseps intentó hacer lo mismo en Panamá, pero fracasó ante la adversidad del terreno y la arquitectura financiera del negocio.

Los buques cisterna y el canal de Suez

El primer buque cisterna petrolero de la historia fue el Murex. Construido en el astillero de West Hartlepool, en Gran Bretaña, por órdenes de Samuel; zarpó de allí y llegó al puerto de Batum y cargó kerosén, atravesó el canal de Suez y recaló en Singapur. El mapa había cambiado para siempre. Las alarmas de la Standard Oil se encendieron. En 1893, Samuel disponía de una decena de buques cisterna más, todos estos con nombres de conchas marinas. Nueve años después (1902), el 90% del petróleo que pasaba por el canal de Suez lo transportaba la empresa de Samuel. Entonces, el londinense quiso entrar en otro ámbito y se postuló con éxito a concejal en su ciudad natal. A Samuel no le bastaban los negocios, quería otro tipo de poder. Para algunos de sus biógrafos este fue un paso en falso; para otros, una consecuencia lógica de su personalidad expansiva.

Muy pronto la Shell comprendió que era vulnerable, ya que dependía de su contrato con los Rothschild. Por ello inició una búsqueda frenética para contar con su propia producción petrolera y la consiguió. Obtuvo una concesión en Borneo, pero no fue mucho lo que logró extraer de aquellos lejanos yacimientos. Por otra parte, Samuel se empeñó en convencer a quien quisiera oírle de que los barcos debían cambiar de energía, de que debían dejar de moverse con carbón para hacerlo con petróleo y, la verdad, le tomó tiempo ver esa nueva realidad energética, pero la vio en la primera década del siglo XX.

La nueva centuria que despuntaba le señalaba a Samuel que tenía que buscar una alianza si quería sobrevivir en las duras «guerras» del petróleo. Lo mismo le ocurría a Kessler y la Royal Dutch, pero la muerte se lo llevó en 1900 y su sucesor fue el legendario Henry

Deterding, un gerente que puso al mundo del crudo a seguirle los pasos con atención durante muchos años y que llegó a ser una suerte de leyenda. *Sir* Henry Deterding estuvo en las primeras filas del negocio petrolero hasta 1936, cuando se retiró. Falleció en 1939 y se le conoció como el «Napoleón del petróleo». Lamentablemente, su coqueteo con los nazis llevó a su junta directiva a removerlo del cargo. Hasta los más grandes cometen errores inexcusables.

Ambas empresas sufrían las seducciones de la Standard Oil, que buscaba dominar la mayor parte de la producción y el mercado, y por ello las conversaciones Samuel-Deterding no se detuvieron hasta llegar a un acuerdo. El pulso entre ambos líderes duró años, ya que ninguno de los dos quería dar su brazo a torcer y quedar en minoría en una posible alianza. Finalmente, venció Deterding y la Royal Dutch Shell se creó en 1907. La primacía de la primera era evidente hasta en la denominación. Más adelante volveremos sobre esta alianza.

La tecnología no se detiene: el automóvil comienza a gobernar

Dos avances de la ciencia y la tecnología incidieron sobre la industria petrolera de finales del siglo XIX: el perfeccionamiento del bombillo, por parte de Thomas Alva Edison, y la construcción del primer automóvil cuyo motor fue abastecido por gasolina, por parte de los alemanes Karl Benz y Gottlieb Daimler. El bombillo dejó sin mercado futuro al kerosén, pero el automóvil de gasolina le abrió un futuro mercado al petróleo. Lo primero ocurrió en 1879, y para 1885 se contaban por centenares de miles los bombillos encendidos que iban dejando en desuso las lámparas de kerosén, mientras los empresarios petroleros se llevaban las manos a la cabeza. Lo segundo ocurrió en 1885, cuando Benz construyó el primer motor abastecido energéticamente con gasolina, casi al mismo tiempo que Daimler, que lo terminó un año después. Curiosa paradoja: un invento le cerraba una puerta al crudo y otro se la abría de una manera entonces inimaginable.

No obstante el crédito para el esposo de Mercedes Benz en cuanto al motor propulsado por gasolina, lo cierto es que no es posible señalar a un inventor del automóvil, ya que se trató de una cadena de inventores que fueron añadiendo mejoras a lo largo del tiempo, desde el momento en que se comenzó a experimentar con un coche que no fuera halado por caballos, sino que fuese «auto-móvil», sin tracción animal, impulsado por un motor.

La secuencia de avances, a grandes zancadas, se inicia con Leonardo da Vinci, quien diseñó un carro con diferencial y muelles; sigue con Girolamo Cardano, inventor del cardán; con Isaac Newton, diseñador de un vehículo con caldera esférica, hasta llegar a los primeros carros de vapor (1834), que eran muy lentos, y luego a los motores de explosión o de combustión interna (1840-1850) y a los que se abastecían con gas (1863). En 1884, Benz construyó un motor alimentado por un derivado del petróleo que instaló en un triciclo (1885) y funcionó: había nacido el automóvil con gasolina. En 1886, Gottlieb Daimler construía un vehículo con motor de cuatro tiempos, como el de Benz, y surtido también por gasolina, como dijimos antes.

El otro punto de inflexión es el de Henry Ford en 1907 y 1910. En esta primera fecha diseñó el Ford modelo T, y en 1910 estableció en su fábrica la «cadena de montaje», que fue la revolución en la fabricación de automóviles. Este mecanismo permitió reducir las horas necesitadas para ensamblar un vehículo de 12 horas y 28 minutos a 1 hora y 33 minutos. El corazón de la idea de Ford fue trasladar el carro mientras iba construyéndose, desde el chasis hasta la carrocería y el interior. Hasta esta inventiva de Ford, el vehículo iba armándose de forma estática. A partir de entonces la masificación del automóvil fue un hecho y, naturalmente, el mercado petrolero se amplió vertiginosamente.

Ford no solo logró aligerar el proceso de producción sino abaratar los costos e, incluso, pagar muy bien a sus empleados, a quienes remuneraba con salarios diarios muy por encima del promedio. En la literatura empresarial y laboral, a estos cambios introducidos por Ford se los conoció como el «fordismo». Por otra parte, se empeñó en que los carros debían ser negros, ya que este color secaba más rápido. Dejó estampada en su autobiografía una frase que lo retrata de cuerpo entero: «Cualquier cliente puede tener el coche del color que quiera, siempre y cuando sea negro». El modelo T se ensambló hasta 1927, año en que la producción total de este modelo popular alcanzó la cifra de 15 millones de vehículos moviéndose por las calles del mundo. Lo guiaba una idea obsesiva. Decía: «La manera de hacer coches es fabricar cada automóvil como los demás, todos iguales, que todos salgan iguales de la fábrica, del mismo modo que un alfiler es como cualquier otro alfiler cuando sale de la fábrica de alfileres» (Collier, 1987: 49).

A las primeras empresas de Daimler y Benz (fusionadas luego en 1926), les siguieron las de la familia Peugeot (1897); la Oldsmobile, en EE. UU. (1897); la de Louis Renault (1899); la Fábrica Italiana de Automóviles de Torino, FIAT (1900); la Ford Motor Company (1903); la General Motors (1908); la de André Citröen (1919); la del diseñador checo Ferdinand Porsche (1931), quien fue el creador, para el régimen nazi, del Volkswagen, en 1934, y la lista sigue hasta nuestros días. La alianza entre gasolina y automóvil se selló en 1885 y las alarmas que encendió el bombillo de Edison en las oficinas de Rockefeller, sentenciando a muerte la lámpara de querosén, muy pronto dejaron de sonar y pasaron a entonar cantos promisorios: su majestad el automóvil comenzaba a reinar. Para 1905 la gasolina había desplazado completamente al vapor y la electricidad en los motores de locomoción.

El automóvil llega a Venezuela

Según refieren los cronistas (Schael, entre otros), el primer automóvil que hubo en Venezuela fue el que Cipriano Castro compró para el uso de su señora, Zoila Martínez de Castro (1868-1952).

Llegó en 1904 un Panhard Levasseur que fue todo un acontecimiento en la capital. Luego, las familias pudientes importaron algunos otros, pero la primera agencia autorizada fue la de Arvelo y Phelps, que vendía automóviles Ford. Para 1912, la firma se había separado y William H. Phelps (1875-1965) se quedó con la representación de Ford en su tienda El Almacén Americano. Por su parte, Edgar Anzola (1893-1981), quien trabajaba para Phelps, dejó escritas sus peripecias recorriendo el país en este Ford, promoviendo el producto. Cuando pasaba por los pueblos de Venezuela, transitando las carreteras de tierra, se trataba de la primera vez que los habitantes veían un automóvil. Para 1925, la lista de concesionarias de automóviles era extensa: se importaban 40 marcas diferentes y se ofrecían a los consumidores, según nos informa Guillermo José Schael en su libro *El automóvil en Venezuela*. Como era de esperarse, con la llegada del automóvil cambió la política de transporte nacional, hasta entonces centrada en el desarrollo del ferrocarril.

El 14 de abril de 1909, el gobierno del general Juan Vicente Gómez decreta la reorganización del MOP (Ministerio de Obras Públicas), pero va a ser luego, cuando Román Cárdenas (1862-1950) sea titular del despacho, cuando se dibuje una nueva política para el organismo. Cárdenas es nombrado ministro hacia finales de 1910, y será el que anuncie que el MOP se convertirá en el «Ministerio del Desarrollo». Entonces señala que dos grandes áreas políticas trazarían la estrategia: las comunicaciones y la habitabilidad de nuestro suelo. En otras palabras, Cárdenas quería que fuese «un ministerio de Vías de Comunicación, de Acueductos y de Obras de saneamiento». El énfasis, como vemos, estaba colocado en estos campos de realización. El ministro, para reforzar su tesis, señalaba que entre 1874 y 1910 el Estado venezolano había invertido tan solo el 13% del Presupuesto Nacional en la construcción de carreteras y caminos, y que ello explicaba la situación deficitaria en que se hallaba el país en esta materia.

Esta nueva política delineada por el ministro es el punto de inflexión fundamental: el caucho sustituirá al hierro, y la construcción de carreteras, que no de vías férreas, será el norte de la política de vías de comunicación. Eduardo Arcila Farías (1912-1996) interioriza la posición de Cárdenas y la resume de la siguiente manera en su libro *Centenario del Ministerio de Obras Públicas*:

> Los ferrocarriles eran recomendables en todos aquellos casos en que su conveniencia estuviera claramente indicada por la naturaleza de las cosas, esto es, por la topografía y por la existencia de una producción capaz de sostenerlo sin acudir a las elevadas tarifas ni a las subvenciones del Estado. Considerada la vasta extensión de nuestro territorio, su despoblación y escasez de producción, la solución adecuada «es la carretera macadamizada, construida de conformidad con los principios modernos, y alimentada por caminos secundarios» (Arcila cita a Cárdenas). (Arcila Farías, 1974: 209).

De modo que esta política, refrendada por decreto de 24 de junio de 1910, cambió por completo el destino de los ferrocarriles y de las vías de comunicación por carretera, impulsándose de manera determinante estas últimas y relegándose las primeras. Este decreto creó las llamadas «comisiones exploradoras» del MOP, que no eran otras que comités de ingenieros, altamente especializados para la época, que estudiaron la factibilidad y el posible trazado de las carreteras centrales y secundarias de Venezuela. La comisiones fueron tres: la de Occidente, presidida por Alfredo Jahn; la de Oriente, presidida por Manuel Cipriano Pérez; y la de la Región Central y de Los Llanos, comandada por Manuel León Quintero. Como vemos, es a partir de 1910 cuando se decreta el languidecimiento del ferrocarril y la apoteosis de la carretera.

Señala Arcila que al ministro Cárdenas le fue muy útil el informe que el ingeniero Luis Vélez presentó al MOP acerca de la conveniencia de construir la carretera del Táchira y, ciertamente, los argumentos de Vélez eran contundentes:

> Esta ventaja de la libertad de tráfico de las carreteras no tiene comparación con ninguna otra; ella es la causa principal, la verdadera madre del progreso asombroso de los grandes pueblos modernos: por eso vemos que en Inglaterra, Alemania, Francia, Estados Unidos, etc., por un kilómetro de ferrocarriles hay catorce kilómetros de carretera. Ahora bien: nosotros que necesitamos las carreteras mucho y muchísimo más que aquellos países, contamos ya con mil kilómetros de ferrocarriles, y no tenemos ni un kilómetro de verdadera carretera macadamizada; cuando según aquella proporción deberíamos tener ya catorce mil kilómetros por lo menos (Arcila Farías, 1974: 213).

El ingeniero Vélez, por otra parte, llegó a ser titular del despacho un tiempo después, estuvo al frente del organismo durante varios años (1914-1922 y 1933-1935) y suele recordársele por haber sido el creador de los «puentes colgantes» que sirvieron en muchas carreteras del país. En otras palabras, es durante el largo mandato de Gómez cuando se traza el plan carretero nacional y se comienza a ejecutar; y también es a partir de entonces cuando la inversión pública en construcción de ferrocarriles se tornó mínima, cediéndole la primacía a la carretera macadamizada, primero; luego con cemento y, finalmente, asfaltada.

Aclaremos que el vocablo «macadamizada» viene de la invención de John Loudon McAdam de juntar piedras y arena y compactarlas en la superficie para darle uniformidad a la carretera. Las primeras se hicieron en 1823 en los Estados Unidos. En Venezuela se construyeron varias, pero a partir de 1909 y de la apertura de la fábrica de cementos La Vega, el general Gómez ordenó que se hicieran de cemento. Pero el desarrollo nacional hizo insuficiente y costoso el cemento y se comenzó a usar el asfalto de Guanoco.

Para 1920, según el censo que ordenó la Gobernación de Caracas, en la capital había: «619 automóviles particulares y de alquiler. 100 automóviles del servicio diplomático. 32 autobuses. 80 motocicletas...» (Varios Autores, 1970: 118). Es evidente que el transporte público había comenzado para la fecha. Se contaban 32 autobuses, pero no hay duda de que estaba en sus comienzos. El cambio de paradigma, del ferrocarril al vehículo de gasolina ya se había dado, como vimos antes.

California y Texas

Aunque los lagos de asfalto de California eran un buen indicio de la existencia de petróleo en la zona, no fue sino en 1890 cuando se halló el yacimiento de Los Ángeles y luego otro en el valle de San Joaquín. Entre 1893 y 1903 la producción californiana pasó a la de la costa este y para 1910 era la más alta del mundo, alcanzando a producir el 22 % de la producción planetaria. Si bien la Union Oil lideraba el proceso, la Standard Oil en 1907 entró en el área de producción californiana. En paralelo a California, por su parte, los campos de Texas alzaron la voz.

La historia del petróleo texano está ligada a la aventura personal de un pionero: Pattillo Higgins (sí, Pattillo era su nombre) y un inversionista audaz: Anthony Lucas. Higgins creía que en Spindletop había crudo, pero sus intentos por hallarlo fueron infructuosos durante años. En el camino se asociaron con James Guffey y John Galey, quienes extraían petróleo en Kansas. Desde 1892 estaban buscando crudo y los recursos iban disminuyendo, hasta que el 10 de enero de 1901 el pozo Lucas 1 comenzó a producir 75 000 barriles diarios. Comenzaba la fiebre del crudo en Texas. Fue un pandemónium de cerca de 215 pozos y dinero, mucho dinero.

Muy pronto Higgins y Lucas abandonaron el rol de protagonistas por falta de músculo financiero y Guffey encabezó el negocio de la futura Gulf, asociándose con Marcus Samuel, de la Shell, y comprometiéndose a venderle la mitad de su producción a un precio fijo durante veinte años. Luego, el mal manejo de la empresa activó a los banqueros de Pittsburgh que habían prestado para la aventura: la familia Mellon. Desplazado Guffey por William

Mellon, en 1901, comenzaba la historia de la Gulf Oil Corporation, que llegó a ser una de las grandes del mundo.

Pero estos actores no eran los únicos en Texas; también estaban los Pew, con amplia y acendrada experiencia petrolera en Pensilvania. Su empresa, la Sun Oil Company, tuvo la palabra. También otra de las grandes nació en Texas. Nos referimos a la Texas Company, luego popularizada como la Texaco. Empeño de Joseph Cullinam una vez que constató el estallido del pozo Lucas 1. Conocía el negocio, venía de trabajar con la Standard Oil y fundó la compañía en 1902. Sus intereses también se anclaban en Oklahoma y por ello se esmeró en construir un oleoducto entre Glenn Pool y Port Arthur. Desde 1906 la Texaco produce gasolina con su emblema característico.

Como vemos, el imperio de la Standard Oil comenzaba forzosamente a ceder espacio. A la empresa le iba muy bien, pero los competidores ya le habían arrebatado una parte del mercado. Su participación en la refinación del crudo bajó de cerca del 90% en 1880 a 60% hacia finales de siglo. En 1897, el viejo Rockefeller se separó del día a día de su empresa y le hizo caso a su médico, quien le prescribió tres indicaciones: vivir sin preocupaciones, hacer ejercicio al aire libre y levantarse de la mesa con hambre. Le hizo caso. La estrella de John D. Archbold comenzaba su ascenso en la organización.

Desde el hallazgo de Drake en Titusville hasta el último año del siglo XIX, el petróleo había hallado un uso y un destino. Durante décadas, el kerosén para las lámparas caseras y para el alumbrado público fue el uso más común del crudo y, en menor medida, como lubricante de las máquinas que anunciaban la revolución industrial. Luego, a partir del invento alemán del motor de gasolina, el mercado se fue ampliando hasta cotas inimaginables, pero esto en verdad ocurrió en el siglo XX. La década final del siglo XIX fue premonitoria de lo que vendría en el siglo del automóvil, cuando el petróleo se convirtió en la principal fuente de energía del planeta.

Evidentemente, el siglo XX comienza con circunstancias favorables para el petróleo. No solo se iba diversificando su uso sino que los hallazgos de yacimientos estaban a la vuelta de la esquina. Entonces, en el mapa de los hidrocarburos del planeta pudo colocarse una nueva bandera: Persia. Esta denominación estuvo vigente hasta 1935, fecha en la que comenzó a llamarse Irán, como actualmente se le conoce.

El Medio Oriente en el mapa

De la existencia del petróleo en Persia se tenían noticias desde la Antigüedad e incluso el barón Julius de Reuter (fundador de la agencia de noticias) obtuvo una concesión en 1889, pero no logró hacerla efectiva. Luego, estudios geológicos certificaron que había altas probabilidades de hallar aceite de piedra en Persia. Esto fue lo que movió a Antoine Kitagbi a buscar un inversionista en Europa. Actuaba en nombre del gobierno y urgido por las necesidades económicas del *sha*, y despertó interés en un potentado inglés: William Knox D'Arcy, cuya fortuna provenía de unas minas de oro en Australia. El 25 de marzo de 1901 llegó D'Arcy por primera vez a Teherán. Comenzaba una larga y accidentada aventura.

La concesión que firmó el *sha* de Persia, Mozaffar ad-Din Qajar, con D'Arcy abarcaba cerca del 60% del territorio persa y se extendía por 60 años, de modo que tiempo y espacio había de sobra. Las perforaciones comenzaron en 1902 y en 1903 se obtuvieron los primeros barriles de petróleo. No obstante, las arcas de D'Arcy estaban a punto de vaciarse por completo y necesitaba un socio. Al año siguiente se halló más crudo y D'Arcy buscó socios con más ahínco, pero no logró ninguno. Tocó a la puerta del gobierno británico en busca de apoyo financiero, dado que Persia era manzana de la discordia entre Rusia y Gran Bretaña y esta última tenía suficientes motivos para respaldar a D'Arcy, en defensa de sus intereses locales.

Finalmente, en 1905 se concretó el acuerdo entre la empresa sugerida por Gran Bretaña, la Burmah Oil, con sede en Glasgow

(Escocia), y D'Arcy. La nueva empresa se denominaría Concession Syndicate. El año siguiente, con base en un informe geológico, la búsqueda se trasladó a Masjid-i-Suleiman: un enclave para el que no se contaba ni siquiera con carretera, pero estos desafíos los encaraba George Reynolds, un gerente-titán al que la directiva de la nueva empresa le confío la aventura persa. Las perforaciones comenzaron en enero de 1908, cuando en Glasgow ya se había perdido toda esperanza y cortado el suministro de recursos. D'Arcy, por su parte, estaba al borde de la desesperación: la concesión le había sido entregada hacía 7 años y casi nada de importancia se había hallado en Persia. Entonces, pasó algo parecido a la fecha límite del coronel Drake en Titusville: el 25 de mayo de 1908, a 360 metros de profundidad, encontraron petróleo; el chorro de crudo alcanzaba los 20 metros de altura, cuando ya las esperanzas se hallaban en el foso y la carta enviada desde Glasgow ordenaba cerrar el negocio. El tesoro largamente buscado había aparecido y la carta quedó en el olvido.

No obstante los éxitos de Reynolds, los escoceses lo dejaron en cesantía y, de paso, cambiaron el nombre de la empresa y su estructura. A partir de abril de 1909 se constituyó la Anglo-Persian Oil Company; para entonces el porcentaje accionario de D'Arcy era secundario y, también, lo relegaron en sus funciones. El Medio Oriente ya estaba en el mapa, pero una vez más los que lo colocaron allí cedieron el paso a los que tuvieron músculo financiero para explotar los yacimientos. Se repite la historia.

La epopeya de los hermanos Wright

Mientras los británicos se abrían camino en la Persia petrolera, dos hermanos llamados Orville y Wilbur Wright, en Kitty Hawk (Carolina del Norte), lograron levantar vuelo en su aeroplano en diciembre de 1903, después de varios años de intentos fallidos. Nacía entonces la aviación, de la mano de su ingenio mecánico y del uso de motores de combustión interna de gasolina, pero faltaban unos años para que su desarrollo fuese vertiginoso en razón de una sola causa: la Primera Guerra Mundial (1914-1918).

Durante los años de la Primera Guerra Mundial los enfrentamientos, tradicionalmente marítimos y terrestres, hallaron en el aire un nuevo espacio de combate. La cifra de aviones de guerra construidos durante la conflagración es asombrosa: 55 000 el Reino Unido, 68 000 Francia, 48 000 Alemania. Es evidente que la guerra aceleró el desarrollo de la aviación, y ya después la comercial comenzó a dar sus primeros pasos, siempre abastecida por gasolina. No obstante, muchos no advirtieron al principio las posibilidades bélicas de los aeroplanos y no les vieron mayor objeto: muy rápido la realidad señaló otro derrotero.

En Venezuela la epopeya de la aviación comienza con un vuelo sobre Caracas del piloto norteamericano Frank Boland, el 29 de septiembre de 1912. Entonces decoló y aterrizó en el hipódromo de El Paraíso mientras el general Gómez veía la hazaña desde la tribuna. Después de otras demostraciones que buscaban convencer al dictador de la necesidad aérea, este ordenó la creación de la Escuela de Aviación Militar el 17 de abril de 1920. La Escuela de Aviación Civil Miguel Rodríguez se fundó durante el gobierno de Eleazar López Contreras, el 16 de diciembre de 1937.

Ya en 1929 se había firmado un contrato entre el Gobierno Nacional y la Compagnie Aeropostale, francesa, para que esta sirviese de correo aéreo entre Francia y Venezuela. Entonces, se acondicionó una pista rudimentaria en Maiquetía. Al año siguiente (1930) hicieron sus primeros vuelos con igual propósito los aviones de la Pan American World Airways, que comenzaron a llegar a Maiquetía. En 1931 el Gobierno creó la Línea Aeropostal Venezolana, comprando la línea francesa, que pasaba por dificultades económicas. En 1942 se construyó el primer terminal moderno de pasajeros en Maiquetía; y cuatro años después la aviación deportiva se asociaba en el Aeroclub Caracas y trazaban la pista de La Carlota

(1946), en el valle del mismo nombre. Si bien es cierto que la aviación comercial se dilató más en crearse que la militar en el país, no es menos cierto que todas requerían combustible para abastecerse. Desde aquellos años iniciales hasta nuestros días, la gasolina ha sido demandada por la aviación venezolana de cualquier tipo. Esta, en verdad, comenzó a incrementarse después de la Segunda Guerra Mundial, cuando varias empresas de aviación nacionales iniciaron sus vuelos y se inauguraron los vuelos trasatlánticos internacionales.

Rumbo a la Primera Guerra Mundial

Pero antes de que los aviones surcaran los cielos en combate, un tema álgido de la preguerra fue la energía con que se movían los barcos, y en particular las flotas de las armadas de las cuales dependían los grandes poderes. Recordemos que Marcus Samuel desde la Shell abogaba por el paso de carbón a petróleo en la flota británica, cosa que hicieron antes los alemanes. En este episodio D'Arcy también tuvo que ver directamente, ya que era amigo del legendario Jacky Fisher, primer *lord* del Almirantazgo británico (1904-1910) y luego asesor de Winston Churchill, cuando este desempeñó el mismo cargo. De modo que el interés de Fisher por transformar la flota británica en consumidora de petróleo en vez de carbón trajo como consecuencia el apoyo del gobierno británico a la Anglo-Persian Oil Company. Se hacía evidente que, al adoptar el petróleo para mover la flota, asegurar el suministro era vital. Asistimos entonces a un gradual cambio de la matriz de energía: del carbón al petróleo, como antes la humanidad experimentó otros. Siempre con un período de solapamiento en el que se usaban la declinante y la ascendente; también se prosigue en la ruta de descarbonización (combustibles con menos carbono) y mayor densidad energética.

El olfato de Churchill lo llevaba a vislumbrar que Alemania desafiaría a Gran Bretaña en los mares, intuición que también tenía Fisher; de allí que, para el momento en que Churchill asume como primer *lord* del Almirantazgo, en una suerte de gimnasia de preguerra, se estaban terminando de construir 55 destructores y 74 submarinos, todos propulsados con petróleo. A partir de entonces, el aceite de piedra fue vital para Gran Bretaña, como ya lo era para Alemania. Si a esta evidencia le sumamos la posterior de la aviación, concluimos que la Primera Guerra Mundial fue, además, la primera conflagración con el petróleo en el epicentro.

Incendio en Bakú

Los historiadores coinciden en que el zar Nicolás II venía ejerciendo muy mal el poder en Rusia. Hacia finales del siglo XIX había cundido el desencanto entre sus súbditos. Solía hacer diferencias entre los rusos y las otras muchas minorías de su imperio, y así se fue incubando un estallido que tuvo al petróleo como factor fundamental. Además, tanto Vladimir Ilich Lenin desde Europa como el entonces joven José Stalin, que terminarían luego dominando la historia de la Rusia postzarista, atizaban el fuego del descontento.

Lenin escribía panfletos clandestinos y, por su parte, Stalin, entre 1901 y 1902, encabezaba las huelgas y manifestaciones contra las empresas petroleras de Bakú, en particular en aquellas donde primaban los intereses de los Rothschild. En 1903, los trabajadores petroleros de Bakú fueron a huelga y se les sumaron los obreros de todo el imperio, dándose así la primera huelga general rusa, iniciada en los campos petroleros y atizada por Stalin. El zar, por su parte, en una maniobra de distracción, le declaró la guerra a Japón en 1904, que concluyó con un desastre para Rusia y el fin de la contienda en 1905, después de la mediación del presidente de Estados Unidos, Teodoro Roosevelt. Lejos de mejorar la situación, la derrota zarista encendió otra huelga petrolera a finales de ese año y dejó sentadas las bases para las convulsiones de 1905.

El retroceso del zar articuló la necesidad de un parlamento, es decir, la decisión de compartir el poder, a partir del incendio de 1905. Luego, en 1907, el ya experimentado agitador José Stalin regresó a Bakú a soliviantar a los obreros. Tres años después es apresado y extrañado hacia el norte de Rusia. Imposible no ver en estos hechos petroleros el antecedente de lo que ocurriría en 1917: la revolución bolchevique de Lenin y el camarada Stalin.

El llamado Proceso de Burton

Tanto la aviación, los automóviles, como las nuevas embarcaciones propulsadas por motores de gasolina, que empezaban a multiplicarse a comienzos del siglo XX, planteaban un nuevo problema: esta escasearía muy pronto, ya que para entonces de un barril de petróleo apenas podía alcanzarse a producir un 20% de gasolina, por medio de la destilación atmosférica, y era evidente que en lo adelante este derivado iba a ser el rey de la industria. De esto estaba muy bien enterado un Ph.D en Química de Johns Hopkins University que trabajaba para la Standard Oil, y que llegó a ser su presidente entre 1918 y 1927. Nos referimos a William M. Burton.

El crecimiento del uso del automóvil, en particular, encendió las alarmas en la oficina de Burton. No obstante, sus superiores de la Standard Oil no le autorizaron las investigaciones aludiendo la peligrosidad de las mismas. Burton no se amilanó y las comenzó discretamente en 1909 y cuatro años después (1913), cuando el *trust* de la Standard había sido deshecho judicialmente, Burton se alzó con la victoria, patentando su invento, un avance tecnológico crucial para el desarrollo de la industria petrolera.

Burton y su equipo diseñaron la torre y el proceso que hizo posible extraer un 45% de gasolina de un barril de petróleo y no un 20%, utilizando altas temperaturas para romper las largas cadenas moleculares del petróleo. Así, duplicó su efectividad. Este proceso de termofraccionamiento al que llegaron Burton y su equipo tuvo lugar mientras las ventas de gasolina, en 1910, fueron mayores que las de kerosén. Entonces el futuro de los derivados del petróleo tenía un camino trazado, pero no había cómo transitarlo. Burton y los suyos apuraron el paso, siempre secretamente, hasta que en 1913, cuando ya el *trust* de la Standard Oil era pasado, la Standard de Indiana, ya autónoma y con Burton a la cabeza, patentó el invento. Oh, ironía: hasta la Standard of New Jersey, que hasta hacía poco había sido la central, tuvo que pagar regalías por los trabajos secretos de Burton. Este fue uno de los grandes avances tecnológicos de la industria petrolera, el que permitió el desarrollo del más grande de sus mercados: la gasolina. De modo que en esta primera década del siglo XX todo apuntaba a favor del uso del petróleo en la vida cotidiana, pero ello implicaba la urgente necesidad de hallar más yacimientos para una demanda creciente. Eso va a ocurrir de la mano de la exploración y con el auxilio de la ciencia geológica, como veremos más adelante.

En apenas ocho años, los cambios que se dieron en el mapa petrolero fueron notables. No solo se incorporó México como productor principal de hidrocarburos, sino que también Venezuela se sumó como productor promisorio, así como la Turkish Petroleum Company inició su andadura. Además, la justicia norteamericana ordenó la fragmentación del *trust* de la Standard Oil, pocos años antes de que estallara la revolución bolchevique y se iniciara la aventura del socialismo real. Por otra parte, al terminar la Primera Guerra Mundial, el mundo era otro, dado el reacomodo de los factores de poder. Veamos estos puntos de inflexión.

México entra en escena

Durante los primeros años del siglo XX, la búsqueda de petróleo se incrementó en todas partes del mundo en que se pensara que había posibilidades y México fue unos de los puntos de enfoque. Un norteamericano, Edward Doheny, y un británico, Weetman Pearson, luego *lord* Cowdray, fueron protagonistas de esta pesquisa. Por su parte, al autócrata presidente de México, Porfirio Díaz, le convenía que un británico, y no un norteamericano, tuviera la mejor opción. Recordemos la frase célebre de Díaz: «Pobre México, tan lejos de Dios y tan cerca de los Estados Unidos». Además, la Mexican Eagle estaba asociada con la empresa de ingeniería de Pearson, que ofrecía otros servicios de construcción que le interesaban a los aztecas.

Después de años de búsqueda, los geólogos norteamericanos que contrató el británico dieron con el pozo Potrero del Llano 4, en 1910. El pozo despedía 110 000 barriles diarios, alcanzando así un récord mundial. A partir de entonces, la fiebre del crudo se desató cerca de Tampico. Por otra parte, la empresa de Doheny, la Huasteca Petroleum Company, había hallado el pozo Casiano 7, del que emergían 60 000 barriles al día. Seis años después, en 1916, del pozo Cerro Azul de la Huasteca emergían cerca de 260 000 barriles diarios, y todavía se le tiene como uno de los pozos más potentes de la historia del petróleo en el mundo. Además de la inusitada producción, la calidad del petróleo mexicano era excepcional. En apenas diez años abastecía el 20% de la demanda norteamericana y, para 1921, era el segundo productor de crudo del mundo, con una producción anual de 193,4 millones de barriles diarios.

Curiosamente, justo después de este auge, en 1922 comenzó el declive de los pozos, de los que comenzó a emerger sal junto con el crudo. Luego, el Estado mexicano restringió la participación de empresas extranjeras, vía aumento tributario, y se hallaron nuevos yacimientos en otros lugares del mundo, que venían a competir con los mexicanos. Las empresas pioneras habían cambiado de mano (la Shell compró la Mexican Eagle de Pearson, y la Standard Oil of Indiana la Pan American Petroleum and Transport Company de Doheny). Después, en 1938, el presidente Lázaro Cárdenas nacionalizó la industria petrolera, expropiando 17 empresas que para entonces operaban en suelo azteca. Las reacciones fueron inmediatas: Gran Bretaña rompió relaciones con México; los Estados Unidos y

Holanda decretaron un embargo comercial. Por su parte, el petróleo venezolano, en 1922, comenzó su auge: ya México no era un proveedor confiable. No solo declinaba su producción, sino que el gobierno avanzaba hacia la estatización de las industrias petroleras, fiscalizándolas cada día más y desestimulando la inversión. Estas, como era de esperarse, buscaron otros horizontes.

Una vez asumido el control de la industria petrolera, el Estado mexicano creó Pemex (Petróleos Mexicanos) en 1938, y desde entonces la producción petrolera de este país se ha mantenido en altos niveles hasta el agotamiento de los pozos en años recientes, cuando su producción ha bajado de los 3 076 000 barriles en 2007 a 2 538 000 barriles en 2012. No obstante, Pemex, al día de hoy, es la octava petrolera del planeta. A finales del 2013, el presidente de México, Enrique Peña Nieto, anunció una suerte de apertura del mercado petrolero mexicano a las empresas privadas globales. Se espera una nueva era para el crudo mexicano.

Fin del *trust* de la Standard Oil

El Standard Oil Trust se creó en 1882 y fue el primero en los Estados Unidos. Tomó años integrarse efectivamente, cosa que se alcanzó hacia 1890. Los periodistas comenzaron a interesarse por la Standard y sus prácticas empresariales hacia mediados de la última década del siglo XIX, pero fueron los trabajos de Ida Tarbell, publicados en 1902, los que colocaron en la opinión pública una percepción muy desfavorable de la compañía. Luego, en 1904, los 24 trabajos se recogieron en un libro, *La historia de la Standard Oil Company*, una bomba de tiempo que fortaleció las acciones judiciales en contra del *trust* y le dio nuevos argumentos a Teodoro Roosevelt, presidente a partir de 1901, y denodado enemigo del gigantesco poder acumulado por la corporación de Rockefeller.

Pero la invectiva de Roosevelt no era solo contra Rockefeller, sino contra todos los *trusts*. De hecho, judicializó cuarenta y cinco de ellos. No obstante, el más grande y representativo era el de la Standard Oil, cuya querella comenzó en 1906, por demanda de la administración Roosevelt, y concluyó en 1909, cuando el Tribunal Federal ordenó la disolución del *trust* y ya Roosevelt había dejado de ser presidente. Entonces, afirmó el presidente del tribunal que dio el fallo: «Ninguna mente desinteresada puede estudiar el período en cuestión (desde 1870) sin verse irresistiblemente arrastrado a la conclusión de que el auténtico genio para el desarrollo y la organización comercial... pronto engendró un afán y decisión de excluir a los demás de su derecho a comerciar y, de este modo, conseguir el dominio que tenía planeado».

El *trust* se dividió en varias empresas. La Standard Oil of New Jersey, que fungía de casa matriz, luego pasó a denominarse Exxon; la Standard Oil of New York después se denominó Mobil; la Standard Oil of California luego se denominó Chevron; la Standard Oil of Ohio fue la BP norteamericana; la Standard Oil of Indiana fue luego Amoco; la Continental Oil pasó a llamarse Conoco; Atlantic luego fue Arco y después Sun. Al ver la lista, cualquiera se pregunta: ¿perjudicaron a Rockefeller? Al revés, la descentralización colocó a cada una de las empresas en el camino del crecimiento, se autonomizaron y crecieron sin pausa, a tal punto que un año después las acciones de la suma de todas valían el doble del valor del *trust*.

**La Venezuela promisoria. El Informe Arnold.
La Shell abre la puerta**

En 1911, en Venezuela solo se explotaba un pozo exiguo en el estado Táchira (el de Petrolia) y se aprovechaba el lago de asfalto de Guanoco, como vimos antes. Y fue precisamente la empresa que explotaba el asfalto en Trinidad y Venezuela, la General Asphalt Company, la que recibió una licencia de exploración por parte del régimen del general Juan Vicente Gómez. Para fortuna de Venezuela, la compañía contrató a los geólogos norteamericanos Ralph

Arnold, George Macready y Thomas Barrington, quienes estuvieron haciendo trabajos de campo entre 1911 y 1916 y, en verdad, son los factores pioneros del inicio de la industria petrolera en Venezuela, ya que sin su estudio geológico las empresas grandes no se habrían decidido a invertir en el país, como en efecto lo hizo la Shell, que le abrió el camino a las otras que llegaron luego.

Estos profesionales de la geología comandados por Arnold trajeron a otros 52 geólogos egresados de Stanford, Cornell, Yale, Harvard y Columbia, y entre todos levantaron los primeros informes geológicos modernos del territorio. Con base en el primer informe de Arnold, de 1912, la empresa subsidiaria de la General Asphalt, la Caribbean Petroleum Company, buscó capital para continuar con el trabajo de campo e iniciar las primeras perforaciones en los sitios señalados por Arnold y sus compañeros. La Shell, presidida por el legendario Henry Deterding, se animó con el informe Arnold y compró el 51% de las acciones de la General Asphalt en la Caribbean, tomando el control de la operación en diciembre de 1912.

El propio Deterding confiesa años después, en su libro *An International Oil Man*, lo que significó el riesgo que asumió en Venezuela a partir de 1913. Dice:

> Sin duda alguna, nuestro mayor logro hasta el presente, desde el punto de vista geológico, sigue siendo la explotación de los campos petroleros de Venezuela. Aunque a este país a finales del siglo XIX se le reconocía como un potencial productor de petróleo y las concesiones habían dado indicios sobre la existencia natural de hidrocarburos, no obstante, Venezuela tenía fama de ser una causa casi perdida de producción rentable, para el momento en que nos interesamos (Arnold, 2008: 75).

Y más adelante se explica todavía mejor. Afirma:

> Creo haber hecho, quizás, la operación más riesgosa de mi vida, cuando en nombre de nuestras compañías, decidí comprarle a General Asphalt

Company, de Filadelfia, una concesión a largo plazo, que nos garantizaba territorios enormes en casi todo el país... Tengo que admitir que el informe favorable preparado por el experto geólogo norteamericano, doctor Ralph Arnold, me dejó impresionado por el valor potencial de esos inmensos territorios... A pesar de estas circunstancias, hay que tomar en cuenta que hasta ese momento no existía ningún pozo en producción en Venezuela y antes de que tuviésemos la seguridad que estos pozos activos existieran, nosotros mismos teníamos que invertir, obviamente, una suma colosal de dinero. Este negocio era riesgoso, sin duda alguna. ¿Por qué, entonces, decidí acometerlo? Simplemente, porque pensé que esta gran oferta en Venezuela, aunque implicaba un enorme azar, estaba justificada. Y así ocurrió (Arnold, 2008: 75 y 76).

La aventura de Arnold y su gente está recogida en un libro que ellos mismos escribieron y publicaron en 1960, *The First Big Oil Hunt. Venezuela 1911-1916*, traducido al español por Héctor Pérez Marchelli y editado por Andrés Duarte Vivas en la Fundación Editorial Trilobita, en 2008. En el texto se relata la fascinante peripecia geológica y humana de estos pioneros, autores del informe.

La secuencia fue como sigue: con el Informe Arnold, la New York and Bermúdez Company (léase la Shell) inició exploraciones en el campo de Guanoco, cerca del lago de asfalto, y da con petróleo en el pozo Bababui 1, iniciándose entonces la producción comercial en Venezuela el 15 de agosto de 1913. El crudo extraído en los 16 pozos perforados del campo es muy pesado, pero esto no desanimó a la empresa.

Por el contrario, con el Informe Arnold en la mano, en enero de 1914 se solicitan 1028 lotes de exploración en un terreno de 512 000 hectáreas, dando como resultado el descubrimiento del primer gran campo petrolero de Venezuela, el de Mene Grande (Zulia). De allí comenzó a manar crudo el 15 de abril de 1914 a través del pozo Zumaque I, al que le siguieron los pozos Zumba I,

Zumaya I y Zumacaya I. A partir de entonces, Venezuela se colocó en el mapa petrolero como actor promisorio.

No obstante, las perforaciones se detuvieron entre 1914 y 1919, dado que la Primera Guerra Mundial obligó a las empresas a reducir sus riesgos y suspender el trabajo. Se reanudaron en 1919, y para 1922 dieron con el pozo Los Barrosos 2, en Cabimas (Zulia), que potenció las posibilidades petroleras de Venezuela hasta cotas inimaginables. Para 1928, Venezuela era el segundo productor de petróleo del mundo, después de Estados Unidos. El Informe Arnold y la apuesta de Deterding habían tenido sentido.

Entre el Informe Arnold y la Primera Guerra Mundial se tramó una ironía geopolítica, ya que el primero daba luz verde para las exploraciones y estas comenzaron con éxito, pero la guerra condujo a una prudencia acentuada en las inversiones exploratorias. Esto, por su parte, alimentó la impaciencia del régimen del general Gómez, que ya sabía que en Venezuela había petróleo en buenas cantidades, pero las empresas concesionarias no estaban invirtiendo lo suficiente para sacarlo en grandes proporciones. Esta situación desesperante para el gobierno cambiará radicalmente a partir del fin de la guerra. Entonces, se produce una verdadera fiebre petrolera en el país en busca de concesiones. Sobre todo por parte de las empresas norteamericanas, entre otros motivos porque la guerra había dejado en claro que el petróleo era la energía del mundo y porque comenzaba a ser insuficiente para los Estados Unidos y Europa. La carrera exploratoria en el mundo comenzó con furor y Venezuela ofrecía una ventaja importante: el Informe Arnold había dado resultados para la empresa que lo había seguido: la Shell. Pero el hecho de que la Shell haya llegado primero a Venezuela y la Standard Oil después se explica por las políticas de desarrollo de ambas empresas. El presidente de la Shell, el legendario Deterding, representaba capitales holandeses y británicos, y ambos países no contaban con petróleo para entonces en sus subsuelos, de modo que el campo de exploración de la empresa era, forzosamente, el planeta; mientras, Rockefeller estaba enfocado en los Estados Unidos, hasta entonces gran productor. Sus políticas de desarrollo eran nacionales, mientras las de Deterding eran mundiales. Además, la Shell recibía el respaldo del gobierno británico, para quien la gasolina era indispensable para mover su flota por el mundo y mantener sus áreas de influencia. La moraleja que dejó la guerra era clara: el petróleo era la clave del poderío bélico. Esto quedó corroborado hasta la saciedad con la Segunda Guerra Mundial, cuando no solo los barcos y submarinos se movían con gasolina sino los aviones: nuevos protagonistas de los enfrentamientos.

Insistimos en que la Primera Guerra Mundial cambia este paradigma para la Standard Oil y las otras empresas norteamericanas, y a partir de entonces enfocaron sus catalejos fuera del territorio estadounidense. México estaba muy cerca, pero la hostilidad del gobierno mexicano era evidente, con sus políticas fiscales, sus trabas y la ausencia de Porfirio Díaz, mientras en Venezuela había petróleo y gobernaba el general Gómez, ávido de recursos para las arcas del Estado que presidía.

No obstante la suspensión temporal de las exploraciones por causa de la Primera Guerra Mundial, la Shell tomó la decisión de construir una pequeña refinería en San Lorenzo, a orillas del lago de Maracaibo, junto con un puerto de embarque de crudo. La refinería inició operaciones el 17 de agosto de 1917. Antes, entre enero y agosto, se había construido un oleoducto de 15 kilómetros y 20 centímetros de diámetro que partía desde el campo de Mene Grande hasta la refinería citada. En septiembre de este año se produjo la primera exportación de petróleo venezolano desde la refinería y el terminal de carga de San Lorenzo, en el estado Zulia. Comenzaba la era de productora-exportadora de petróleo de la República de Venezuela.

Si bien la primera concesión Valladares (1910) y la segunda, que era la de Tregelles (1912) pasan a manos de la General

Asphalt (1910) y luego de la Shell (1912), las otras concesiones grandes tuvieron otros destinos que debemos revisar. La concesión Vigas, del 31 de enero de 1907, pasó a manos de la empresa británica The Colon Development Company el 8 de julio de 1913. Para entonces, el control de esta empresa estaba en manos de la Shell. La concesión Aranguren, del 28 de febrero de 1907, pasó a manos de la Venezuelan Oil Concessions el 29 de mayo de 1913, y luego esta pasó a manos de la Shell en febrero de 1915. La concesión Jiménez Arráiz, del 18 de marzo de 1907, pasó a manos de la empresa británica North Venezuelan Petroleum Company, y así permaneció durante varios años, dadas sus dimensiones modestas. La concesión Planas, del 22 de julio de 1907, pasó a manos de la Venezuelan Fuel Oil Syndicate el 28 de junio de 1915 y luego a la British Controlled Oilfields, quien finalmente la obtiene, a partir de enero de 1918. Como vemos, las concesiones castristas tuvieron un desarrollo lento, salvo las que obtuvo Valladares y transfirió a la Shell. Esta empresa, hasta bien avanzada la década de los años 20, reinaba sola en el campo petrolero venezolano.

Y si bien la Shell construyó la refinería de San Lorenzo, cuando hubo de construir otra, dado el crecimiento de la producción, prefirió la isla de Curazao a territorio venezolano, como era lo lógico. La dictadura del general Gómez no presionó a la empresa para que la construyera aquí, cuando ha podido hacerlo, y esta optó por territorio holandés, en perfecta concordancia con el capital propietario de la Shell: anglo-holandés en su mayoría. La construcción de la refinería de Curazao comenzó en 1916 y concluyó en 1918 y, cuando el gobierno venezolano preguntó por qué allá y no aquí, la respuesta fue por «mejores puertos y una mano de obra abundante» (Lieuwen, 1964: 43). También se adujo que construirla en alguna orilla del lago de Maracaibo supondría el problema de sortear la barra de la entrada al lago, que no había sido dragada entonces. Por otra parte, de inmediato se hizo evidente que favorecía a Curazao, no solo por razones comerciales sino porque supuso la llegada de un buen número de obreros provenientes de otras islas, llamados por una nueva fuente de trabajo que se presentaba. Por el costado que se le vea, favorecía a Curazao y no a Venezuela, y esto no parecía preocupar en lo más mínimo al general Gómez. No faltó quien esbozara la tesis de que el general se negaba porque la refinería crearía un polo de atracción en el Zulia: una zona lejana que él sentía no dominar plenamente. Esta especie no tiene fundamento, ya que la refinería de San Lorenzo estaba en el Zulia y Gómez no se había opuesto a su construcción. Estuvo la refinería de Curazao en funcionamiento en manos de la Shell hasta 1985, cuando pasa a manos de PDVSA, después de un acuerdo entre los gobiernos de Venezuela y Holanda, PDVSA y la Shell, el cual condujo a la firma de un arrendamiento de la refinería de la Shell a PDVSA. Su capacidad de refinación está alrededor de 330 000 barriles diarios.

La Turkish Petroleum Company

En 1912 se hizo visible un personaje central de la historia petrolera: Calouste Gulbenkian. Armenio, hijo de petroleros con intereses en Bakú, educado en el King's College de Londres, y a quien se le apodó «El señor 5%», en razón de su porcentaje accionario. Fue Gulbenkian quien organizó la Turkish Petroleum Company, reuniendo al Deutsche Bank, la Shell, el Turkish National Bank y a sí mismo, a título personal. Buscaban una concesión en Mesopotamia y la consiguieron en 1914, días antes de que estallara la Primera Guerra Mundial y quedara en suspenso hasta después de la conflagración, en 1919. Entonces, el propio Gulbenkian maniobró para que el petróleo en el Medio Oriente incluyera a las empresas norteamericanas, cosa que logró. De 1912 a 1919 el cambio había sido enfático y, como veremos luego, las operaciones en el Medio Oriente estuvieron determinadas por el reacomodo de la postguerra, y el armenio aparecerá de nuevo en nuestro relato.

Los inicios de la postguerra

Si algo dejó claro la Primera Guerra Mundial fue que el petróleo era la fuente reina de la energía que movía al mundo. De allí que su búsqueda y obtención se tornó urgente para los países consumidores, en particular para las grandes potencias europeas vencedoras y para Estados Unidos, que no solo había sido proveedor de buena parte de la gasolina para la guerra, sino que había visto incrementarse el consumo interno de manera asombrosa. Entre 1911 y 1918 había aumentado en 90%; el parque automotor norteamericano había crecido entre 1914 y 1920 de 1 800 000 a 9 200 000 vehículos, y nada anunciaba que se fuera a detener este mercado; todo lo contrario.

Este cuadro hacía evidente que el petróleo norteamericano no iba a alcanzar ni siquiera para el consumo interno y los europeos se veían en la necesidad de buscarlo donde lo hubiese: el Medio Oriente, México y Venezuela. De modo que la suspensión de cuatro años en la exploración por causa de la guerra había que revertirla pronto, ya que la urgencia de contar con suministros seguros se había hecho evidente y apremiante durante la contienda bélica. Con la postguerra comenzó una etapa frenética de la exploración petrolera y nuevos y grandes hallazgos. En esta etapa, Venezuela se colocó en el mapa petrolero con una fuerza inesperada. Todas las empresas transnacionales petroleras de entonces querían estar aquí.

Por otra parte, se hizo evidente un cambio radical en la economía y la política del mundo. El epicentro se desplazó de Londres y París a Nueva York. Comenzaba una nueva era geopolítica. En este sentido concordamos plenamente con John Kenneth Galbraith cuando afirma:

> Estoy convencido, al igual que muchas otras personas, de que el gran punto de inflexión de la historia económica moderna, el que ha marcado

más que cualquier otro la era económica moderna, fue la Gran Guerra de 1914-1918, reducida a la designación más modesta y, en general, menos precisa y expresiva de primera guerra mundial. Dicha guerra hizo añicos una estructura política que había sido dominante en Europa durante siglos. Además, alteró en gran medida la posición de los Estados Unidos en la escena económica mundial. Estados Unidos pasó de ser un anexo en las discusiones económicas a ser la pieza central (Galbraith, 1994: 23).

La primera ley sobre Hidrocarburos de Venezuela (1920) y la impronta de Gumersindo Torres y Pedro Manuel Arcaya

Recordemos que durante la presidencia de Castro se promulgaron un Decreto Reglamentario del Código de Minas, en 1903; un Código de Minas en 1904 y una Ley de Minas en 1905, con la que se otorgaron las concesiones con territorios más extensos, como ya hemos visto. Luego, durante la larga dictadura de Juan Vicente Gómez la secuencia es como sigue: Código de Minas en 1909; otro en 1910; Ley de Minas de 1915 y Ley de Minas de 1918; Reglamento de la Ley de Minas en 1918; Ley de Hidrocarburos y demás minerales combustibles, 1920; Ley de Hidrocarburos, 1921; Ley de Hidrocarburos, 1922: las próximas leyes serán sancionadas durante el gobierno de Eleazar López Contreras, en 1936 y 1938. Luego vendrá la de 1943, durante el gobierno de Isaías Medina Angarita (1897-1953).

El 17 de diciembre de 1917, el médico falconiano Gumersindo Torres (1875-1947) es designado ministro de Fomento; a partir de entonces, va a incidir en el marco jurídico regulatorio de la actividad petrolera, asistido por su consultor jurídico, el jurista Pedro Manuel Arcaya (1874-1958). Antes, veamos quién es y por qué fue designado por Gómez en este destino que, aparentemente, no le era natural.

Gracias a la biografía de Torres escrita por Eduardo Mayobre (2007), más una monografía de Aníbal Martínez (1977) sobre el personaje, podemos reconstruir brevemente su trayectoria. Nacido en Coro y graduado de médico en Caracas, procedente de una familia distinguida pero sin bienes de fortuna, ingresa al servicio público en 1908 y egresa de él en 1943. Es decir, 35 años al servicio del Estado venezolano. La secuencia es esta: secretario del ministro de Relaciones Exteriores, 1910; secretario de Gobierno del estado Lara (1910-1911); secretario de Gobierno del estado Apure (1911-1912); administrador de la Aduana de Ciudad Bolívar (1912-1914); primer vicepresidente del estado Falcón (1915-1916); director de Sanidad Nacional (1916-1917); ministro de Fomento (1917-1922); administrador de la Aduana de La Guaira (1922-1924); inspector general de Aduanas (1924-1925); inspector de Consulados (1926); ministro en España y Holanda (1927-1929); ministro de Fomento nuevamente (1929-1931); administrador de la Aduana de La Guaira (1932-1933) y presidente de la Compañía Ganadera Industrial Venezolana (1934-1936). Concluida la dictadura de Gómez y habiendo ejercido semejante ristra de cargos perfectos para enriquecerse, Torres llevaba una vida modesta. De allí que, durante el gobierno de Eleazar López Contreras, cuando se crea la Contraloría General de la República, se piensa en el funcionario más probo para detentarla y surge el nombre indudable de Gumersindo Torres. Fue el primer contralor, entre 1938 y 1941. Con el gobierno de Isaías Medina Angarita ejerce, otra vez, como administrador de la Aduana de Maracaibo (1942) y presidente del estado Bolívar (1943), cargo en el que concluye su larga hoja de servicios.

Es fácil advertir que, salvo el destino en Sanidad, la mayor parte de sus servicios fueron dados como administrador de aduanas y como ministro de Fomento, donde estuvo ocho años en las dos veces que detentó la cartera. Cuando llega por primera vez al ministerio, ya se ha probado como administrador de aduanas y si algún cargo era fácil para enriquecerse era este, cosa que no hizo y

Gómez lo advirtió, ascendiéndolo a ministro. Lo quería al frente del tema minero y petrolero en auge, un ámbito desconocido por todos, incluso por Torres, pero contaba con que el falconiano estudiaría la materia y trabajaría por acotarla. Eso hizo.

Además, su amigo de la infancia y coterráneo, Pedro Manuel Arcaya, había sido separado del cargo de ministro de Relaciones Interiores, cartera que detentó por primera vez entre 1914 y 1917, y Torres lo invitó a ser su consultor jurídico en el Ministerio de Fomento. Antes, siendo Arcaya procurador general de la Nación (1914), se había familiarizado con el tema jurídico petrolero. En relación con su participación en la redacción de varios instrumentos legales mineros y petroleros de estos años (1918-1922), Arcaya refiere en su *Memorias*, puntualizando sobre ella: «Sí la tuve, y grande, en la elaboración de la legislación que las rigió (se refiere a las concesiones) y ha seguido rigiéndolas en beneficio de la Nación…» (Arcaya, 1963: 167). Luego, entre 1922 y 1925, Arcaya vivió en los Estados Unidos como embajador de Venezuela y estuvo lejos del tema diario petrolero, pero la participación en la redacción de la Ley de Hidrocarburos de 1920 y las modificaciones de 1921 y 1922 contaron con su asesoría principal, a tal punto que no se exagera si se afirma que son de su autoría. Torres, por su parte, tenía el mejor concepto de Arcaya; así lo afirma en sus *Memorias:* «A Yanes lo sucedió el doctor Pedro Manuel Arcaya, la primera cabeza de Venezuela por su enciclopédica ilustración, quien me ayudó eficaz y fraternalmente, como fraterna ha sido nuestra amistad desde muchachos en la Patria chica, nuestra querida Coro» (Torres, 1996: 73). La amistad entre Torres y Arcaya no conoció fisuras. Se trataban como hermanos, según consta en múltiples fuentes documentales.

Arcaya, por lo demás, fue uno de los intelectuales venezolanos mejor formados de su tiempo. Su biblioteca personal, de 150 000 volúmenes, no ha sido superada por ningún otro bibliófilo en el país. Integró la generación que hizo del positivismo su instrumental para el análisis de la realidad, junto con Laureano Vallenilla Lanz y José Gil Fortoul, entre otros. Su labor jurídica es notable: fue el coordinador de las comisiones que redactaron los nuevos códigos civiles, de procedimiento civil y de enjuiciamiento criminal. Además, fue ministro de Relaciones Interiores, embajador en Washington, siempre dentro del marco de la dictadura de Juan Vicente Gómez. No llegó a estas responsabilidades por compadrazgo. De hecho, no era andino; era de Coro, de una vieja familia falconiana con muy buena posición económica. Su obra escrita sigue despertando interés, por más que hayan pasado los años y muchos de sus enfoques luzcan superados en el tiempo. Tenía abundantes razones el médico Torres para confiar en su amigo de infancia.

En la *Memoria del Ministerio de Fomento de 1917*, el doctor Torres afirma: «La exploración de los yacimientos petrolíferos es por todos conceptos diferente de las otras explotaciones mineras y no existiendo aún entre nosotros información cabal de las modalidades de la industria, no es recomendable que en la Ley de Minas se incluya la legislación de petróleo» (Mayobre, 2007: 75). No solo es cierto lo afirmado sino que, de hecho, los contratos concesionarios de tiempos de Castro ya suponían una especificidad jurídica distinta a la de los códigos de minas, consagrándose así la separación entre uno y otro ámbito. No podía ser de otra manera, ya que es muy distinto explotar una mina ya descubierta y concedida, que explorar para hallar un yacimiento. Lo segundo supone una costosa inversión sin garantía alguna; lo primero no: la mina se sabe que está allí para ser explotada; no se requiere inversión exploratoria.

De modo que, habiendo advertido la especificidad petrolera frente a la minera, era previsible que Torres buscara legislar en consecuencia. Dictó el Reglamento sobre el Carbón, Petróleo y Sustancias Similares, el 9 de octubre de 1918. Luego, sobre la base de esta experiencia, en la Ley sobre Hidrocarburos y demás Minerales Combustibles, del 19 de junio de 1920, terminó el proceso de especificidad iniciado por Torres. Fue la primera ley específica para el tema petrolero que tuvo Venezuela. Por cierto, no satisfizo del todo a las empresas petroleras extranjeras radicadas en el país (y las que proyectaban venir) y se inició de inmediato un cabildeo muy fuerte para modificarla, sobre la base de las observaciones de los abogados de las petroleras y, también, sobre la base de los escollos concretos que ofrecía la realidad que la ley no advirtió en sus detalles. Se modificó en 1921 y en 1922.

Según refiere Arcaya en su *Memorias*, él se encargó personalmente de fundir en uno solo el proyecto de ley de 1922 elaborado por el doctor Rafael Hidalgo Hernández, director del Ministerio de Fomento, con el suyo, ya en su condición de senador de la República. Dice Arcaya: «En segundo lugar, y de acuerdo con el doctor Torres, dicho proyecto quedó completamente refundido con el que yo había elaborado mediante minucioso trabajo que tomé a mi cargo, llegándose así a la redacción definitiva de la ley del mismo año de 1922, que prácticamente subsiste todavía, pues las modificaciones posteriores han sido detalles» (Arcaya, 1963: 168-169). Por su parte, Torres ha relatado en sus *Memorias* cómo fueron estos hechos iniciales de su ministerio, y coincide totalmente con Arcaya. Conviene referirlos: «Yo me dediqué con devoción de universitario a estudiar la cuestión petróleo y las leyes americanas, rusas, mejicanas, etc., que regían entonces su explotación y con cuantas observaciones pude hacer de los conocimientos adquiridos, ocurrí a mi amigo el Doctor Pedro Manuel Arcaya, eminente jurista, para que organizase todo aquello y formulase el proyecto del Decreto que se me había pedido…» (Torres, 1996: 66).

El reglamento (1918) y la ley (1920) bajo la égida de Torres (y la asesoría jurídica de Arcaya) redujeron el lapso de exploración a 2 años, y fijaron el máximo de contratos de exploración en manos de una empresa en 40 000 hectáreas. Además de la aprobación del Ministerio de Fomento se requería, ahora, el visto bueno del Congreso Nacional. La duración de la concesión se estableció en 40 años y se estampó, por primera vez, el principio de reversión. Es decir, que una vez vencida la concesión, el Estado recibiría todo sin tener que pagar mejoras por las obras y edificios o estructuras. También se le dio derecho preferente al propietario del terreno durante un año; con esto se buscaba estimular la solicitud de concesiones y la puesta en marcha de la exploración, cometido que se logró, como veremos luego. Es evidente que el gobierno buscaba reducir la extensión de los territorios dados en concesión y hacerse de mayores ingresos. Nada más natural.

Como era de esperarse, las compañías iniciaron un cabildeo directo con el general Gómez en Maracay para lograr cambios sustanciales. Primero, según Lieuwen, intentaron que la ley no fuese aprobada, pero no lo lograron, y luego iniciaron el trabajo para modificarla. Este cabildeo lo encabezó el embajador de los Estados Unidos, Preston McGoodwin, según consta en comunicación al secretario de Estado, el 23 de julio de 1921, citada por Lieuwen. La primera modificación a la ley se logró el 16 de junio de 1921, cuando el Congreso Nacional aprobó el nuevo instrumento legal. La superficie de explotación se duplicó: pasó de 60 000 hectáreas a 120 000; el impuesto de explotación se redujo de 10 a 7 bolívares por hectárea, entre otras modificaciones menores.

Pero la nueva ley no trajo más inversión ni se incrementaron las concesiones en lo inmediato. El precio internacional del petróleo había bajado y la demanda también. Esta situación comenzó a desesperar al gobierno y a estimular a las compañías a pedir mejores condiciones. Eso hicieron y la ley se reformó de nuevo en 1922. El texto aprobado por el Congreso Nacional el 9 de junio de 1922 establecía como innecesaria la aprobación del cuerpo legislativo de las concesiones entregadas por el Ejecutivo. Tan solo bastaba con la firma del presidente de la República o su ministro. Se buscaba simplificar y aligerar el trámite. Los contratos de explotación subieron de 30 a 40 años. Al general Gómez no le quedó otro camino, si quería atraer la inversión extranjera petrolera, que ceder a las pretensiones de las compañías, todas encaminadas a reducir los costos para ellas y ampliar los beneficios. Al ministro Torres no le quedaba otro destino que salir del ministerio y regresar a las aduanas, aunque en sus *Memorias* no dice que su salida fuera por este motivo, sino porque asumía la Presidencia de la República Victorino Márquez Bustillos y quería formar nuevo gabinete. En cualquier caso, el 24 de junio de 1922 estaba fuera del ministerio.

Esta ley de 1922, con dos pequeñas modificaciones en 1925 y 1928, regirá la industria petrolera venezolana hasta la ley de 1936. Luego se aprobará la de 1938 y después la de 1943, que veremos en su momento. También veremos cómo Torres regresa al Ministerio de Fomento en 1929. La vida y la conducta de este hombre son, por decir lo menos, extrañas. Cuando pudo poner en práctica sus criterios, fue severo en la búsqueda de mayores recursos para el Estado venezolano provenientes de los hidrocarburos; pero cuando no pudo, aceptó la situación obedientemente, esperando, eso sí, que se abriera un resquicio para volver por sus fueros. Así se trasluce en sus *Memorias*, cuando afirma:

> Estudiando el estado de cosas para la fecha en que tomé posesión por segunda vez del cargo de Ministro, pude comprobar que en todo lo actuado de 1922 a 1929 había privado con fuerza el interés particular y que los intereses del país y los patrióticos anhelos al iniciarse este movimiento, que sí los tuvo y hondamente arraigados el General Gómez, habían sido relegados y hasta pospuestos, ya que el mismo General llegó a estar grandemente interesado en esas cuestiones, de cuyas soluciones llegaron a sacarse bastantes millones de bolívares (Torres, 1996: 105).

Queda, pues, bastante claro que el general Gómez tuvo interés personal en el tema de las concesiones petroleras, y que de allí le provinieron a él y los suyos «bastantes millones de bolívares» y no lo dice su detractor Rómulo Betancourt, sino su ministro probo: Gumersindo Torres. La pregunta que cualquiera se hace es la siguiente: ¿por qué Gómez lo volvió a nombrar y por qué Torres aceptó?

Por parte de Torres ya sabemos que su obediencia y veneración por Gómez eran absolutas. Por parte de Gómez, quizás, tendría la impresión de que sus familiares y allegados (y él mismo) durante la «lluvia de concesiones» habían exagerado y sobrepasado los límites y se necesitaba al hombre probo que viniera a poner orden en 1929. Quizás. Volveremos sobre el tema en su momento.

Lluvia de concesiones

En las *Memorias* de Torres se lee, en relación con las concesiones:

> Reglamentadas las concesiones de petróleo por el decreto de 1918, surgieron las aspiraciones e innumerables fueron las solicitudes: llovieron los contratistas y se contrataron por miles de miles de hectáreas, desde las aguas del mar Caribe, lago de Maracaibo, lecho de los ríos, hasta las cumbres de las altas montañas, no escapando ni la del páramo de Mucuchíes. Todo el país se contrató y los miles de contratistas, directamente uno y como presta-nombre otros, fueron venezolanos, quienes, por tanto o cuanto, traspasaron sus contratos a extranjeros (Torres, 1996: 73-74).

Por supuesto, no había ninguna posibilidad técnica y financiera de que, entonces, empresas venezolanas exploraran y explotaran el petróleo nacional. La aventura de Petrolia en el Táchira, dadas las magnitudes que la industria petrolera había alcanzado en el mundo, eran poco probables. Este punto es importante, ya que la acusación contra la «lluvia de concesiones» tiene sentido en cuanto al manejo deshonesto que se hizo de ellas, sin ninguna transparencia y favoreciendo a Gómez, su familia y sus allegados, pero pensar que empresas venezolanas, sin ningún conocimiento sobre la materia, pudieran explorar y explotar el petróleo era, simplemente, imposible. Para esta fecha, en el mundo, conocían de la materia los holandeses, los británicos y los estadounidenses.

Los demás estaban en distintas facetas de aprendizaje y la mayoría con ningún conocimiento.

McBeth en su estudio señala que en 1920 se otorgaron 181 concesiones, y que, al año siguiente, 2374 concesiones fueron otorgadas. Aníbal Martínez suma, por su parte, 1312 concesiones otorgadas entre 1878 y 1920, de las cuales 835 estaban en el estado Zulia. (Martínez, 2000: 60). Tres factores coincidían entonces: el fin de la Primera Guerra Mundial y la búsqueda de petróleo por parte de empresas norteamericanas fuera de su territorio, dada la nueva situación que planteaba la postguerra; la eficiencia del Informe Arnold y el hallazgo de hidrocarburos en Venezuela, así como también, la legislación modificada en 1921 y 1922, favoreciendo la entrada de empresas extranjeras en el negocio petrolero nacional.

En relación con lo anterior vamos a tener dos interpretaciones enfrentadas. La de Rómulo Betancourt en un polo y la de Pedro Manuel Arcaya en otro. Para el primero las concesiones otorgadas fueron la base de lo siguiente: «Los beneficios obtenidos de ese comercio escandaloso con el subsuelo venezolano se tradujeron en súbito enriquecimiento de la pandilla gobernante. Contrastaba el ostentoso alarde de esas riquezas malhabidas con el estado de miseria, ignorancia y atraso en que chapuceaba el pueblo» (Betancourt, 1999: 43). Arcaya, por su parte pensaba distinto: «En resumen: mediante el plan adoptado por el general Gómez se ha creado y ha adquirido insólito desarrollo en Venezuela la industria petrolera, sin que el fisco haya gastado ni un centavo en promover esa industria, antes por el contrario, las diligencias mismas de la iniciativa particular, para tal desarrollo, comenzaron a producirle a la Nación considerables ingresos, desde el primer momento, mucho antes de haberse encontrado petróleo» (Mayobre, 2007: 83). En líneas generales, la diatriba petrolera se mantuvo por muchos años en esta polaridad donde, curiosamente, ambas partes llevaban razón y, también, la perdían.

Cuarenta y cuatro años (1878-1922) y una apuesta en espera de resultados

Las cifras de la producción petrolera venezolana en estos años iniciales son modestas. En 1917 se producían 332 barriles diarios; en 1918 subió a 878; en 1919 bajó a 835; en 1920 ascendió a 1261; en 1921 llegó a 3969 y en 1922 alcanzó la cifra de 6124 barriles diarios... (Vallenilla, 1975: 47). A partir de 1923 fueron duplicándose las cifras durante varios años en una progresión ascendente: 1923: 11 855; 1924: 24 943; 1925: 54 611; 1926: 97 683; 1927: 165 532; 1928: 289 500 y 1929: 372 806... (Vallenilla, 1975: 47). Al comparar las cifras de 1923 en adelante, se comprende fácilmente que la producción venezolana hasta 1922 era una promesa con fundamento, pero no una realidad.

En el mapa petrolero mundial para 1917, el principal productor eran los Estados Unidos, con unos 918 674 barriles diarios; seguidos por Rusia, con 180 321 barriles y luego por México, con 151 488 barriles diarios. Como vemos, la producción norteamericana entonces representaba un porcentaje muy alto (cerca del 70%) de los 1 377 784 barriles diarios que se extraían en el mundo. A México; en el tercer lugar, le seguían Indonesia (36 110 b/d); Paquistán (22 134 b/d); Irán (19 580 b/d); Polonia (17 063 b/d); Rumania (10 195 b/d). En el noveno lugar estaba Japón (7838 b/d); en el décimo, Perú (7060 b/d); le seguían Trinidad (4389 b/d); Argentina (3300 b/d); Egipto (2584 b/d), Alemania (1789 b/d), Borneo y Canadá con cifras inferiores a los 1000 barriles diarios. En el puesto diecisiete estaba Venezuela, con sus 329 b/d en 1917. No obstante, para el año de 1929, Venezuela ha escalado hasta el segundo lugar como productor de petróleo en el mundo; entonces se extraían 372 806 barriles diarios; solo los Estados Unidos superaban la producción venezolana. Como se comprende fácilmente, el ascenso fue vertiginoso en una década, aunque los aumentos más grandes en esta se encuentran entre

1927 (165 532 b/d); 1928 (289 500 b/d) y 1929 (372 806 b/d), según cifras del Ministerio de Fomento, referidas por Luis Vallenilla.

Recordemos que, hasta 1922, la empresa productora en Venezuela era la Shell, ya que las norteamericanas en proceso de instalación buscaban que el marco legal significara una suerte de garantía para sus inversiones. No olvidemos también que la experiencia de ellas fuera de los Estados Unidos era limitada, ya que durante las dos primeras décadas del siglo XX la demanda de petróleo de la sociedad norteamericana se satisfacía con la producción doméstica. Está claro, entonces, que entre 1913 y 1922 la mayor parte (casi la totalidad) del petróleo en Venezuela se extraía del pozo Bababui 1 y sus pozos circundantes, muy cerca del lago de asfalto de Guanoco, en el oriente del país; y del campo Mene Grande, en el Zulia, donde la Caribbean Petroleum Company (Shell) no solo extraía sino que ya había construido una pequeña refinería, la de San Lorenzo. También es importante recordar que la Primera Guerra Mundial había terminado y había hecho evidente que el petróleo era la clave de las confrontaciones bélicas, y nada garantizaba que no vendría otra en el futuro cercano, como de hecho ocurrió. De modo que los Estados Unidos constataban sin dudas que su petróleo no sería suficiente para las demandas del futuro. Las empresas norteamericanas salieron a buscarlo. Allí estaba Venezuela esperándolas.

Para esta fecha, también, el marco legal se ha adecuado a las expectativas de las concesionarias, después de un proceso de afinación que tomó los años 1920, 1921 y 1922, como referimos antes. Como vemos, tanto los informes geológicos como el sistema concesionario y tributario están listos; solo falta que las exploraciones den con los yacimientos esperados. Esto será lo que ocurrirá en el tercer período de este estudio histórico, como veremos de seguidas.

De Los Barrosos 2
a la Ley de Hidrocarburos (1922-1943)

ANTES DE COLOCAR LA LUPA SOBRE el mapa petrolero venezolano de 1922, veamos someramente qué ha pasado en el ámbito petrolero internacional, cuáles han sido las consecuencias de la Primera Guerra Mundial, los acuerdos que se han derivado del nuevo cuadro geopolítico, los avances tecnológicos y el súbito crecimiento del consumo de gasolina en los países del norte industrializado.

Nuevas técnicas de exploración

Como suele suceder, la calamidad de la guerra trae avances tecnológicos que son magníficos en tiempos de paz, y la Primera Guerra Mundial no fue la excepción. Asombra constatar que los geólogos hicieron su trabajo hasta entonces observando la superficie de la tierra, pues no contaban con tecnología para auscultar el subsuelo. Trabajaron con geología de superficie; ahora se desarrollaría la geofísica.

La balanza de torsión se usó durante la guerra para medir los cambios de gravedad en la superficie, lo que daba una noción del subsuelo; ahora comenzaron a utilizarla los geólogos en la exploración petrolera. También se comenzó a usar el magnetómetro para medir los cambios del campo magnético de la tierra, lo que ofrece indicios sobre la naturaleza del subsuelo. Pero el más útil resultó ser el sismógrafo, que los alemanes utilizaron durante la guerra para ubicar a la artillería enemiga. Para la industria petrolera tuvo dos modalidades: la sismología de refracción y la sismología de reflexión. La primera se implementaba a través de cargas de dinamita que producían ondas de energía, que eran escuchadas con auriculares desde la superficie y daban una idea de la ubicación y magnitud de los bolsones de sal subterráneos donde podía haber petróleo. La segunda, la de reflexión, registraba las ondas rebotantes en las rocas del subsuelo, dando la posibilidad de establecer un mapa estructural, con sus características esenciales. Esta segunda sismología fue la que se impuso.

Por supuesto, la visión aérea utilizada durante la guerra para ubicar las tropas enemigas también se utilizó luego para tener una visión de conjunto del terreno por explorar. También se desarrolló en la postguerra la micropaleontología. Es decir, el análisis de fósiles microscópicos extraídos a distintas profundidades ofrece indicios sobre la naturaleza del subsuelo y su potencialidad petrolífera. En verdad, buena parte de los avances tecnológicos que dejó la guerra fueron experimentados por los perdedores, principalmente Alemania. Vaya paradoja.

La gasolina reina

Para el final de la Primera Guerra Mundial, Estados Unidos producía el 67% del total de producción mundial de petróleo y era, además, el mayor consumidor. No es gratuito que fuese allí donde se desarrollaran al máximo las estaciones de servicio de gasolina para asistir a un parque automotor que no dejaba de crecer. Para 1929, el 78% de los automóviles del planeta estaban en los Estados Unidos y, para este mismo año, el 85% de la producción de petróleo se transformaba en gasolina y *fuel oil*. Por esto en 1919, cuando el crecimiento del parque automotor se aceleraba, se prendieron las alarmas: había que encontrar más hidrocarburos en el lugar del mundo que fuera. La demanda activó la búsqueda. Se hallaron yacimientos, se crearon miles de estaciones de servicio. Cerca de

150 000 puntos había en 1929 en los Estados Unidos, cuando en 1921 apenas se contaba con 12 000 estaciones. Fue la década de la gasolina, hasta el momento en que la Gran Depresión tocó a la puerta y el crecimiento se hizo pausado.

El Teapot Dome

El llamado «Domo de la Tetera» (Teapot Dome of Wyoming, un campo petrolero de importancia en manos de la Marina norteamericana) fue el primer escándalo de corrupción política vinculado con el mundo del petróleo: imposible no señalarlo. Tuvo lugar en los Estados Unidos y como protagonista a Albert Fall, secretario del Interior del gobierno de Warren Harding, elegido en 1920.

Fall traspasó las reservas de petróleo de las fuerzas navales a su jurisdicción en el Departamento del Interior, y desde allí las alquiló a empresas petroleras privadas, cobrando ilegalmente (y subrepticiamente) por la operación en 1922. Harry Sinclair y Edward Doheny, durante el juicio, admitieron haberle pagado a Fall por su preferencia, pero eso fue en 1931, después de años de juicio, cuando Fall fue encarcelado. Las consecuencias fueron nefastas para el estamento político y para algunos petroleros, incluso para Robert Stewart, el presidente de la Standard Oil of Indiana, quien incurrió en la compra de los bonos *Liberty* con los que Fall recibía sus comisiones sin ser descubierto. Tuvo que intervenir John Rockefeller, hijo, que no era petrolero, para poner orden en la empresa del padre. Esto tuvo un resultado positivo para los Rockefeller: en el imaginario público la corrupción estaba ahora en otra parte.

El escándalo del Teapot Dome nos indica que la industria petrolera era ya entonces «la joya de la corona» norteamericana en razón de las enormes cantidades de dinero que movía y, como suele suceder, la corrupción estaba allí, acechando. También nos indica que la impunidad no se impuso, por más que entre los delitos de Fall y la cárcel mediaran varios años.

Los acuerdos de San Remo y de la Línea Roja

También a los franceses y a los británicos la guerra les hizo evidente que el petróleo era fundamental, de allí que la búsqueda de nuevos yacimientos se hiciera urgente. Estos factores se activaron de inmediato y alcanzaron a firmar el Acuerdo de San Remo, en 1920. Es decir: el oro negro que se hallara en Irak lo explotaría la Turkish Petroleum Company, que ahora incluía el capital accionario francés en sustitución del alemán, mientras los británicos controlaban la empresa. Quedaron dos hilos sueltos: que se encontrara petróleo y que el acuerdo no incluía a las empresas norteamericanas. Estas últimas enfilaron sus baterías contra el acuerdo, que las dejaba afuera, y la prensa norteamericana fue copada por las denuncias en contra de San Remo. Fue entonces cuando Walter Teagle (Standard Oil of New Jersey) entró en escena, organizando un consorcio de empresas norteamericanas que buscaba espacio en el Medio Oriente, animado por Herbert Hoover, secretario de Comercio, desde el gobierno. Al forcejeo se sumó Calouste Gulbenkian, quien veía como una ventaja la incorporación de los norteamericanos, y no como una desventaja, como pensaban los franceses.

Para el momento en que se firma el contrato conocido como el Acuerdo de la Línea Roja ya han pasado ocho años del de San Remo. El 31 de julio de 1928 estampan su firma y los porcentajes quedaron así: Royal Dutch-Shell, Anglo- Persian, los franceses, y los norteamericanos reunidos en la Near East Development Company, cada uno con 23,75%, sumando 95%. El 5% restante era de Calouste Gulbenkian, el empecinado. En un mapa sobre la mesa, el propio Gulbenkian trazó con un lapicero rojo el espacio geográfico que se acordaba, basándose en lo que fue el extinto Imperio otomano, que conoció a fondo, hasta su desaparición en 1914. La línea roja excluía a Irán y Kuwait. A partir de este acuerdo, a Gulbenkian se le apodó en el mundo petrolero como «Míster 5%», y así se le conoció hasta su muerte.

A todas luces, el petróleo, después de la Primera Guerra Mundial, había pasado a ser el epicentro de la energía mundial y, naturalmente, de la geopolítica. Los centros que ponían en marcha la red de intereses eran los Estados Unidos y parte de Europa. Es decir, los consumidores, tanto de energía para la vida doméstica y laboral como previsores de la experiencia que había dejado la guerra. Había que prepararse para la siguiente. ¿Alguien dudaba, entonces, que llegaría?

En Venezuela: un punto de inflexión (1922)

El año comienza con una noticia marítima: la Caribbean Petroleum Company lanza al agua dos tanqueros de poco calado que sortean exitosamente la barra de Maracaibo. Se denominan, para que no queden dudas, «Presidente Bolívar» y «Presidente Gómez». El 9 de junio, el Congreso Nacional sanciona la nueva Ley de Hidrocarburos, donde se despeja el panorama ambiguo de la anterior. Es decir, se extiende el período de la concesión a 40 años y se amplía la extensión de los territorios. El 22 del mismo mes, Torres pasa a otro destino, como vimos antes, y lo sustituye Antonio Álamo (1873-1953). El 14 de diciembre el pozo Los Barrosos 2 de la Venezuelan Oil Concessions (la Shell), estalla violentamente y dispara a la superficie miles de barriles diarios durante varios días.

De aquellos hechos de diciembre de 1922 contamos con las palabras de un testigo privilegiado, dada su autoridad científica: Henri Pittier. Refiriéndose a los Barrosos 2 señaló:

> El diámetro de la columna era como de 30 cm, y su elevación pasó de 100 m... Yo ví el chorro el 21 de diciembre, desde El Carmelo, en la margen opuesta del lago, de donde simulaba una pluma de avestruz puesta verticalmente, pero se pudo también contemplar desde los techos de Maracaibo, esto es de una distancia de no menos de 35 km. Dícese que en los cuatro días que duró el fenómeno se perdió una cantidad de petróleo

superior a todo el que produjo anteriormente Venezuela y que un día del chorro daba más de lo que exportaba anualmente el principal concesionario, esto es 115.000 barriles. La misma fuerza del chorro causó la obstrucción de su canal, que se cegó por sí solo (Pittier, 1948: 86-87).

Por su parte, el experto petrolero Aníbal Martínez anota lo siguiente: «El flujo incontrolado de Los Barrosos N° 2 continuó hasta las 9 de la mañana del día 23 de diciembre. Las paredes se desmoronaron al fin, y el pozo se taponó a sí mismo. Puede estimarse que en los diez días del reventón, se produjeron por lo menos 150.000 metros cúbicos de petróleo, un volumen que representaba la décima parte de todo lo que para entonces había producido Venezuela en casi 10 años de país productor» (Martínez, 1973: 97). Quedó muy claro para los conocedores del tema petrolero en sus distintas facetas que el «reventón» del 14 de diciembre de 1922 anunciaba un yacimiento de enormes proporciones. A partir de aquel día la bruma sobre el futuro petrolero de Venezuela quedó deshecha.

No obstante, la revelación fue para los entendidos, la mayoría ignoraba la magnitud del hecho. Al menos así lo cree Arturo Úslar Pietri (1906-2001), quien en su Discurso de Incorporación a la Academia de Ciencias Políticas y Sociales, en 1955, afirmaba: «La Venezuela de 1922 no se dio cuenta de la completa significación de aquel suceso. Los periódicos del 22 de diciembre lo comentaron de una manera superficial… había muy pocos venezolanos que tuvieran un verdadero conocimiento de lo que el petróleo significaba en el mundo…» (Úslar Pietri, 1966: 14). Esto es cierto en lo que atañe a la mayoría, pero las autoridades y los terratenientes sí sabían de qué se trataba el petróleo y cuáles eran sus posibilidades. De hecho, para 1922 los entendidos se movían en automóviles de gasolina y conocían la importancia decisiva que tuvo el petróleo durante la Primera Guerra Mundial. De modo que la observación de Úslar es más sociológica que referida a las élites, pero no por ello menos pertinente.

Para 1922, la producción petrolera venezolana significa muy poco dentro de los factores que forman el producto interno bruto. Según las cifras recogidas por el economista Asdrúbal Baptista en su libro *Bases cuantitativas de la economía venezolana 1830-2008*, en 1922, de un PIB total de 526 120 bolívares, el aporte del petróleo es de 28 719, mientras el de la agricultura es de 181 232. Será en 1927 cuando los aportes del petróleo en la conformación del PIB sean, por primera vez, mayores a los de la agricultura. Entonces, la agricultura aportó 215 253 y el petróleo 316 476 bolívares. (Baptista, 2011: 74). A partir de 1923 el crecimiento anual fue enorme. En apenas cinco años pasó de 28 719 a 316 476 bolívares. Un porcentaje gigantesco. La economía petrolera venezolana era un hecho. Y este cambio estaba ocurriendo en una nación que alcanzaba, apenas, los 2 808 939 habitantes (Baptista, 2011: 756). Los efectos fueron inmediatos. En 1928, la producción petrolera venezolana representaba el 8% de la mundial y el 75% de la de América Latina, según cifras aportadas por el notable historiador Eduardo Arcila Farías (Arcila Farías, 1962: 385). No obstante, la producción estaba lejos de haber llegado a su tope.

La Compañía Venezolana del Petróleo: ¿una empresa al servicio del general Gómez?

El año de 1923 comienza con un panorama distinto: ha ocurrido el «reventón» de Los Barrosos 2, la Ley de Hidrocarburos de 1922 estimula la inversión y los territorios que no se han entregado en concesión están por adjudicarse. Para ello se crea una empresa privada, la Compañía Venezolana de Petróleo, a la que el gobierno le va a adjudicar la mayoría de los territorios en concesión, de modo que las empresas petroleras internacionales están obligadas a entenderse con esta corporación.

Los estatutos de la compañía, creada el 22 de junio de 1923, señalan que la preside Lucio Baldó Soulés, y que los dos vicepresidentes son Roberto Ramírez y Rafael González Rincones. Baldó era ingeniero y conocía el tema petrolero; de hecho, asistiría ese mismo año en representación de la empresa a la Exposición Internacional de Petróleo en Tulsa (Oklahoma), en octubre, de modo que estos asuntos no le era ajenos. González Rincones era médico, hijo del doctor González Bona, quien fundó Petrolia del Táchira junto con Manuel Antonio Pulido; y de Soledad Rincones, hermana de Pedro Rafael Rincones, el mismo que administró esta empresa tachirense. No tenía relación directa por su profesión con el tema petrolero, pero sí familiarmente. A su vez, fue funcionario muy destacado durante la dictadura de Gómez, se desempeñó como ministro de Instrucción Pública (1917-1922) y como diputado y senador por el estado Táchira. La información que tenemos acerca de Ramírez es que se trataba de uno de los administradores de la fortuna personal del general Gómez, además de ciudadano colombiano: «Consecuently, he entrusted his financial adviser, Colonel Roberto Ramírez, a Colombian, to promote a Venezuela Oil Company» (McBeth, 1983: 98). Estos tres paisanos tachirenses serán los que recibirán del gobierno del general Gómez las concesiones de las «reservas nacionales» y otras de exploración y explotación; es decir, tanto aquellas parcelas que hasta entonces no habían sido entregadas en concesión, como otras que habían regresado al Estado o no habían sido entregadas antes, sin que fueran «reservas nacionales». Valga un ejemplo: en 1926, de las 234 concesiones otorgadas, 189 fueron para la CVP y esta, a su vez, las negociaba con las petroleras extranjeras. En otras palabras: el general Gómez propició la instalación de una alcabala entre el Estado y las concesionarias extranjeras: la CVP.

Dadas las relaciones de amistad entre estos personajes de la Compañía Venezolana de Petróleo y Gómez y su círculo más cercano, es imposible no ver la conexión; es imposible no ver que al favorecer a esta empresa se estaba favoreciendo a él mismo y a los suyos, ya que para obtener en concesión estas parcelas las empresas extranjeras tenían que entenderse con la compañía dueña de las concesiones. La CVP dejó de funcionar hacia 1930, cuando todas las concesiones habían sido formalizadas y la empresa ya no tenía objeto. En 1946, cuando el Jurado de Responsabilidad Civil y Administrativa se abocó a decidir sobre este y otros casos, estimó que los beneficios personales de Gómez por las operaciones de esta empresa ascendían a 20 641 086 bolívares, lo que era un capital para la época, aunque según McBeth era una cifra lejana de la realidad, ya que no incluía los acuerdos secretos entre la Standard Oil y Gómez, que suponían un porcentaje cercano al 2,5% de los beneficios mientras durase el contrato. Sobre Baldó Soulés, González Rincones y Ramírez, el jurado también se pronunció en su momento, y del examen de sus sentencias extraemos las siguientes declaraciones de los sometidos a juicio. Afirma Ramírez: «El promotor de la Compañía fui yo. Lo hice a insinuación del Gral. Juan Vicente Gómez, quien me llamó y me dijo que él vería, con mucho agrado, la formación de una compañía netamente venezolana que se ocupara de negociaciones de concesiones petroleras y que dicha compañía estuviera financiada netamente con capital venezolano» (Sentencias, 1946: 314). Más adelante, el mismo Ramírez reconoce que al general Gómez «se le pagaron diversas partidas por sumas ingentes». Como dicen los abogados: «a confesión de parte, relevo de pruebas».

Tomás Polanco Alcántara (1920-2002), en su estudio *Juan Vicente Gómez, aproximación a una biografía*, corrobora lo anterior y, refiriéndose a la CVP, afirma:

> Quedó en funcionamiento un ente, de naturaleza jurídica privada, como una simple compañía anónima formada por tres accionistas particulares y que paulatinamente se convirtió en el instrumento oficioso de Gómez para llevar a cabo negocios petroleros, con la adquisición y posterior venta de concesiones de explotación. Según los declarantes las utilidades obtenidas, en ese negocio, fueron destinadas a pagar dividendos de cierto monto a los accionistas formales y principalmente a sufragar gastos ordenados o requeridos por el Presidente Gómez (Polanco Alcántara, 1995: 471).

Antes, ha señalado: «De esa manera el negocio petrolero quedó 'organizado', porque en adelante no habría el gran festín de venta de concesiones, sino que todo quedaba centralizado en manos presidenciales» (Polanco Alcántara, 1995: 470). El «gran festín de venta de concesiones» incluía a muchos allegados al poder presidencial por vínculo familiar o, simplemente, por ser funcionarios públicos de alto rango.

En un principio las petroleras extranjeras norteamericanas no quisieron transigir con este mecanismo de la CVP y Gómez, ya que, además de fraudulento, temían que, una vez muerto el general (quien para entonces ya se decía que estaba enfermo), el delito salpicara sus reputaciones también. Entonces ocurrió una típica táctica de la picardía gomecista. El general le dio rienda suelta a una empresa alemana y estuvo cerca de abrirle la puerta de las concesiones. Esto alarmó a las empresas estadounidenses, quienes temieron que el grueso del petróleo venezolano quedara en manos teutonas y decidieron pasar por alto el escollo del fraude y negociar con la CVP. Los alemanes muy pronto comprendieron que habían sido utilizados por Gómez para acicatear a los norteamericanos. La triquiñuela funcionó.

El objeto de la creación de la CVP ha sido estudiado por varios autores, pero no tantos como hubiésemos esperado. Todos coinciden en que se trató de una estrategia diseñada para estafar a la república con una alcabala que favorecía a Gómez y los suyos (Lieuwen, McBeth, Martínez, Polanco Alcántara, entre otros). Incluso, el ministro de la Legación de los Estados Unidos de entonces, Willis C. Cook, creía esto, y así se lo hace saber al Departamento de Estado en carta del 3 de julio de 1923: «La Compañía Venezolana del Petróleo se fundó con el exclusivo propósito de encargarse de las concesiones que son propiedad del general Gómez, y de sus parientes y amigos» (Martínez, 2000: 67).

Por su parte, Gumersindo Torres, en su Memorias, se refiere al asunto. Afirma:

Esta compañía tuvo una especie de monopolio sobre cuanto quedaba libre, ora por ser parcelas nacionales, ora por ser concesiones caducadas o tierras no declaradas... Esta compañía gozaba del privilegio de llevarse los expedientes de otros dueños de concesiones, para investigar si había o no sobrantes y contratarlos ella, y los propios expedientes también se los llevaba, para llevar al día la marcha de estos asuntos y el pago de impuestos, práctica viciosa ésta que yo no continué, cuando por segunda vez, volví a desempeñar el Ministerio... Bastantes concesiones obtuvo la Compañía y buenos negocios hicieron vendiéndolas a otras compañías, las verdaderamente explotadoras. Al fin, el general Gómez, dueño y señor de esta empresa, llegó a sospechar que los de la directiva explotaban también para ellos ese negociado y fue dejándolo morir por inanición... (Torres, 1996: 79).

Si a alguien le quedaban dudas del manejo de la empresa por parte del general Gómez, y de que todo esto constituyó un flagrante fraude a la República, pues aquí están las confesiones de su ministro de Fomento estrella: el singular Gumersindo Torres. Nótese que Torres pareciera intentar morigerar el asunto señalando que Gómez deja morir la empresa porque sospecha que también la directiva se está beneficiando de ella, pero en caso de que este fuese su objetivo el resultado fue peor: la dejó morir porque no quería compartir con otros los beneficios ilegales.

Pero no solo Gómez abogaba por sus intereses; también el presidente provisional, Victorino Márquez Bustillos, hacía su trabajo. Recordemos que estuvo nominalmente en la Presidencia de la República entre 1915 y 1922 y participó del llamado período de «lluvia de concesiones». Su biógrafo, Antonio García Ponce, abunda en misivas donde Márquez sugiere personas, donde favorece a otras y donde cobra un porcentaje. Así lo señala Torres en sus *Memorias*: «De los contratos que se celebraron, vigente esta disposición, así me lo dijeron todos los contratistas; éstos tenían que firmarle al Doctor Márquez un documento otorgándole la cuarta parte del producto de la venta de estas concesiones que se traspasaban a compañías extranjeras» (Torres, 1996: 179). Por supuesto, no parece probable que ese 25% fuera para Márquez Bustillos sin que el general Gómez lo ignorara. Pareciera, más bien, que formaba parte de los ingresos de Gómez: una fuente más, no contabilizada en las relaciones del jurado de 1946, ni por las pesquisas de McBeth en 1983.

En un trabajo publicado en 2011, McBeth vuelve sobre el tema de las concesiones petroleras y la familia Gómez y sus allegados políticos. Señala que el general le otorgó concesiones a funcionarios públicos en ejercicio, violando todo el articulado de la ley. Fue el caso de las concesiones entregadas a «Vicencio Pérez Soto (presidente del estado Apure), Enrique Urdaneta Maya (su secretario general), al coronel Gonzalo Gómez (su hijo) y a Miguel R. Ruiz, en 1922. En 1928, Gómez asignó un millón de hectáreas en concesiones petroleras en el estado Zamora a siete miembros de su gabinete» (McBeth, 2001: 39). Abunda en ejemplos que no es necesario consignar: lo que queda muy claro es que el negocio concesionario fue fuente de ingentes ingresos para Gómez y su familia, así como para algunos de sus funcionarios públicos de alto rango, si bien no todos.

La Standard Oil toca a la puerta

Recordemos que el fin del *trust* de la Standard Oil en los Estados Unidos tuvo lugar en 1909, por disposición tribunalicia, lo que supuso que la empresa se dividiera en varias, que luego cambiaron sus denominaciones, como vimos antes. De modo que a Venezuela llegaron distintos fragmentos de aquella Standard Oil unificada en torno a Rockefeller. La Standard Oil of New Jersey (también conocida como Jersey Standard), la Standard Oil of Indiana, la Standard Oil of New York y la Standard Oil of California fueron las que tuvieron intereses en Venezuela, pero no descartamos que pueda haber habido otras, ya que de la empresa madre surgieron 33 compañías en todo el mundo (Mejía Alarcón, 1964: 10).

Efraín Barberii ha estudiado este desarrollo en su libro *De los pioneros a la empresa nacional, 1921-1975, la Standard Oil of New Jersey en Venezuela*. En sus páginas se nos informa que el abrecaminos en nuestro país fue Thomas R. Armstrong, quien llega a Venezuela a finales de 1919, en una avanzada exploratoria. Entonces, lo apadrina con exactitud el ministro plenipotenciario de los Estados Unidos en Venezuela, Preston Buford McGoodwin, quien logra franquearle las puertas del general Gómez en Maracay. Barberii se centra en la Jersey Standard, ya que está historiando a la Creole Petroleum Corporation; alude a las otras de manera tangencial y, en verdad, en comparación con la Jersey, el desarrollo de estas en Venezuela fue menor y, en la mayoría de los casos, sus intereses terminaron comprados por la Jersey.

Estos dos hombres van a ser factores importantes en la trama inicial de dos empresas que van a converger luego. Armstrong es presidente de la Standard Oil Company of Venezuela, fundada el 5 de diciembre de 1921; y McGoodwin será presidente de The Creole Syndicate a partir de marzo de 1922, dedicada exclusivamente a la compra y venta de concesiones. Además de estos dos señores, la asamblea de accionistas de la primera Standard venezolana recoge a otros norteamericanos que ya han estado haciendo trabajos de campo en nuestro territorio, buscando abrirse un camino petrolero, y ahora han hallado una ruta empresarial que los cobija. Muchos de ellos ya han comprado concesiones a la lista inicial de parientes y allegados de Gómez, ya que la Corporación Venezolana de Petróleo no ha sido creada aún.

Los primeros trabajos de la Standard Oil of Venezuela comenzaron en Monagas en 1922 sin alcanzar el éxito; lo mismo ocurrió en el distrito Perijá (estado Zulia), de 1925 a finales de 1926. En Los Barrosos, en 1925, se intentó con idéntico resultado. No obstante, la empresa se esmeró durante años sin obtener satisfacciones en oriente. Su base de operaciones fue Maturín. Transcurrieron 1926 y 1927 con resultados infructuosos, hasta que sucedió el hallazgo de Quiriquire, el 1 de junio de 1928. Entonces, los años invertidos sin obtener ganancias tuvieron su recompensa.

Por su parte, The Creole Syndicate, antes señalada, inició su andadura el 11 de junio de 1923, asociándose con la Lago y la Gulf en sus primeros años, hasta que, en 1928, inició negociaciones con la Standard Oil of Venezuela y fue comprada por esta. Como vemos, varios factores fueron convergiendo en la Standard venezolana que, a partir de 1943, se consolidó con la denominación de Creole Petroleum Corporation. Volvamos a aclarar que The Creole Syndicate no era operadora, sino dedicada a la negociación de concesiones, lo que la llevaba forzosamente a buscar operadoras para las concesiones que firmaba, hasta que fue comprada por la Jersey Standard, cuyo plan de crecimiento no podía restringirse solamente a los hallazgos del oriente del país, sino que necesitaba participar urgentemente de los yacimientos del lago de Maracaibo.

La lista de empresas que fueron pasando al patrimonio de la Creole Petroleum Corporation siguió creciendo. La American British Oil Co.; The Webster Syndicate; la Central Area Exploration Company; la Mérida Oil Corporation, la Condor Oil Company of Venezuela; la West India Oil Company y la Lago Petroleum Corporation pasaron, en el curso de aquellos años finales de la década de los veinte y principios de los treinta, a formar parte de la Standard Oil of New Jersey y su empresa en Venezuela: la Creole Petroleum Corporation. Estas compras y fusiones ocurrieron por varias causas, pero en su mayoría se trataba de empresas con dimensiones modestas que eran proclives a ser compradas o invitadas a asociarse a una de las más grandes del mapa petrolero de entonces: la Standard Oil of New Jersey. Finalmente, como señalamos antes, en 1943 la Jersey Standard decidió concentrar todas sus operaciones en Venezuela bajo una sola denominación: la Creole Petroleum Corporation.

Cuando Rómulo Betancourt apuntó que la Standard Oil había llegado tarde a Venezuela se refería, básicamente, a que la Shell se había instalado mucho antes, pero ya vimos los motivos de esta tardanza: las empresas norteamericanas hasta la Primera Guerra Mundial se bastaban con el petróleo de su subsuelo; no así las europeas, ya que no lo tenían; de modo que la Royal Dutch-Shell fue, desde sus inicios, una empresa obligatoriamente internacional. Por esto les llevaban delantera a las empresas norteamericanas: donde estas se instalaban, por lo general, la Shell ya estaba allí.

De todas las adquisiciones de la Jersey Standard en Venezuela, la más significativa por sus volúmenes fue la de Lago Petroleum Corporation, como veremos de seguidas.

Edward Doheny y la familia Mellon (Gulf) en Venezuela

Vimos antes que este petrolero californiano había alcanzado el éxito en México y también lo intentó en Venezuela. Era dueño de la Pan American Petroleum and Transport Company, empresa matriz que creó la Lago Petroleum Corporation el 23 de abril de 1923. La compañía obtuvo concesiones lacustres en Lagunillas y concentró su trabajo en el lago de Maracaibo durante varios años, aunque también exploró en otras regiones del país, si bien con menos éxito. Luego, en 1924 adquirió las empresas British Ecuatorial Oil Company Ltd. y la British Zulia Oil Company. Un año después, Doheny le vende un lote importante de acciones de la Pan American a la Standard of Indiana, de modo que así entró esta empresa en Venezuela. En 1929, Doheny terminó de venderle todas sus acciones a la Standard of Indiana. Luego, en 1932, la Standard of New Jersey le compró casi todos sus haberes a la Indiana, entre ellos todos sus intereses en Venezuela. Esta fue la ruta: comenzó Doheny con la Lago, le vendió a la Indiana y la Jersey compró todo. Esto pasó en un lapso de diez años.

La historia de Gulf en Venezuela es otra. Aparece en registros mercantiles en 1922 bajo la denominación South American Gulf Oil Corporation y adquiere su primera concesión. Luego, en 1923 su denominación cambió a Venezuelan Gulf Oil y, después, en 1936, desaparece la denominación porque se asume la de la empresa que es comprada por la Gulf: la Mene Grande Oil Company. Luego, la Mene Grande y la Jersey Standard se asociaron para la explotación. No obstante, la doctora Brossard, en su minucioso estudio sobre este tema, señala que hubo un acuerdo secreto entre la Standard y la Shell para adquirir la Mene Grande. Afirma: «Con un negocio secreto como la venta de la mitad de Mene Grande a Standard y Shell, además de la avasalladora regalía de un quinto, que ya Mene Grande estaba pagando a Creole por sus concesiones en la franja de un kilómetro en Maracaibo, ¡era obvio que Mene Grande de Gulf Oil siempre ocuparía el 3er. lugar en Venezuela, por debajo de Standard y Shell!» (Brossard, 1994: 140). En verdad, lo dicho por Brossard tiene fundamento. La operación explica el *ranking* de la Mene Grande en Venezuela. La misma autora refiere que esta empresa, la Mene Grande Oil Company, había sido creada originalmente por el abogado Carlos Maury y sus asociados norteamericanos y que fue adquirida por la Gulf en 1936.

No obstante lo anterior, la Gulf vendió en diciembre de 1937 la mitad de sus acciones en la Mene Grande a una filial de la Jersey y esta, a su vez, le vendió la mitad a la Shell. Incluso más, la compra trajo consigo un acuerdo para la producción en Venezuela: la Standard fijaba que por cada 345 barriles producidos por ella, la Mene Grande solo podía extraer 100. Esto trajo como consecuencia que muy pronto, en 1939, la Standard alcanzaba el 52% de la producción, mientras la Shell se fijaba en 40% y la Gulf se redujo al 7%. Como vemos, el entramado es tan complejo como el de la Standard Oil en Venezuela, cuya dificultad y confusión por parte de muchos autores proviene de haberse dividido en 1911 en muchos pedazos, varios de los cuales recalaron en el país, hasta que fue dándose un proceso de compras y fusiones que terminaron por darle la primacía en el país a la Jersey Standard, como ya hemos apuntado.

Además, se dio un proceso de fusiones entre la Standard Oil of New Jersey y la Shell en varios espacios petroleros del mundo, en línea con el acuerdo de Achnacarry, que veremos luego. Venezuela no fue una excepción. Un buen ejemplo será el que señalamos antes, el de la Mene Grande, donde la Shell llegó a poseer el 25% de las acciones, mientras la Standard Oil of New Jersey el otro 25% y la Gulf, inicial propietaria, el 50%. De modo que las empresas que competían entre sí también eran capaces de ponerse de acuerdo y repartirse el mercado. La realidad las había llevado a sentarse a acordar treguas de competencia en San Remo, en el acuerdo de la Línea Roja y en Achnacarry. Aprendían la lección de que no siempre competir era lo conveniente. A veces, pactar era preferible para los intereses de todos.

El mapa petrolero venezolano entre 1928 y 1935

Si bien 1928 fue un año de grandes cifras para el petróleo venezolano, cuando la producción nacional pasó a ser la segunda del mundo en su capacidad exportadora, vamos a ver, a partir de la llamada «Gran Depresión», iniciada con la caída de la Bolsa de Nueva York el 29 de octubre de 1929, una merma en varios sentidos. Esta merma ocurre después de un crecimiento notable entre 1927 y 1928, que no solo se evidencia a partir de cifras petroleras sino también navieras. Nos informan los números oficiales que: «en abril de 1927 pasaron por el castillo de San Carlos, en la barra del Lago, 531 buques tanques de petróleo, mientras que en el mismo mes de 1928, han pasado 970» (*Guía General de Venezuela*, 1929: 657). Casi el doble. Por otra parte, de acuerdo con las cifras del profesor Asdrúbal Baptista, la contribución del petróleo al PIB nacional se redujo de 607 382 en 1929 a 589 045 en 1930; a 616 889 en 1931 y a 481 861 en 1932, cuando acusó una caída sustancial. Luego, fue de 509 085 en 1933 y de 593 693 en 1934, para comenzar su sostenida recuperación en 1935, cuando ascendió a 991 949.

(Baptista, 2011: 75-76). Es evidente que la Gran Depresión afectó a Venezuela, ya que las operadoras tuvieron que reducir su producción para impedir una caída mayor de los precios y redujeron sus inversiones.

También contamos con números confiables sobre la disminución del empleo en el sector petrolero (Baptista, 2011: 111-112). Las cifras de cada año corresponden al número de empleos en el sector. Vemos cómo entre 1930 y 1931 se redujo casi a la mitad. No obstante, la reducción del aporte del petróleo al PIB nacional no fue tan pronunciada. ¿A qué podemos atribuirlo? A que el ingreso por nuevas concesiones otorgadas no cesó y, en alguna medida, compensó la caída de los ingresos del Estado por impuestos a la producción. Esto, naturalmente, no se reflejó en el rubro del empleo, donde la disminución de las fuentes de trabajo fue ostensible.

1922	3463	**1930**	21 009	**1933**	10 855
1926	16 175	**1931**	12 064	**1937**	21 268
1929	27 221	**1932**	8832	**1944**	22 145

Para 1929, según Arcila Farías, había 107 empresas petroleras trabajando en el territorio nacional: «pero solamente cinco estaban en condiciones de exportar el aceite, y de esas cinco solamente tres controlaban la casi totalidad de la producción: la Shell, el 45%, la Gulf el 27% y la Standard, otro 27%» (Arcila Farías, 1962: 386). Este porcentaje, a partir de 1932, comenzó a cambiar enfáticamente. No olvidemos que en este año la Standard of New Jersey en Venezuela compró la Lago Petroleum Company, sumando a sus cuentas una cantidad notable de barriles diarios. De acuerdo con las cifras de Barberii, para 1933 la producción de la Jersey en el país era del 42,78% y, diez años después (1943) alcanzó a ser del 52%. A todas luces la variación porcentual fue de casi el doble entre 1929 y 1943. Este crecimiento, obviamente, fue en desmedro de la Shell y la Gulf en Venezuela; pero volvamos a nuestra fecha inicial.

En 1928 tuvo lugar un acontecimiento importante para el mapa petrolero nacional: ocurrió el descubrimiento del campo de Quiriquire, cuando el pozo exploratorio Moneb-1 dio con el yacimiento el 1 de junio de 1928. La zona oriental de Venezuela, ahora sí, se levantaba como muy prometedora y la Standard Oil of Venezuela coronaba casi cinco años de exploraciones sin mayores resultados en la zona. De inmediato se construyó un oleoducto entre Quiriquire y Caripito y en 1931 se terminó la refinería de Caripito. El hallazgo abría puertas para inversiones en oriente, hecho que ocurrió en los años en que la economía mundial fue recuperándose de la Gran Depresión. En el caso venezolano, podemos afirmar que hacia 1935 los efectos de esta comenzaban a estar conjurados y luego, por el contrario, con el estallido de la Segunda Guerra Mundial, las necesidades de petróleo venezolano se hicieron mayores.

El 16 de septiembre de 1929, el general Gómez vuelve a colocar a Gumersindo Torres en el Ministerio de Fomento. Al igual que en la oportunidad anterior, gracias a la honradez de su trabajo, durará poco al frente del ministerio. Estará allí hasta julio de 1931. Veamos cuáles fueron los desafíos en esta oportunidad.

Torres crea el 16 de julio de 1930 el Servicio Técnico de Hidrocarburos y lo consagra cuando logra que se apruebe, el 7 de agosto de 1930, el Reglamento de la Ley de Hidrocarburos de 1928. Entonces son nombrados inspectores en Maracaibo, Coro y Maturín. El inspector técnico en Maracaibo, el geólogo Guillermo Zuloaga Ramírez, en el *Informe Anual del Ministerio de Fomento* de 1930, explica que al principio las compañías fueron reticentes y hostiles, pero que muy pronto comprendieron que era en provecho de ambas partes por lo que el ministro Torres había decidido crear este servicio. No obstante, a las compañías no podía gustarles pasar de gozar de ninguna fiscalización a tener encima a los inspectores. El propio Zuloaga describe sucintamente su trabajo: «la Inspectoría Técnica de Hidrocarburos, a la que se le dio autoridad y responsabilidad en la supervigilancia de las operaciones y la fiscalización de la producción» (Pino Iturrieta, 2007: 278-279). Hasta entonces, el Estado venezolano no tuvo instrumento alguno para fiscalizar y auditar la producción de las compañías. Luego, en otra vuelta de tuerca de Torres, el 31 de marzo de 1931 se establece, por resolución ministerial, la Inspectoría General de Hidrocarburos, y Zuloaga es designado inspector general.

Guillermo Zuloaga renuncia al cargo en 1931, cuando el ministro Torres es destituido. Volverá a ejercer un cargo público en el área petrolera en 1936, cuando el gobierno del general López Contreras cree el Servicio Técnico de Minería y Geología en el Ministerio de Fomento, encabezado por Néstor Luis Pérez, y él lo presida. Luego lo tendremos al frente de la comisión organizadora del Instituto de Geología, creado el 16 de septiembre de 1938; y después, en los preparativos para transformar el Instituto en Escuela de Geología, adscrita a la Universidad Central de Venezuela, el 24 de julio de 1940; ambas realizaciones ocurridas durante el gobierno de López Contreras en el marco de la Ley de Educación de 1940, presentada por el ministro de Educación, Arturo Úslar Pietri. Alrededor del Instituto de Geología se nuclearon los primeros geólogos e ingenieros formados en el exterior. Nos referimos, además de a Zuloaga, a Santiago Aguerrevere, Víctor López, Manuel Tello y Pedro Ignacio Aguerrevere. En los años siguientes, Zuloaga comienza a trabajar en la Creole Petroleum Corporation, de la que llegó a ser directivo y de la que se jubiló (1964) muchos años después, con una hoja de vida ejemplar dentro de la industria petrolera venezolana.

Pero si la creación de la Inspectoría General de Hidrocarburos fue una molestia tolerable para las compañías, y finalmente un trabajo que agradecer, la siguiente iniciativa del doctor Torres no les hizo ninguna gracia. Al curioso ministro le interesó saber por qué la gasolina zuliana se vendía más barata en los Estados Unidos que en Venezuela. Entonces, un sector de la prensa lo respaldó y las compañías sintieron el peso de la opinión pública y bajaron el precio levemente. Luego, en junio de 1931, se dieron a conocer los informes de la United States Tariff Comission y la discrepancia entre los precios declarados allá y los que declaraban al gobierno venezolano se hizo evidente. No había manera de ocultarlo.

El ministro Torres hizo sus cálculos y llegó a la conclusión de que entre 1927 y 1931 las compañías le debían al Fisco Nacional una suma importante en impuestos, ya que habían incluido unos desgravámenes que no correspondían. El propio Torres en sus *Memorias* relata sus esfuerzos en el Gabinete Ejecutivo del que formaba parte, y los oídos sordos que halló ante el reclamo. En ese momento, la Presidencia de la República la ocupaba nominalmente Juan Bautista Pérez, pero, como antes con Márquez Bustillos, las decisiones las tomaba Gómez en Maracay. El gobierno no hizo nada. Dejó la evidencia de fraude presentada por Torres en silencio y suspenso. Corrijo: sí hizo; destituyó a Torres en julio de 1931, un mes después de presentadas las evidencias.

Afirma Torres:

> Comprobado quedó el enorme y vergonzoso fraude que nos habían hecho las compañías en los cuatro años aludidos. En más de trescientos millones de barriles exportados, recargado el flete en dieciséis centavos por barril, más de diez de comisión de venta y diez por caleta, recargaban en total en treinta y seis centavos, cuyo diez por ciento, tres sesenta por barril, correspondía íntegramente al tesoro nacional. El lector podrá sacar cuentas y decir hasta dónde alcanzaba nuestro derecho de reclamo de esos millones de dólares o de bolívares, de la cual sólo habría que reducir lo que habían pagado, quedándonos muchos millones a nuestro favor (Torres, 1996: 118).

Se repitió el esquema de 1922: Torres abogaba por los intereses de la república, que puntualmente perjudicaban a las concesionarias; estas presionaban y Torres pasaba a retiro. Lo asombroso fue que jamás, ni siquiera en sus *Memorias*, Torres le atribuyó responsabilidad alguna a Gómez. Su admiración por él rayaba en la obediencia incondicional y no le dejaba espacio a la crítica. No obstante, en sus *Memorias* se trasluce el reclamo, muy levemente.

Salen Torres y Zuloaga y los sustituyen el general Rafael Cayama Martínez y Luis Herrera Figueredo. Según confesión posterior de Zuloaga, la Inspectoría Nacional de Hidrocarburos continuó haciendo cabalmente su trabajo, pero Cayama Martínez no insistió en el cobro del fraude perpetrado por las compañías y documentado por Torres.

Los años finales del gomecismo están signados por los acuerdos mundiales entre las grandes compañías petroleras para reducir la producción y evitar una caída mayor de los precios. También, por el avance de la Jersey en Venezuela para adquirir un mayor porcentaje de la producción, cosa que fueron logrando. Además, tuvieron más hallazgos en oriente. Con el pozo Paria-2; con el descubrimiento del campo Orocual y el de Pedernales, en 1933.

Al año siguiente se dio la situación del cambio al patrón oro y se estableció un sistema cambiario para las petroleras. A partir de agosto de 1934 las compañías le vendían el 66% de sus dólares a bancos venezolanos a la tasa de 3,90 bolívares y el 33,33% al Gobierno a la tasa de 3,06 bolívares por dólar. Esto favoreció enormemente a las compañías en sus costos de operación, ya que pasaron de recibir 3 bolívares por dólar a 3,90, alcanzando un mayor rendimiento de su dinero por la vía cambiaria.

No exageramos al afirmar que la Ley de Hidrocarburos de 1920 fue pivotal, y que las siguientes vienen a ser modificaciones de este texto legal. Nos referimos a las de 1921, 1922, 1925, 1928, 1935. Todas estas modificaciones vinieron a adaptar el texto legal madre de 1920 a las circunstancias de su momento. Las dos leyes promulgadas (1936 y 1938) durante el gobierno de López Contreras las veremos en su momento, pero nos adelantamos a señalar que no fueron meras reformas adjetivas, como cierta historiografía desliza, sino que, por el contrario, sirvieron de prólogo necesario a la Ley de Hidrocarburos de 1943.

Cuando el general Gómez falleció en Maracay el 17 de diciembre de 1935, los precios mundiales habían comenzado a recuperarse y comenzaba otra etapa de la industria petrolera. Concluía la que se había iniciado en 1914, con Zumaque I, y fenecía ahora, 21 años después. De esta etapa, *sir* Henry Deterding afirmó:

> El gobierno del general Gómez parecía firme y constructivo e inclinado hacia la justicia respecto a los intereses creados extranjeros. Y ahora que conozco a Venezuela mejor, puedo ciertamente atestiguar que en sus veintiséis años de virtual dictadura el general Gómez ha insistido constantemente en el juego limpio hacia el capital extranjero… Por su política, Venezuela ha adquirido un prestigio y una fuerza económica que la depresión mundial no ha logrado menoscabar (Lieuwen, 1964: 139-140).

No cabe la menor duda de que las empresas petroleras internacionales en Venezuela gozaron de las mejores condiciones durante la dictadura gomecista. «A confesión de parte, relevo de pruebas» dice el adagio jurídico. La liberalidad con que Gómez trató a las empresas, buscando en buena medida su beneficio personal, es algo que está suficientemente comprobado. No obstante, se juntaron varios factores para que durante su dictadura comenzara el desarrollo de la industria petrolera en Venezuela y uno fue él mismo. Los otros ya los hemos señalado: el Informe Arnold, la caída de México, la búsqueda de crudo por parte de la Shell en cualquier zona del mundo y, por supuesto, el hallazgo de Zumaque I (1914) y Los Barrosos 2 (1922), comprobaciones irrefutables de que en el subsuelo venezolano abundaba el aceite de piedra. Además, imposible olvidar que la política petrolera durante la dictadura de Gómez contó con la mano honesta y férrea de Gumersindo Torres, velando por los intereses de la nación, así como también con la labor jurídica de Arcaya, señalada antes.

Este último, por cierto, en libro publicado en Washington en 1935, *Venezuela y su actual régimen,* antes de la muerte de Gómez y en defensa de su larga gestión, señalaba un futuro para la industria petrolera que, en buena medida, será el que se cumplirá. Afirmaba Arcaya, como quien traza un proyecto y una política petrolera:

> *Royalties* mayores, restricción de las exoneraciones de impuestos aduaneros de importación, establecimiento de refinerías nacionales; todo eso podremos lograrlo respecto de dichos campos. Más aún, si los rendimientos de los ya contratados crecieren extraordinariamente, medios hay para que también crezca la renta que de ellos percibe la nación, pues la legislación que rige esas concesiones fue muy maduramente meditada en pro de los intereses de la República (Arcaya, 1935: 196).

El Acuerdo de Achnacarry

Para finales de la década de los años veinte los términos se habían invertido: la preocupación no era la escasez sino la abundancia y la consecuente baja de los precios del crudo. De allí que los grandes productores del mundo, menos los locales norteamericanos y la Unión Soviética, tuvieran la iniciativa de reunirse en el castillo de Achnacarry, en Escocia, a partir de agosto de 1928. Allá fueron llegando a dialogar distendidos, a orillas del río y cazando, eventualmente, perdices.

Buscaban salirle al paso a una realidad que podía dar al traste con la industria petrolera: la caída de los precios. Recordemos que no solo se habían descubierto nuevos y gigantescos yacimientos en los Estados Unidos, sino que Venezuela tenía una producción sustancial, la de Rumania no era despreciable y la Unión Soviética había recuperado su industria, de modo que la abundancia estaba a la orden del día.

Estuvieron reunidos buscando un acuerdo los representantes de la Standard Oil of New Jersey, la de Indiana, de la Anglo-Persian, de la Gulf, de la Royal-Dutch Shell. Buscaban ordenar el mercado, dividiéndolo y organizándolo. Finalmente, después de dos semanas de deliberaciones, llegaron a un documento de casi veinte páginas que enarbolaba el nombre de una naciente agrupación: «Asociación para el Mantenimiento de Precios». No obstante, el acuerdo se conoció por el nombre del lugar donde tuvieron lugar los diálogos: Achnacarry.

A cada compañía se le asignó una cuota en sus mercados y una participación de las ventas totales, fijada con base en lo producido en 1928. Cada compañía podía aumentar su cuota de manera proporcional al crecimiento del mercado, sin salirse de estos parámetros. Meses después también acordaron controlar la producción. Al principio la URSS no entró en el acuerdo, ya que ni siquiera estaba invitada a la reunión, pero luego participó tangencialmente; por su parte, las petroleras que explotaban subsuelo norteamericano no integraban el acuerdo y, la verdad, se trataba de una porción muy grande de la producción mundial. A este sector se sumaba otro de empresas pequeñas que tampoco firmaban el acuerdo, pero cuyas producciones, juntas, llegaban a constituir un porcentaje nada despreciable del mercado. Finalmente, quedaba tanto petróleo fuera de Achnacarry que el acuerdo perdió su vigencia y cada empresa salió a buscar mercado al margen de este cartel efímero.

Quedaba en claro, eso sí, que los actores de la industria petrolera eran capaces de ponerse de acuerdo cuando los precios afectaban severamente el negocio. Así lo señala Harvey O'Connor en su *Crisis mundial del petróleo*, afirmando: «El cartel controló los precios mediante las restricciones a la producción, como lo hicieron las compañías principales en los Estados Unidos después de la gran crisis de 1929» (O'Connor, 1962: 414). Por otra parte, Ervin Hexner, en su libro *Carteles internacionales*, también señala las implicaciones colaterales del acuerdo. Afirma:

> Además, los grupos exportadores asiáticos, europeos y latinoamericanos, incluyendo los productores, refinadores y contralores de los negociantes

que eran subsidiarios de los Estados Unidos o de la Shell, se adhirieron con mayor o menor informalidad a este convenio y a la dirección de la Jersey-Shell... Las pruebas disponibles indican que las dos principales negociadoras del mundo consideraban muy importante una estrecha cooperación. Su alianza continuó siendo la espina dorsal de la cooperación petrolera (Hexner, 1950: 304-305).

Si bien es cierto que los efectos de Achnacarry fueron efímeros, no es menos cierto que comprobaron en la práctica una premisa teórica: si te unes y controlas la producción, incides sobre los precios.

La Gran Depresión

Dependiendo de la zona del mundo afectada por la llamada Gran Depresión, se puede responder la pregunta acerca de su duración. En general, se cree que duró casi toda la década de los años treinta y en algunos países sus efectos se sintieron hasta los primeros años de la década de los cuarenta. Se originó con la caída de la Bolsa de Nueva York el 29 de octubre de 1929, y muy pronto el desempleo norteamericano subió a cerca del 30% y el comercio internacional se contrajo en un 50%. Conviene anotar que las investigaciones históricas recientes señalan que la caída de la Bolsa de Nueva York fue un síntoma de la enfermedad y no la causa. En este sentido, nos parece razonable lo afirmado por Xavier Tafunell acerca de este asunto: «Los estudios recientes de los historiadores económicos han descubierto causas más profundas y desequilibrios fundamentales en la economía internacional generados por la guerra y por las políticas de posguerra... Estos problemas estructurales eran lo bastante graves para que, tarde o temprano, acabasen aflorando, ocasionando serias perturbaciones a la economía internacional» (Tafunell: 2005: 316). No obstante, en cualquier caso, la llamada «Gran Depresión» afectó en lo inmediato los precios del mercado petrolero internacional y esto, obviamente, incidió en la naciente industria petrolera venezolana.

Naturalmente, para el mercado petrolero fue otra vuelta de tuerca, ya que estaba deprimido por la abundancia de crudo y ahora se afectaba por una recesión mundial. El sostenimiento de los precios a niveles rentables se hacía imperativo. Las causas que condujeron a Achnacarry no solo estaban en pie sino que se habían agudizado. La Gran Depresión de 1929 afectó todas las áreas de la economía mundial y el mercado petrolero, naturalmente, fue de los más afectados. De allí que varias de las grandes empresas petroleras buscaran el renacer del espíritu de los acuerdos de Achnacarry, de manera tal de controlar los precios, repartiéndose los mercados. No obstante los esfuerzos, siempre que alcanzaban un acuerdo, uno o dos actores solitarios al margen de ellos jugaban por su cuenta e impedían los efectos de la cartelización y el castillo de naipes se venía abajo. Los precios, lejos de mantenerse, caían. La producción era superior a la demanda, deprimida por los efectos del colapso general de la economía. Muchas inversiones se detuvieron, otras se hicieron a un ritmo pausado y, para colmo, ocurrió lo inesperado en Texas.

De nuevo Texas

Los geólogos no le daban ninguna importancia a la zona este de Texas; la consideraban tiempo perdido, salvo un extraño personaje de 70 años que insistía en que allí había petróleo: Columbus Marion *Dad* Joiner. Objeto de burlas de todo tipo, el viejo insistía en explorar allí desde mediados de la década de los veinte. Finalmente, el 3 de octubre de 1930, con su equipo precario y al borde de la ruina sus finanzas personales, perforó un pozo (llamado el Daisy Bradford N.⁰ 3) que lanzó un chorro de muchos metros por encima de la torre. De inmediato se hicieron estudios de la zona y, dada su extensión, comenzó a llamársele el «Gigante Negro», ya que nunca antes se había descubierto un campo de tales magnitudes en el mundo. En abril de 1931, la zona producía 340 000 barriles diarios; en junio alcanzó a 500 000 barriles diarios. La locura. Los precios se vinieron abajo: entre 15 y 6 centavos de dólar por barril, cuando en 1926 se vendía a 1,85 dólares el barril. Las luces de alarma se encendieron de nuevo. ¿Qué hacer, cómo controlar el mercado?

El gobernador de Texas le atribuyó a la Texas Railroad Comission el encargo de controlar la producción, tarea para la que no estaba autorizada. No obstante, después de largas disputas que se tornaron a veces violentas, se modificó la ley y la comisión obtuvo la autoridad para establecer cuotas de producción por un tiempo, lo cual contribuyó a soportar los precios (un preámbulo de lo que años después haría la OPEP), hasta que la producción ilegal fue tan grande como la controlada y los precios volvieron a caer. Esto obligó a los productores autorizados a bajar el precio en 1933, año en que Franklin Delano Roosevelt alcanzaba la Presidencia de los Estados Unidos.

Roosevelt designó a Harold Ickes secretario del Interior y lo encargó del álgido tema del petróleo. Para entonces la producción ilegal alcanzaba los 500 000 barriles y anulaba el prorrateo establecido por la Texas Railroad Comission, como dijimos antes. Los productores le imploraban al gobierno que hiciera algo y este sancionó la Ley de Recuperación Industrial Nacional, que establecía un Código del Petróleo. Este código fijaba cuotas de producción a los estados de la unión y la situación fue controlada hasta 1935, cuando el Tribunal Supremo invalidó la ley en sus aspectos petroleros y permitió la producción «caliente» o no autorizada. No obstante, para esta fecha los efectos fueron menos devastadores que en años anteriores. Al gobierno no le quedó otro camino que fijar unas cuotas sugeridas a los estados, atendiendo a lo dictado por el Tribunal Supremo. Además, fijó aranceles a la producción nacional y al petróleo importado. De esto último, la más perjudicada fue Venezuela, que vio reducidas sus exportaciones a EE. UU. (entonces del 55% de su producción) y tuvo que buscar mercados europeos en mayor proporción. El porcentaje de crudo venezolano enviado a Gran Bretaña creció considerablemente.

Finalmente, el precio del petróleo se estabilizó a partir de 1934 alrededor de 1 dólar por barril, lo que permitía producir sin pérdidas, pero sin grandes ganancias. La moraleja no había sido buena para las teorías económicas liberales: la crisis del mercado supuso la intervención del gobierno para que la industria no colapsara.

Turbulencia en Irán

El *sha* de Persia, Reza Pahlevi, se molestó muchísimo con la Anglo-Persian por la manera como se vieron reducidos los ingresos de su gobierno por causa de las crisis. Naturalmente, la disminución de lo percibido no era atribuible al desempeño de la empresa sino a la Gran Depresión, pero el *sha* optó el 16 de noviembre de 1932 por rescindir la concesión de la petrolera. Los más perjudicados eran los británicos, que dependían en buena medida del crudo persa, pero se lo tomaron con calma y sin considerarlo un hecho definitivo. Sabían que se trataba de una bravuconada, ya que el gobierno del *sha* no tenía ningunas posibilidades tecnológicas de explotar su crudo.

Ocurrió un forcejeo entre el presidente de la Anglo-Persian y el *sha*, que culminó con la aceptación por parte de la empresa de nuevas condiciones para la explotación. La señal que dejó este episodio apuntaba hacia los instrumentos de imposición con que contaban los gobiernos que otorgaban concesiones, pero también quedaba claro que las concesionarias tenían poder de negociación y, además, que el negocio petrolero suponía tal nivel de inversiones que una vez hechas era difícil abandonarlas sin grave pérdida. Un juego tenso.

El indicio de Bahrein

Un ingeniero de minas neozelandés llamado Frank Holmes había escuchado, hacia 1920, que afloraba petróleo en la costa árabe del golfo pérsico. Este dato se convirtió en la obsesión de su vida y buena parte de ella la empleó en conseguir una concesión en la zona. Lo logró en 1925 por parte del jeque de Bahrein, no porque el mandatario estuviese interesado en el crudo, sino porque Holmes halló agua para él en el subsuelo de su isla y el jeque lo compensó por ello.

Con la concesión en la mano, Holmes inició el peregrinaje. Nada obtuvo en Londres, pero sí en Nueva York, donde la Gulf se interesó en la aventura. No obstante, no fue esta empresa, sino la Standard of California (Socal) la que acompañó a Holmes en el albur. Contra todo pronóstico, el 31 de mayo de 1932 se halló petróleo en Bahrein. Ciertamente, no se trataba de un gran yacimiento, pero quedaba en el lado árabe del golfo Pérsico, al lado de Arabia Saudita y de Kuwait. Era casi imposible que no lo hubiera allí.

Después de este paseo por el entorno internacional (Achnacarry, la Gran Depresión, Irán, Bahrein, Texas), volvamos a nuestra historia local con los parámetros que la situación mundial dibujaba.

El gobierno del general Eleazar López Contreras (1936-1941) y las huellas de Néstor Luis Pérez y Manuel R. Egaña

Como se ha dicho hasta la saciedad, el gobierno de López Contreras fue una suerte de puesta al día de un país rezagado durante la dictadura gomecista. Esta apertura incluyó todos los órdenes de la vida social. Por parte del gobierno, tuvo lugar un hecho inédito hasta entonces en Venezuela: se presentó un plan de modernización institucional de la república, el llamado Plan de Febrero de 1936, que incluyó reformas en casi todas las facetas de la vida nacional. Durante este gobierno se crearon el Banco Central de Venezuela, la Contraloría General de la República, el Instituto Técnico de Colonización, el Instituto Pedagógico Nacional, el Ministerio de Sanidad y Asistencia Social, el Consejo Venezolano del Niño, el Banco Industrial de Venezuela. En materia legal se promulga la

Ley de Educación (1940), la Ley del Seguro Social Obligatorio (1940). Se firma el Tratado Comercial con Estados Unidos (1940) y el Tratado sobre la demarcación de fronteras y navegación de ríos comunes con Colombia (1941).

En el Plan de Gobierno presentado por el presidente López a la nación el 21 de febrero de 1936, en el aparte dedicado al tema petrolero se lee: «En lo concerniente a la renta minera, se buscará llevar su rendimiento al máximum posible, con cuyo fin se perfeccionará su actual fiscalización. También se procurará que las explotaciones mineras rindan al país el máximum de beneficios económicos a que tiene derecho» (*Pensamiento Político Venezolano*, tomo 17: 83). Este fue el desiderátum de López. Sigamos la secuencia.

A los efectos de nuestra relación, del conjunto de leyes, la que nos atañe directamente será la Ley del Trabajo, promulgada el 16 de julio de 1936. Esta ley consagró el derecho de asociación colectiva de los trabajadores y el de huelga, que le dio pie a la huelga petrolera de finales de 1936. Esta huelga comenzó el 14 de diciembre de 1936 y concluyó el 22 de enero de 1937 con un decreto presidencial que subía el salario de los trabajadores petroleros en un bolívar diario. Las compañías se negaban a cumplir muchas de las peticiones de los sindicatos, y estos insistían en sus reclamos. Esta fue la primera huelga laboral de la Venezuela moderna; fue precedida de la manifestación general del 14 de febrero de 1936, que si bien no fue una huelga laboral, sí dejó claro que los venezolanos habían perdido el miedo y tomaban la calle (Manuel Caballero *dixit*). Este clima político señalaba que la relación de cualquier empresa con los factores de la sociedad venezolana forzosamente tenía que cambiar. Las concesionarias petroleras no eran la excepción. La «paz» gomecista formaba parte del pasado.

Rómulo Betancourt le dio una interpretación optimista al significado de la huelga en su libro publicado en 1955, *Venezuela, política y petróleo*; veía en ella un despertar de la conciencia nacional en relación con el control de la riqueza. Más allá de la exageración propia por ser un factor interesado, lo cierto es que sí representó un punto de inflexión para los trabajadores que comenzaban a organizarse en Venezuela. No llegaba a tanto la conciencia de los trabajadores, seguramente, pero sí de los políticos que querían ver más allá de los hechos. Afirmó Betancourt: «Fue piedra de toque para revelar cómo Venezuela había comprendido, rápidamente, que ese movimiento era la primera escaramuza de una batalla nacional para independizar al país de tutorías foráneas» (Betancourt, 1999: 85). Antes, en 1936, ya se hacía evidente que el petróleo iba a ser bandera principal de las luchas políticas de Betancourt. Así lo dijo en su discurso en el Nuevo Circo el 1 de marzo de 1936. Entonces señalaba: «Y un país en el cual el 80% de las exportaciones corresponde al petróleo, industria que no está explotada por capitales nacionales; un país en el cual el Estado recibe el 45% de los ingresos fiscales de esa misma industria, disfruta de una independencia sólo aparente» (Betancourt, 1999: 77-78). Como vemos, se había encendido el debate sobre el tema petrolero e imantaba todos los espacios discursivos. Muy pronto se sumará Úslar Pietri a la discusión.

El 5 de agosto de 1936, el Congreso Nacional sancionó una nueva Ley de Hidrocarburos y demás minerales combustibles a proposición del ministro de Fomento designado por López Contreras meses antes: Néstor Luis Pérez (1882-1949). El debate parlamentario sobre el proyecto de ley fue intenso, a diferencia de la época gomecista y a tono con los nuevos tiempos. Las críticas a las concesionarias no se hicieron esperar. El espíritu de la ley apuntaba a un mayor control, por parte del Estado, de la actividad petrolera. Subió los cánones a pagar y, sobre todo, indicaba un derrotero a seguir. Por supuesto, Pérez no se ganó la simpatía de las concesionarias. Sin embargo, sí obtuvo el respaldo de las nuevas concesionarias en cuanto a la promesa de ampliar la refinación en el país. Fue el caso de la Socony (Standard Oil of New York), la Sinclair (Sinclair Consolidated Oil de Harry Sinclair) y la Texas Company e, incluso, el de la Jersey y la Shell, que se comprometieron a construir y ampliar sus refinerías, cosa que no hicieron en la medida de lo esperado.

Néstor Luis Pérez Luzardo fue un abogado nacido en Maracaibo quien sufrió de insistentes persecuciones políticas por parte de la dictadura de Gómez, hasta que salió al exilio con su familia en 1924. A su regreso, el presidente López Contreras quiso distinguirlo nombrándolo ministro de Fomento, dejando en claro, además, que los perseguidos del general Gómez no sufrirían lo mismo con él. Son varias las realizaciones capitales que adelantó en el ministerio, pero, entre todas, la petrolera ha quedado en la memoria de estos años.

De este debate nacional que cobró cuerpo en el Congreso y otros ámbitos públicos formó parte un editorial del diario *Ahora*. A este periódico había entrado a trabajar un joven en enero de 1936; se llamaba Arturo Úslar Pietri y entre sus labores estaba escribir, sin firmar, los editoriales del matutino. El 14 de julio de aquel año crucial publicó un editorial titulado «Sembrar el petróleo», acaso el editorial de mayor resonancia en toda la historia del periodismo venezolano. Al tiempo se supo que el autor era Úslar Pietri, y a partir de entonces se le atribuyó directamente. Desde entonces, este lema de «sembrar el petróleo» forma parte de las deudas centrales del país con su proyecto histórico; acaso sea la de mayor exigibilidad pública. Así mismo, constituye una suerte de desiderátum del proyecto nacional. En el texto se lee:

> La única política económica sabia y salvadora que debemos practicar, es la de transformar la renta minera en crédito agrícola, estimular la agricultura científica y moderna, importar sementales y pastos, repoblar los bosques, construir todas las represas y canalizaciones necesarias para regularizar la irrigación y el defectuoso régimen de las aguas, mecanizar e industrializar el campo, crear cooperativas para ciertos cultivos y pequeños propietarios para otros… Esa sería la verdadera acción de construcción nacional, el verdadero aprovechamiento de la riqueza

patria y tal debe ser el empeño de todos los venezolanos conscientes... si hubiéramos de proponer una divisa para nuestra política económica lanzaríamos la siguiente, que nos parece resumir dramáticamente esa necesidad de invertir la riqueza producida por el sistema destructivo de la mina, en crear riqueza agrícola reproductiva y progresiva: sembrar el petróleo (Arráiz Lucca, 2006: 37).

Nótese que el proyecto propuesto por Úslar es exclusivamente agrícola, no industrial, cosa que llama la atención, ya que la industrialización para 1936 ha debido ser un norte a seguir, incluso de mayor modernidad que el cultivo agrícola. Seguramente pesaba en el ánimo del joven editorialista el perjuicio que ya comenzaba a notarse en la producción agrícola, en la medida en que la producción petrolera ascendía. También es probable que pesaran mucho en su ánimo las teorías agrarias de su amigo Alberto Adriani, conocidas y compartidas por Úslar entonces.

Recordemos que para 1936 el aporte al PIB nacional de la agricultura era de 265 694 bolívares y, el del petróleo, de 976 300 bolívares (Baptista, 2011: 76). Como vemos, cuatro veces más, cuando en 1926 (diez años antes) el aporte de la agricultura era superior al del petróleo. El cambio había sido enorme en muy pocos años, y por eso Úslar colocaba el acento en lo que se estaba perdiendo, antes que en un sector muy pequeño, casi inexistente, que estaba por comenzar: el industrial. La idea central de este editorial fue luego recogida por Rómulo Betancourt en sus presidencias y buscó responder con hechos a ella. Incluso, Hugo Chávez la recogió en sus gobiernos y la asumió como propia. No hay mayor prueba de su vigencia y del valor arquetipal de su reclamo. Volvamos a Pérez y sus desafíos.

En el camino de darle mayor importancia a la institucionalidad estatal en relación con el petróleo, el ministro Pérez creó la Dirección de Hidrocarburos en el Ministerio de Fomento, revisando con lupa los mecanismos de fiscalización sobre las concesionarias.

El clima entre Pérez y las compañías vino a enrarecerse más con la nacionalización del petróleo en México, por parte del gobierno de Lázaro Cárdenas, el 18 de marzo de 1938. Las concesionarias temían algo similar en Venezuela, pero este no era el propósito de López Contreras, por más que su ministro de Fomento ajustara las tuercas cada vez más en cuanto a la exigencia del cumplimiento del pago de tributos y, también, al pago de deudas pendientes por parte de las concesionarias.

Pérez presentó a consideración del Congreso Nacional una nueva Ley de Hidrocarburos. Las compañías extranjeras se llevaron las manos a la cabeza, pero nada pudieron hacer para impedir el curso del texto legal. Recordemos que la opinión pública estaba ganada a la idea de exigir mayor rendimiento para el Estado de la actividad petrolera. La ley fue aprobada el 13 de julio de 1938 y se esperaba su vigencia a partir del 21 de diciembre de ese año. Supuso una modificación tan radical de la ley vigente que las compañías no se animaron a pedir nuevas concesiones bajo el marco de ese texto legal. Señala Hildegard Rondón de Sansó en su estudio *El régimen legal de los hidrocarburos*:

> El nuevo texto le acordó al Ejecutivo Federal la potestad de ejercer de manera directa su potestad en cualquiera de las fases de la industria, quedando facultado para crear empresas, establecimientos industriales e institutos oficiales autónomos y también, para reglamentar su organización, funcionamiento y administración. La carga impositiva fue aumentada, incrementándose el impuesto de exploración de diez céntimos por hectáreas a cuatro bolívares por hectáreas; el canon inicial de explotación fue aumentado de dos bolívares por hectárea a ocho bolívares. Con esta nueva ley se le reconocía al propietario una participación o regalía sobre la riqueza extraída y se estableció un sistema para determinar el precio del petróleo venezolano por considerarse inapropiado que el mismo fuese fijado unilateralmente en el mercado norteamericano (Sansó, 2008: 169).

Naturalmente, con semejante cambio a favor del Estado y en desmedro de las compañías, estas optaron por quedarse inermes. Siguieron con sus concesiones de tiempos de Gómez, que se regían por las leyes de entonces, y no pidieron nuevas concesiones, con lo que la ley de 1938 pasó a estar en un limbo que la acercaba mucho a ser letra muerta. No exagera quien diga que no tuvo aplicación, ya que ninguna concesión fue otorgada bajo su imperio. López Contreras acusó el golpe y no le quedó otro camino que separar a Pérez del cargo y nombró a Manuel R. Egaña el 1 de agosto de 1938. En lo inmediato hubo una distensión, no porque Egaña no siguiera las políticas de tendencias estatistas de Pérez, sino porque el encargo principal de López Contreras a Egaña era adelantar todo lo necesario para la creación del Banco Central de Venezuela. Una vez alcanzado este objetivo, el ministro Egaña volvió a darle otra vuelta de tuerca a las concesionarias, dictando el Reglamento de la Ley de Hidrocarburos el 24 de enero de 1940, y señalando que este se aplicaría por igual a todas las compañías petroleras. Estas, de nuevo, protestaron acremente, pero esta vez el ministro no fue destituido sino respaldado en su argumentación por López Contreras.

Entonces, la larga vida pública de Egaña estaba en sus comienzos. La de Gumersindo Torres y Egaña guardan similitud en cuanto a su extensión en el tiempo. Ambos comenzaron muy jóvenes y trabajaron con el Estado hasta la senectud. Se diferencian en que Egaña se formó en su juventud fuera de Venezuela, en las legaciones del país en los Estados Unidos y Ginebra, interesándose por la economía política, asunto al que se dedicó desde su perspectiva de abogado. Recuérdese que para entonces no existían los estudios de Economía en Venezuela. Antes de ser designado ministro de Fomento por López Contreras, estuvo en cargos gerenciales en el Banco Agrícola y Pecuario y en el Ministerio de Hacienda, siempre acompañando a su dilecto amigo Alberto Adriani. En 1941 es electo senador por su estado natal, Guárico, e integra las comisiones redactoras de las leyes de Impuesto sobre la Renta (1942) y de Hidrocarburos (1943). Regresa al Ministerio de Fomento por designación de Carlos Delgado Chalbaud, en 1949; luego, en 1959, Rómulo Betancourt lo designa embajador en Canadá y Raúl Leoni lo vuelve a nombrar ministro de Fomento en 1964. Como vemos, toda su vida vinculado con la economía política y el petróleo.

Coincidimos con Luis Vallenilla en relación con la Ley de Hidrocarburos de 1938 en cuanto a su importancia: «… son características suficientes como para considerarla una de las leyes de hidrocarburos más importantes que ha tenido el país» (Vallenilla, 1975: 98). No comprendemos por qué los biógrafos de López Contreras y la mayoría de los analistas de temas petroleros pasan por alto esta ley y se concentran con énfasis en la de 1943, cuando la ley de este año puede considerarse continuación del espíritu de la de 1938 en varios aspectos. Más aún, para muchos historiadores, incomprensiblemente, pareciera que el gobierno de López Contreras no tuvo política petrolera, cuando fue exactamente lo contrario. La tuvo, y muy severa en su sesgo estatista. Además, fue el que abrió las puertas de las reformas laborales que permitieron la organización del movimiento sindical petrolero, uno de los más importantes del país. Comprendemos, eso sí, que, al no solicitarse concesiones bajo el marco de esta ley, no tuvo aplicación práctica y, por lo contrario, paralizó el avance de las concesionarias en Venezuela. Este juego lo va a destrancar, como veremos luego, la Ley de Hidrocarburos de 1943.

La primera vez en el país en la que se delinea una política petrolera será en la *Memoria del Ministerio de Fomento* de 1941, presentada por Egaña. Allí se fijan diez puntos generales que le marcan un norte a la política petrolera. Los remito a ella (Egaña, 1990: 175) y me permito extraer los puntos que consideramos sustanciales: «una participación más justa de la Nación en la riqueza del subsuelo». Otra línea prioritaria: «El Estado debe cobrar vigilancia, control y dirección cada vez mayores sobre las actividades petroleras». Se busca el norte del «desarrollo de los campos productores de petróleo liviano [...] la refinación en el país para fines de exportación [...] ampliar los mercados»; y por último «el Estado debe estimular la reinversión en el país [...] encausar los impuestos y derechos hacia las formas más simples... (Egaña, 1990: 175-177).

Queda claro que se intensificará la participación del Estado en sus labores de fiscalización en todo aquello que propenda a proveerle la mayor cantidad de recursos, fruto de la explotación petrolera. También queda claro que se buscará estimular la refinación en el país. Consecuencia de esta política es un cobro que le hará el gobierno a la Mene Grande Oil Company, formulándole un reparo por tributos no pagados. Se le exige el pago de 15 millones de dólares y la empresa acepta pagar 2 o 3 millones. Por supuesto, el gobierno no conviene y el presidente López Contreras amenaza con demandar. Esta fue una de las primeras tareas que tuvo que atender el primer embajador que designó Estados Unidos, Frank Corrigan, en 1939. Venía con el encargo del Departamento de Estado de no avivar el fuego nacionalizador, siguiendo el ejemplo boliviano de 1936 (de menor monta) y el mexicano de 1938 (ese sí, de significación); de allí que buscara mediar con la empresa, hasta que logra la cancelación de 10 millones de dólares y el desistimiento del Estado venezolano de una demanda que a nadie convenía entonces. A Corrigan vamos a hallarlo varias veces de nuevo.

Antes de estas definiciones petroleras de Egaña, el gobierno había logrado firmar un Tratado de Reciprocidad Comercial con los Estados Unidos, ratificado el 24 de julio de 1940. Este instrumento trajo un aumento acerca del tope de petróleo venezolano que podía enviarse a Norteamérica. Este pasó de 35 millones de barriles en 1938 a 58 millones de barriles en 1940. Un aumento mayor al 20%. Conviene señalar que los productores de petróleo en los Estados Unidos habían hecho *lobby* para que se limitaran los envíos de crudo extranjero, ya que iban en desmedro de la producción norteamericana. Esto, como sabemos, había perjudicado a Venezuela en años anteriores, cuando hubo un excedente de petróleo y los precios bajaron hasta niveles que hacían inviable el negocio. Daniel Yergin consigna el hecho claramente: «El principal objetivo era excluir el petróleo de Venezuela que estaban importando los grandes productores» (Yergin, 1992: 295). Cabe preguntarse: ¿el objetivo de quién? Pues de los pequeños productores, ya que quienes extraían petróleo en Venezuela eran los grandes: Jersey, Shell, Gulf. ¿Lo lograron? Sí, hubo un aumento de los aranceles al petróleo importado que redujo las importaciones del 12% del consumo nacional norteamericano al 5%, y el país más perjudicado fue Venezuela, pero las concesionarias no se quedaron de brazos cruzados: aumentaron las exportaciones de Venezuela a Europa (particularmente Gran Bretaña), y paliaron la disminución norteamericana.

La contracción en Venezuela no fue menor. La vimos en cifras; la describen Egaña y Yergin. Dice el primero: «Las actividades en conjunto iniciaron un descenso que se acentuó hasta fines del 32 y principios del 33. La explotación disminuyó un 14% con respecto a la del año 30, y las inversiones de capital se paralizaron casi totalmente» (Egaña, 1990: 102). Yergin es todavía más gráfico: «… los barcos llenos de trabajadores del petróleo y sus familias salieron rumbo a sus países de origen» (Yergin, 1992: 341). De modo que alcanzar un acuerdo con el principal comprador de crudo venezolano no fue un logro menor. Para entonces (1940), es cierto, los mercados se habían recuperado, pero el tratado traía la tranquilidad de las vacunas.

La participación de Egaña en los asuntos públicos venezolanos no se detuvo en 1941 y, como vimos antes, el petróleo se convirtió en tema permanente de su reflexión económica. Su biógrafo, Luis Xavier Grisanti, lo ubica junto con López Contreras como «nacionalista prudente» y, también, lo considera el primer historiador del petróleo en Venezuela. Esto tiene fundamento porque cuando Egaña entrega *Tres décadas de producción petrolera*, en 1947, Lieuwen no había publicado su historia, la primera y hasta la fecha única que se ha escrito sobre el petróleo venezolano. El estudio de Lieuwen concluye en 1954 y ha sido fuente de inspiración de muchos trabajos posteriores. La deuda de *Venezuela, política y petróleo* de Betancourt con este libro es cuantiosa; la de Simón Alberto Consalvi en su opúsculo *El petróleo en Venezuela* es tan grande que no se exagera al afirmar que es casi una glosa de Lieuwen. En fin, suele ocurrir con las historias pioneras en cualquier área. Esta no es la excepción. A Egaña lo volveremos a hallar en el camino de este devenir petrolero. Su empeño no cejó.

Dijimos antes que durante la administración de López Contreras entraron nuevas empresas al país. Fue el caso de Socony, Texas y Sinclair, pero es de hacer notar que sus participaciones en el mercado productor venezolano fueron pequeñas. De acuerdo con cifras de Egaña, para 1940 su participación era del 0,5% de la producción. Fue creciendo con los años pero, en conjunto, no pasaron del 5%. Recordemos que estaban tratando de entrar en territorio repartido entre la Jersey y la Shell y, en menor medida, la Gulf. Veamos ahora el entorno internacional.

Arabia Saudita y Kuwait entran en escena

Muhammad bin Saud fundó la dinastía Saudí en 1700 y un descendiente suyo, Ibn Saud, conquistó territorios y la consolidó entre 1900 y 1932, año en que comenzó a denominarse Arabia Saudita. Para entonces, después de años en guerra, la situación económica del reino de Ibn Saud era desesperada. Los efectos de la Gran Depresión también habían llegado hasta la península Arábiga. Fue entonces cuando entró en escena un personaje peculiar: Harry St. John Bridger Philby, amigo personal del monarca saudita, quien convenció a este de que bajo el suelo estaba la solución a sus problemas económicos. Por cierto, este Philby fue el padre del otro, el legendario Harold *Kim* Philby, el jefe del contraespionaje soviético de los servicios secretos británicos. Es decir, el más célebre agente doble de su tiempo.

Philby sirvió de puente en las negociaciones entre Standard Oil of California (Socal) y el rey, hasta firmar un acuerdo el 29 de mayo de 1933. El jeque concedía una extensión de 6000 hectáreas por un lapso de 60 años y recibía una suma por adelantado que lo sacaba del atolladero en el que estaba. Luego, en 1936, la Anglo-Persian y la Irak Petroleum Company obtuvieron otras concesiones, pero de menor extensión y con condiciones peores para ellos que la primera firmada por la Socal.

En marzo de 1938 se halló petróleo en el pozo Damman número 7; las prospecciones eran alentadoras. Un año después, el oleoducto entre el campo petrolero y el puerto de Ras Tanura fue inaugurado. Al girar la válvula, Ibn Saud ignoraba que su país llegaría a ser el mayor productor de crudo del mundo.

El hallazgo de Bahrein (1932) movilizó al emir de Kuwait a escuchar ofertas para buscar petróleo en su territorio. Este principado pequeño, establecido a mediados del siglo XVIII, compensaba su debilidad recibiendo apoyo militar de Gran Bretaña, creándose un protectorado de hecho. Al igual que a sus vecinos, la Gran Depresión tenía al borde de la ruina al emirato, sobre todo porque el placer de perlas del que vivían se había resentido porque los japoneses habían desarrollado la tecnología para cultivar perlas, con lo cual las naturales perdieron mercado.

En esta situación urgente, Frank Holmes, de la mano de la Gulf, entró en acción, pero tomó dos años alcanzar un acuerdo. Se asociaron la Anglo-Persian y la Gulf al 50% cada uno y crearon la Kuwait Oil Company. Esta empresa firmó la concesión con el emir Ahmad el 23 de diciembre de 1934. La concesión se estipulaba por 65 años y pagos adelantados para solventar la precariedad de Kuwait. El emir designó como su representante en la junta directiva de la nueva compañía al viejo Holmes.

Los trabajos de sísmica comenzaron en 1936 y se halló petróleo en grandes cantidades el 23 de febrero de 1938 en el campo Burgan, al sureste de Kuwait. Las celebraciones en el palacio de

Dasman fueron ruidosas: comenzaba otra era para el emir y su gente. No obstante, la Segunda Guerra Mundial tocaba a la puerta, y vendría a detener el desarrollo de la península Arábiga. El bombardeo de Dhahran por parte de aviones italianos en octubre de 1940 encendió la luz de alarma y las inversiones se detuvieron. La construcción de la refinería de Ras Tanura, en Arabia Saudita, se pospuso, mientras en Kuwait se cerró la producción petrolera en su totalidad. El temor de que los pozos fuesen tomados por las fuerzas del Eje Alemania-Japón-Italia condujo a que los gobiernos de las fuerzas aliadas ordenaran que se taponaran los pozos con cemento.

Los funcionarios norteamericanos en Arabia Saudita regresaron a casa, mientras los locales mantuvieron una producción cercana a los 15 000 barriles diarios. El trabajo de exploración se pospuso, el de nuevas explotaciones también. La guerra había impuesto su lógica maldita. Japón invadió Manchuria en 1931; China respondió en 1937 y se declaró la guerra entre ambas naciones asiáticas; el petróleo pasó a estar sobre la mesa. Japón no llegaba a producir ni el 10% del crudo que necesitaba, le compraba el 80% a los Estados Unidos. La cuerda se fue tensando.

Por su parte, Alemania invadió Polonia en 1939 y al año siguiente sus tropas entraron en Holanda, Bélgica y Francia sin hallar resistencia. Japón, en este mismo 1940, avanzaba hacia el sur del Pacífico en su proyecto expansionista. El 27 de septiembre de 1940, Japón, Alemania e Italia firmaban el pacto del Eje. La pesadilla había comenzado y con ella el petróleo reafirmaría su importancia bélica y política. A nadie le cabía duda alguna que se trataba de la energía reina.

El gobierno del general Isaías Medina Angarita (1941-1945) y la Ley de Hidrocarburos de 1943

La transferencia del poder en 1941, al vencimiento del período de López Contreras, se realizó por medio de elecciones de segundo grado. Es decir, en el seno del Congreso Nacional, donde las fuerzas de la hegemonía militar tachirense contaban con una holgada mayoría, de manera tal que no hubo ninguna sorpresa: el ministro de Guerra y Marina de López Contreras era el escogido por el «dedo elector» tradicional: el Ejército Nacional. Isaías Medina Angarita se disponía a ejercer la Presidencia de la República entre 1941 y 1946, como preveía la Constitución Nacional. El voto directo se perdió en un cambio constitucional caudillesco en el siglo XIX, y el universal no había tenido lugar nunca. Ya para entonces era bandera de las fuerzas políticas juveniles que habían regresado del exilio a comienzos de la administración López. Medina conocía estos reclamos y, en buena medida, los compartía.

De inmediato inició un gobierno de apertura que se reflejó en la libertad de opinión más franca. Se fundaron partidos políticos (AD, 1941) y periódicos (*El Nacional*, 1943) y, desde el comienzo, Medina se esmeró en continuar el proceso de modernización del Estado iniciado por López. En materia petrolera, este proyecto de modernidad tuvo dos hitos señalables. El primero en el tiempo fue la primera ley que creó el impuesto sobre la renta. Nos referimos a la Ley del Impuesto sobre la Renta, promulgada el 17 de julio de 1942 y vigente a partir del 1 de enero de 1943. El segundo hito fue la Ley de Hidrocarburos, sancionada el 13 de marzo de 1943. Veamos ambas.

En la alocución con que Medina Angarita asumió la Presidencia de la República el 5 de mayo de 1941, asomó sus proyectos tributarios. Dijo: «Ello implica en primer término la revisión cuidadosa de nuestro sistema tributario, no sólo para hacerlo más justo socialmente y más estable desde el punto de vista fiscal, sino también para que aumentadas en su estrecha correlación la riqueza pública y la riqueza privada, pueda el Estado atender con eficacia a las necesidades nacionales» (*Pensamiento Político Venezolano*, tomo 33: 76). La Ley de Impuesto sobre la Renta trajo como consecuencia una mayor recaudación tributaria por parte del Estado de la fuente petrolera, ya que naturalmente las concesionarias no estaban exentas del pago de impuesto por su actividad económica en Venezuela. Esta ley fue el primer paso para obtener mayores ingresos sin necesidad de negociar condiciones con las compañías petroleras. Estas protestaron, obviamente, pero no lograron detener la aplicabilidad de la ley. La historia con la Ley de Hidrocarburos es muy distinta.

Recordemos que las compañías petroleras mundiales vienen de un hecho reciente y muy traumático: la nacionalización del petróleo en México en 1938. Este evento las colocó a la defensiva, por una parte, y en actitud comprensiva, por otra. Se sabía entonces que cualquier Estado podía hacer lo mismo y las consecuencias para las empresas transnacionales eran contundentes: la imposibilidad de participar en el negocio petrolero en el país donde ocurría la nacionalización, y los reclamos por parte de estas no pasaban del ámbito judicial o, a lo sumo, se formulaban exhortos diplomáticos sin ningún efecto real. ¿Por qué no podía ocurrir lo mismo en Venezuela? De modo que el ambiente era de alerta en este sentido. El otro factor que comienza a incidir notablemente en el ámbito petrolero es la Segunda Guerra Mundial, que ha comenzado en 1939 y que en el momento de asumir Medina (1941) está lejos de terminar. No obstante y este cuadro favorable a los intereses petroleros de Venezuela para la negociación de los parámetros de la política petrolera, Medina trabaja dos fichas en el tablero a partir del inicio de su gobierno: le pide al procurador general de la Nación, Gustavo Manrique Pacaníns, que redacte un Proyecto de Ley de Hidrocarburos y, en paralelo, que viaje a los Estados Unidos a dialogar con las concesionarias, advirtiéndoles que el proyecto está en marcha y se reciben opiniones.

La reacción inicial no fue favorable por parte de las compañías, como era de esperarse, pero Medina le envía una carta al presidente Franklin Delano Roosevelt el 3 de agosto de 1942, por intermedio de Manrique Pacaníns, explicándole la situación de «resistencia pasiva» que presentan las compañías. Afirma Medina:

> No es el único fin de esta revisión buscar el aumento de nuestra renta petrolera, aunque necesariamente sí será de sus consecuencias: busca el Gobierno una situación más estable para la Industria, pues las compañías concesionarias aferradas a lo que ellas defienden como sus derechos –muchos de los cuales cree el Gobierno que no son tales– han continuado sistemáticamente oponiendo resistencia pasiva al Gobierno que ha querido hacerles comprender que para beneficio de ellas mismas debe dársele mejor base jurídica a algunas situaciones que la Nación venezolana anhela poner en justa posición (Archivo Histórico de Miraflores, sección Cartas, 1942).

También, haciendo gala de delicadeza diplomática y, a la vez, de sinceridad, le dice en la misma carta lo siguiente: «Esta revisión no he querido iniciarla sin antes poner en conocimiento a vuestra excelencia, como jefe de gobierno de la gran nación cuya amistad estima como valiosa Venezuela, intensificada más cada día por las circunstancias internacionales que nos unen» (Archivo Histórico de Miraflores, sección Cartas, 1942).

Roosevelt responde el 14 de septiembre de 1942. Afirma:

> Como entiendo que es la política de vuestro gobierno tratar imparcialmente con las Compañías americanas y otorgar pleno reconocimiento a sus legítimos derechos y es perfectamente conocida la necesidad de mantener la producción en el interés de ambos países, estoy seguro naturalmente de que vuestro Gobierno y las Compañías encontrarán en breve un justo y satisfactorio ajuste a todas las cuestiones en controversia (Archivo Histórico de Miraflores, sección Cartas, 1942).

Lo dicho por Roosevelt le aclaraba a Medina que el gobierno de los Estados Unidos no abogaría por los intereses de las compañías petroleras norteamericanas más allá de lo usual. En este sentido, Medina ha debido sentir que el conflicto no escalaría hacia esferas gubernamentales y que se circunscribiría a la negociación entre el gobierno venezolano y las concesionarias y, la verdad, así fue. Por supuesto, esto no quiere decir que el embajador de los Estados Unidos dejara de hacer su trabajo en Venezuela. Por lo contrario, la documentación prueba que fue muy activo, pero no con el norte de sabotear la ley sino de llegar a un acuerdo favorable a las empresas de su país. Recordemos que siempre estaba sentado en la mesa de negociaciones el fantasma de la nacionalización mexicana.

Para el momento de cruce epistolar presidencial, las gestiones del procurador ya habían sido numerosas. Viajes, cartas, reuniones con el embajador de los Estados Unidos en Venezuela, Frank Corrigan, y un largo etcétera que de solo enumerarlo cansa. En el fondo, Estados Unidos busca que Venezuela se aleje de decisiones radicales como la mexicana, y Venezuela aprovecha el temor para avanzar en sus pretensiones. Esta tensión fue conduciendo a un acuerdo básico dentro de la política de Roosevelt del «Buen Vecino» para América Latina, sobre todo en una situación bélica como la que se enfrentaba que, además, hacía del petróleo venezolano un factor fundamental de la confrontación.

Sobre la importancia del embajador Corrigan en todo este proceso, Margarita López Maya le atribuye enorme significación en su estudio *EE. UU. en Venezuela: 1945-1948 (Revelaciones de los Archivos Estadounidenses)*. Llega a afirmar que fue designado en 1939 «a los fines de evitar una nacionalización como la mexicana y asegurarse el abastecimiento durante el período de la guerra» (López Maya, 1996: 100). Es cierto que fue el primer embajador que tuvo EE. UU. en Venezuela, ya que antes la Legación no tenía rango de Embajada, y no es menos cierto que las circunstancias de la guerra y el petróleo eran de cuidado. De allí que le haya tocado funcionar como bisagra entre las pretensiones de las concesionarias, que soñaban con que todo siguiera igual, y las del gobierno de Medina, que buscaba obtener mayores recursos de la actividad petrolera. Entre ambos factores, el fantasma de México morigeraba las aspiraciones de las compañías y le colocaba el mantel a la mesa a favor del gobierno.

Los Estados Unidos no podían arriesgarse a romper el hilo con Venezuela, ya que habría sido una catástrofe para los suministros de energía que demandaba la guerra. Venezuela, por otra parte, necesitaba salir del limbo en el que la había colocado la ley de 1938, que fue tan ambiciosa en sus pretensiones y que condujo a que las compañías no solicitaran nuevas concesiones, lo que perjudicaba notablemente al país, porque dejaba en suspenso la exploración petrolera y las nuevas inversiones que se derivaban de ella. Medina buscaba expandir la industria petrolera nacional y para ello el otorgamiento de nuevas concesiones era indispensable, pero esta era una carta a favor de las compañías. Si el Estado quería que buscaran nuevas concesiones, las condiciones tenían que ser mejores que las de la ley de 1938. Estas fueron las líneas gruesas del juego que tuvo lugar, formidablemente estudiado por Clemy Machado de Acedo en su trabajo La reforma de la *Ley de Hidrocarburos de 1943: un impulso hacia la modernización*.

En este ambiente, Medina tomó la decisión de nombrar una Comisión Especial presidida por él mismo, que tendría el cometido de conducir las negociaciones a puerto final y hacerle los ajustes necesarios al Proyecto de Ley de Hidrocarburos. Esta comisión comenzó a sesionar el 6 de enero de 1943 y estuvo integrada por los funcionarios públicos de alto nivel a los que les atañía el tema petrolero. El ministro de Hacienda (Alfredo Machado Hernández), el ministro de Educación Nacional (Gustavo Herrera), el procurador general de la Nación (Gustavo Manrique Pacaníns), el ministro de Fomento (Eugenio Mendoza Goiticoa), el secretario de la Presidencia de la República (Arturo Úslar Pietri), un asesor y exministro de Fomento (Manuel R. Egaña) y una lista de consultores jurídicos de ministerios o técnicos y expertos petroleros: Julio Medina Angarita, Luis Loreto, Rafael Pizani, Pedro Ignacio Aguerrevere, Edmundo Luongo Cabello, Carlos Pérez de la Cova, Ángel Demetrio Aguerrevere, Luis Herrera Figueredo y Luis Gerónimo Pietri.

Esta comisión denota un cambio simbólico importante: con excepción de su hermano Julio, no advertimos a otro tachirense en la lista y tampoco a ningún militar, cosa muy significativa, ya que se trataba de un gobernante escogido dentro de las filas de las Fuerzas Armadas, como ya era tradición para entonces dentro de la conocida hegemonía militar tachirense. Esta circunstancia corrobora la tesis de Harrison Sabin Howard, según la cual el gobierno de Medina fue el primero (en décadas) en alejarse del Ejército y en acercarse enfáticamente al estamento de la clase alta netamente caraqueña, por más que muchos de sus integrantes provinieran originalmente del interior. El asunto no es menor, ya que no había entonces ni ahora sector más importante para un gobierno venezolano que el petrolero, y en la mesa de discusión y elaboración no había ningún militar.

Las actas de la comisión son trabajadas por Machado de Acedo y en ellas se advierte que en torno al tema de la refinación en el país se consumió mucho tiempo. El punto era cómo lograr que las concesionarias refinaran en Venezuela. Unos, disparatadamente, propusieron que se les obligara a traer las instalaciones de Aruba y Curazao, hasta que se impuso la tesis de Úslar Pietri, que dio con la solución. Se negociaría con las concesionarias grandes y pequeñas un estímulo tributario importante a cambio del compromiso de ampliar y construir nuevas refinerías en el país; en ningún caso desmontar las instalaciones arubeño-curazoleñas y mudarlas al país. Al principio las concesionarias se opusieron, pero las condiciones ofrecidas fueron convincentes. Estas negociaciones ya no formaron parte de las obligaciones de Manrique Pacanín sino del ministro de Fomento: Eugenio Mendoza.

La refinería de Puerto La Cruz comenzó a levantarse en 1945 y fue inaugurada en mayo de 1950, construida por la Venezuela Gulf Refining; la de Cardón, obra de la Shell, comenzó a operar el 1 de febrero de 1949; la de Amuay, el 3 de enero de 1950 y fue construida por la Creole. Como vemos, las tres grandes refinerías petroleras que aún funcionan en Venezuela fueron consecuencia directa de las disposiciones tributarias favorables de la ley de 1943. A los efectos de nuestro trabajo, pasamos por alto el detalle arduo y complejo de las negociaciones en el gobierno de Medina y las concesionarias para llegar al acuerdo sobre las refinerías. El compromiso firmado para construirlas lo firmó la Creole el 18 de abril de 1947 y el 22 del mismo mes lo firmó la Shell, cuando gobernaba Betancourt y Medina estaba en el exilio, pero el compromiso databa del 20 de febrero de 1943. Como vemos, cuatro años de forcejeos posteriores a la promulgación de la ley. De acuerdo con lo firmado, ambas refinerías debían estar listas en 1950, a más tardar. Así lo anunció Medina en su Mensaje al Congreso del 23 de febrero de 1943: «… logramos llegar a un acuerdo con las Compañías que integran los grupos Standard y Shell […] aumentando las refinerías existentes o con nuevas plantas de refinación… (*Gaceta Oficial* N° 21 035).

En el proceso de discusión de la ley con las concesionarias, el gobierno de Medina buscó tres asesores norteamericanos que trabajaran a favor del texto legal en sus aspectos técnicos y el convencimiento de las compañías. Ellos fueron Herbert Hoover, hijo, y Arthur Curtice, quienes también fungieron de consejeros en la redacción del texto y en las negociaciones. Esta asesoría no era del conocimiento público y el gobierno de Medina no quería que lo fuese nunca, pero cuando Juan Pablo Pérez Alfonzo fue designado ministro de Fomento después del 18 de octubre de 1945, halló la documentación escrita de la contratación de los asesores y no se guardó la información, como era de esperarse, dada su importancia. El Departamento de Estado, por su parte, designó a Max Thornburg como asesor para la negociación y el borrador del texto legal. La veteranía de Thornburg condujo a que se convirtiera en sujeto de confianza de todos los factores en juego: el gobierno venezolano, a través de Manrique Pacanins, las compañías y el gobierno norteamericano. Con base en los lineamientos que Thornburg fue fijando al calor de las reuniones, preparó un borrador el 30 de octubre de

1942 y se lo envió a Manrique Pacaníns. Allí estaba todo lo conversado. Prácticamente, puede tenerse este memorándum como el borrador de la Ley de Hidrocarburos de 1943, con las formalidades jurídicas que le darían el procurador y su equipo. Finalmente, en febrero de 1943, Arthur Proudfit aceptó el texto legal en nombre de la concesionaria más grande que operaba en el país: la Standard Oil of New Jersey, que a partir de la autorización expresa de la ley se denominaría Creole Petroleum Corporation. Ninguna luz roja se oponía a su avance.

Después de unas pocas sesiones en el Congreso Nacional, donde solo se oyó la voz disidente y solitaria de un partido pequeño: Acción Democrática, la ley se aprobó el 13 de marzo de 1943. Las negociaciones habían desgastado a Mendoza y, además, una vez aprobada la ley se empeñó en someter a licitación las concesiones, práctica que las empresas consideraron que iba más allá de lo que habían cedido en el camino de las negociaciones. Mendoza renunció y lo sustituyó Gustavo Herrera. Su parte en el trabajo ya estaba hecha y reconocida por Medina en su libro *Cuatro años de democracia*: «He de agregar algo más: la Reforma petrolera en todos sus aspectos fue dirigida por mí personalmente, pero en ella conté con la eficiente colaboración de quien para ese tiempo ejercía el cargo de Ministro de Fomento, ciudadano Eugenio Mendoza, quien estuvo presente en todas las conversaciones y discusiones, llegando su actuación hasta el momento en que la Ley recibió el Ejecútese» (Medina Angarita, 1963: 87).

En el discurso del presidente Medina al momento de presentar la ley en el Congreso Nacional, dejó por escrito los motivos que tuvo para la reforma: la necesidad de unificar las concesiones bajo una sola ley, derogando todos los contratos firmados bajo leyes anteriores, en aras de la unidad y coherencia, así como de una mejor y unificada recaudación de las regalías; la búsqueda de mayores ingresos para el Estado por la actividad petrolera en el país y, también, el interés de los venezolanos por que se refinara en el país su petróleo. Las tres se lograron cabalmente. La primera y la segunda se materializaron en cifras al año siguiente. Afirma Arcila Farías: «A partir de aquel año, los rendimientos de la renta petrolera aumentaron considerablemente, y de 80 millones en 1942, pasaron a 135 millones al año siguiente [...] En 1944, la renta petrolera asciende a 242 millones, o sea que se triplicaba en relación con el último año regido por una legislación derogada el 43» (Arcila Farías, 1964: 387). Ver las máquinas de las nuevas refinerías funcionando sí tomó unos cuantos años más, pero no por alguna dilación particular, sino porque se trataba de grandes obras cuya construcción tomaba tiempo.

El debate parlamentario para la aprobación de la Ley halló el voto salvado de los diputados Juan Pablo Pérez Alfonzo y Luis Lander de Acción Democrática, como dijimos antes. La objeción fue en torno al artículo 41, que fijaba el precio del barril en 81 centavos de dólar a los efectos del cálculo del porcentaje de ganancias del Estado y de las concesionarias. Pérez Alfonzo demostró que ese precio se basaba en los promedios de los años 1937, 1938 y 1939, cuando estos estaban bajos, cosa que no pasaría en el futuro. Afirma, entonces: «De todo esto resulta que las probabilidades son de que el precio medio de petróleo exceda, con mucho, del precio supuesto, en cuyo caso, por cada exceso de seis centavos, mientras sólo 1 centavo corresponde a la Nación, 5 centavos van acreciendo la participación de la industria, en forma que evidentemente rompe el equilibrio justo que se ha imaginado» (*Pensamiento Político Venezolano*, tomo 38: 240). Entonces, los diputados no tomaron en cuenta las observaciones de un partido con exigua representación y aprobaron la ley, con el desmedro evidente advertido por Pérez Alfonzo. De hecho, hasta la biógrafa de Medina, cuya devoción por el personaje raya en el culto, lo reconoce. Apunta:

> En 1944 ya se empiezan a sentir los resultados de la aplicación de la Ley, obteniendo en ese año el Fisco un 54% y las petroleras un 46%.

Pero después al subir los precios petroleros, la participación de las Compañías: 58% superior a la del Estado: 42%... Evidentemente los hechos demostraron *a posteriori* que los cálculos de Pérez Alfonzo acerca de lo que pasaría cuando subiera el precio del petróleo eran exactos y que las objeciones que hizo el diputado de la fracción de Acción Democrática estaban respaldadas por su profundo conocimiento de la cuestión petrolera y su aproximación técnica a los temas en discusión (Bustamante, 1985: 299).

Por otra parte, hay un factor clave que las voces oficiales no revelan en sus intervenciones públicas. Nos referimos al hecho sustancial de que la ley de 1943, al unificar las concesiones, también suspendía sus caducidades. Algunas iban a fenecer en la década de los años sesenta y, con la nueva ley, todas las concesiones unificadas vencerían en 1983. En la práctica este fue un aliciente importante para las concesionarias, ya que a partir de entonces contaban con cuarenta años para la explotación de sus concesiones y no la expiración veinte años después. Es cierto que las regalías fijadas por la nueva ley eran altas (16 y 2/3), pero no lo es menos que se extendieron los plazos y, además, se ofrecía abrir un nuevo período de otorgamiento de concesiones que ampliarían el radio de exploración. Otro aspecto que no era menor en la ley para las concesionarias se refiere al «borrón y cuenta nueva» que ofrecía a todas las concesiones. Es decir, el enredo legal que llevó a no pocos juicios y costos legales a las empresas en defensa de sus concesiones cesaría con la nueva ley. Esta trama tenía su origen en que cada concesión fue otorgada bajo un texto legal distinto y respondía a lo pautado por él, pero muchas veces el Estado quiso hacer valer la nueva situación jurídica planteada por leyes nuevas sobre concesiones otorgadas bajo el marco de otras leyes. De allí los juicios múltiples y trabajosos. Ahora se les ofrecía derogar toda la fuerza contractual anterior y comenzar de nuevo con concesiones por cuarenta años y un mismo texto legal para todas. No era pequeña la oferta. Así lo reconoce el presidente de la Lago Petroleum Corporation en carta a los accionistas de su empresa dos días antes de la aprobación de la ley, el 11 de marzo de 1943: «La ventaja más importante que las compañías obtendrán bajo la nueva ley es la extensión temporal de sus concesiones petroleras en producción, por un lapso de cuarenta años a partir de la fecha de su conversión a la nueva ley» (López Maya, 1996: 358).

A partir de estos nuevos porcentajes establecidos por la ley de 1943 se creó una confusión importante en la literatura sobre el tema. Intentemos desentrañar la madeja. La ley establece este porcentaje de 16 y 2/3 % siempre y cuando los precios no pasen de 81 centavos por barril. Una vez que superan ese precio el porcentaje se inclina favor de las concesionarias y en contra del Estado venezolano. Esto fue lo que señaló AD en los debates del Congreso. No obstante, como al monto de 81 centavos de dólar por barril el porcentaje promediaba el 50%, muchos autores señalan que el llamado 50%-50% (*fifty-fifty*) lo instauró la ley de 1943. Se trata de una verdad a medias, ya que los precios internacionales del petróleo fueron mayores de 81 centavos de dólar por barril, y en consecuencia lo recibido por el Estado no llegó a 50%. Sin embargo, la ley de 1943 remitía a la Ley de Impuesto sobre la Renta de 1942 en cuanto a los impuestos generales, de forma tal que había dos secuencias tributarias en marcha sobre la misma actividad económica y fue con base en esta disposición de la Ley de 1943 que, en 1948, durante el gobierno de Rómulo Gallegos, pudo establecerse plenamente el llamado *fifty-fifty* en Venezuela, cuando el Congreso Nacional sancionó una nueva Ley de Impuesto sobre la Renta que consagró el principio, en su artículo 31, el 12 de noviembre de 1948, apenas 12 días antes del golpe de Estado militar del 24 de noviembre que derrocó al presidente Gallegos.

A partir de los hechos narrados en el párrafo anterior se tejieron versiones interesadas de parte y parte. Los seguidores de AD se atribuían plenamente el *fifty-fifty*, olvidando que solo fue posible porque las dos leyes mencionadas (1942 y 1943) le abrieron un camino que luego la modificación de la Ley de Impuesto sobre la Renta del 12 de noviembre de 1948 consagró. Por otra parte, los seguidores del medinismo le cargaban a los haberes de su gobierno el *fifty-fifty*, obviando que quienes lo hicieron realidad fueron los adecos en el trienio, con la modificación de la ley ya mencionada. ¿Hay alguna relación entre esta modificación a la ley y el golpe militar de 1948? Lo veremos en su momento. Volvamos a 1941.

Cuando asume la Presidencia de la República Medina Angarita, ya el envío de petróleo venezolano a Europa se había suspendido. No había manera de que llegara sin toparse con las fuerzas navales del Eje. Entonces, aquella porción de la producción nacional halló destino engrosando las reservas norteamericanas, pero en 1942 se presentaron nuevos problemas. El 14 de febrero de este año siete buques petroleros fueron atacados por submarinos alemanes en alta mar, cuando ya dejaban atrás la península de Paraguaná. Para colmo, las refinerías de Aruba y Curazao fueron bombardeadas por fuerzas del Eje: era evidente que se quería cortar los suministros de petróleo venezolano a las fuerzas aliadas. Hubo de implementarse un sistema subrepticio de convoyes de barcos pequeños que salían del lago hacia las islas holandesas de madrugada, sin luces y escoltados. Evidentemente, en tales circunstancias la producción petrolera zuliana se redujo ostensiblemente. Esta circunstancia bélica se suma a los factores que hacían perentoria la Ley de Hidrocarburos de 1943: el país venía de una reducción de cerca del 25% de su producción y eso se reflejaba en los ingresos fiscales.

Con la ley de 1943, para el 31 de diciembre de este año, las concesionarias habían enmarcado dentro del texto legal 6 millones de hectáreas y habían desechado 2 millones por su falta de interés. Pero no había sucedido entonces lo que comenzó a operar a partir del 21 de abril de 1944, y que según dice Aníbal Martínez con suspicacia «no aparecía en el texto de la Ley» (Martínez, 1973: 129). Nos referimos al otorgamiento de nuevas concesiones. Este período de entrega concluyó el 26 de septiembre de 1945. En este lapso, el Estado venezolano entregó 6 millones y medio de hectáreas. Es decir, se duplicó el territorio dado en concesión en Venezuela. Para muchos, entonces, quedó claro por qué las concesionarias aceptaron una ley que les subía ostensiblemente las regalías a pagar y fortalecía todos los mecanismos de supervisión. Se les prometió el otorgamiento de nuevas concesiones, cosa que en la ley no podía aparecer porque no formaba parte de la materia que regulaba, pero sí se convino en las negociaciones, naturalmente.

El gobierno de Isaías Medina Angarita, huelga recordar los hechos, culminó con el golpe de Estado civil-militar dado por la UMP (Unión Militar Patriótica) comandada por el joven oficial Marcos Pérez Jiménez y los dirigentes de Acción Democrática, encabezados por Rómulo Betancourt, el 18 de octubre de 1945. Entonces, se inició un período de tres años, conocido como «el trienio adeco», que trajo cambios en la política petrolera y que trabajó con la Ley de Hidrocarburos de 1943. Esto comprueba que la ley alcanzó lo máximo que se podía lograr en beneficio del Estado en su momento, y que daba pie para mejoras posteriores, como de hecho ocurrió. La demostración viene dada porque los nuevos actores al mando del poder eran revolucionarios, nacionalistas, de raigambre inicial marxista y estuvieron satisfechos con el marco legal que trazaba la ley en su capítulo de regalías e impuestos a favor de los ingresos del Estado. Si no hubiera sido así, habrían redactado otra ley que satisficiera su visión del papel del Estado en relación con las concesionarias petroleras.

A Medina Angarita le tocó recibir la noticia del suicidio de Hitler, el 30 de abril de 1945, el frente del timón del Estado. Igualmente estaba allí cuando las bombas cayeron sobre Nagasaki e Hiroshima el 5 y 6 de agosto del mismo año. La guerra fue el marco geopolítico reinante durante todo su mandato; no así el de la Junta Revolucionaria de Gobierno que le sucedió. Probablemente, Medina intuía que el hecho político-económico más importante de su gobierno iba a ser la Ley de Hidrocarburos; por ello, él mismo se colocó al frente de la comisión que trabajó el proyecto de ley y se esmeró en seguir la secuencia hasta el ejecútese final. No podía sospechar siquiera que aquel joven diputado que le hizo reparos a su proyecto de ley en el Congreso Nacional en nombre de Acción Democrática sería el nuevo ministro de Fomento y voz cantante de la política petrolera durante muchos años: Juan Pablo Pérez Alfonzo.

En veintiún años (1922-1943), un cambio radical

En estos 21 años que hemos reseñado, en Venezuela se produjo un crecimiento gigantesco de la industria petrolera. Lo anota claramente Yergin: «En 1921, Venezuela produjo solamente 1,4 millones de barriles. Para 1929, estaba produciendo 137 millones de barriles, y ocupaba el segundo lugar, precedida únicamente por Estados Unidos en la producción total [...] El país se había convertido ya en la principal fuente de producción de la Royal Dutch/Shell y, para 1932, Venezuela también era el mayor proveedor de Gran Bretaña, seguida de Persia y posteriormente Estados Unidos» (Yergin, 1992: 312). Recordemos que la entrada de la Standard Oil en Venezuela es posterior a la Primera Guerra Mundial, y comienza producir con cifras significativas a partir de 1928, de modo que estos años que señala Yergin hay que sumarlos a la cuenta de los ingleses-holandeses de la Shell, como hemos apuntado varias veces.

A los puntos de inflexión representados por Los Barrosos 2 (1922) y Quiriquire (1928) hay que sumarle el de la Gran Depresión (1929), ya que trajo una caída importante en las inversiones y la extracción de crudo en Venezuela. Para mediados de la década de los treinta, la producción había vuelto a los niveles de finales de la década de los veinte. No cabe duda del efecto ralentizador que tuvo este fenómeno económico mundial en la producción nacional de hidrocarburos.

Con el período de López Contreras vamos a hallar los primeros intentos por que el Estado reciba más recursos fiscales de la producción petrolera, a la par que veremos un crecimiento sostenido de la producción. Añadimos un cuadro con la producción petrolera anual de Venezuela entre 1922 y 1961 (Baptista, 2011:110-11).

1922 2,2	**1930** 135	**1938** 188	**1946** 388	**1954** 691
1923 4,3	**1931** 117	**1939** 205	**1947** 435	**1955** 787
1924 9,1	**1932** 117	**1940** 184	**1948** 490	**1956** 899
1925 20	**1933** 118	**1941** 227	**1949** 482	**1957** 1014
1926 36	**1934** 136	**1942** 148	**1950** 546	**1958** 951
1927 60	**1935** 149	**1943** 179	**1951** 622	**1959** 1011
1928 106	**1936** 155	**1944** 257	**1952** 660	**1960** 1041
1929 136	**1937** 186	**1945** 323	**1953** 644	**1961** 1065

Nótese que entre 1922 y 1943 la producción pasó de 2,2 barriles al año a 179. También nótese el efecto de la Gran Depresión en la caída entre 1930 (135) y 1931 (117), aunque no fue demasiado pronunciada gracias a los mercados europeos. Nótese el efecto que tuvo la incursión de los submarinos alemanes en aguas del Caribe durante el comienzo de la Segunda Guerra Mundial: 1939 (205), 1940 (184).

Durante estos 21 años se dio un cambio notable en la correlación empresarial de la producción. De acuerdo con cifras de Barberii, tomadas de fuentes confiables, ofrecemos el cuadro de crecimiento porcentual de la Standard Oil en Venezuela, entre 1927 y 1943.

1927 4,26%	**1933** 42,78%	**1939** 51,15%
1928 5,40%	**1934** 47,58%	**1940** 43,78%
1929 5,70%	**1935** 49,15%	**1941** 47,33%
1930 5,00%	**1936** 51,65%	**1942** 46,64%
1931 7,05%	**1937** 50,90%	**1943** 52%
1932 39,04%	**1938** 45,92%	

El crecimiento entre 1931 (7,05%) y 1932 (39,04%) se debió a la compra de la Lago Petroleum Corporation por parte de la Standard Oil. Nótese que en apenas diez años (1927-1937) esta empresa pasó de producir el 4,26% al 50,90%. Obviamente, un desarrollo vertiginoso en desmedro de la participación de la Shell en Venezuela, empresa que para 1922 controlaba la casi totalidad de la producción nacional. Para 1943, año en que la Standard Oil controla más de la mitad de la producción venezolana, se consolida su denominación en el país como Creole Petroleum Corporation.

Para 1933 la producción de la Standard Oil en Venezuela pasó a representar el 36,98% de su producción mundial, con 138 545 barriles diarios, mientras la producción norteamericana de la empresa representaba el 32,25%, con 120 800 barriles diarios. El resto del mundo sumaba el 30,77%, con 115 255 barriles diarios (Barberii, 1997: 173). No obstante, todavía estaba a 10 puntos porcentuales de la producción más alta de la empresa en este período en Venezuela: 1943. Todo esto ocurría en paralelo con un anhelo que se hizo realidad en 1943 con la Ley de Hidrocarburos, pero que se abrigaba desde 1936. Nos referimos al mayor ingreso fiscal de la República por parte de la industria petrolera, por la vía de las regalías y del impuesto sobre la renta. El primer funcionario en buscar este norte fue Gumersindo Torres siendo ministro de Fomento; de esto no hay duda. No fue el único; también propuso avanzar en este sentido el ministro plenipotenciario de Venezuela en Londres en 1926, Diógenes Escalante, pero no halló eco para sus palabras. No proponía un aumento de las regalías, sino una asociación entre el Estado y las concesionarias: «El sistema de asociación fue el que adoptaron hace algún tiempo Rusia y Rumania, países que hicieron en el particular la misma dura experiencia de Venezuela» (Primera Garcés, 2007: 40). Si estos memorandos enviados por Escalante al canciller llegaron a manos del general Gómez, cosa que no sabemos, este no les puso cuidado. Sus intereses eran otros, como es bien sabido.

Durante el gobierno de López Contreras, su ministro de Fomento, Néstor Luis Pérez, así como Manuel R. Egaña, colocaron la lupa sobre el tema del incremento de los ingresos fiscales por la vía del petróleo y, la verdad, López los respaldó hasta donde pudo, al parecer. Es justo señalar que Medina Angarita se colocó él mismo al frente de su política petrolera, haciendo evidente que se trataba de un asunto de primerísima importancia para la república. Esto no hay manera de ponerlo en duda. Tampoco el hecho de que su empeño condujo a la Ley de Hidrocarburos de 1943, realmente un parteaguas en la historia del petróleo en Venezuela.

Recordemos que, antes de esta ley, el cobro de regalías por parte del Estado venezolano oscilaba del «diez al quince por ciento del valor mineral en el puerto de embarque para el extranjero» (Arcaya, 1935: 175) y, con el nuevo instrumento legal, el cobro por parte del Estado estuvo alrededor del 40%, un aumento enorme que incidió inmediatamente en la capacidad del Estado nacional para intervenir directamente en el desarrollo. Es cierto que fue el gobierno de López Contreras el que comenzó a asignarle al Estado un papel mayor que el que le atribuía Gómez, pero no es menos cierto que el primero que contó con ingentes recursos para articular una mayor participación del Estado fue el gobierno de Medina y, desde entonces y hasta nuestros días, esa ha sido la tendencia.

Por último, durante estos años el ambiente académico venezolano abrió sus puertas a los estudios de Geología e Ingeniería Petrolera. Vimos antes la secuencia que va del Servicio Técnico de Minería y Geología (1936), en el Ministerio de Fomento, al Instituto de Geología (1938) adscrito al Ministerio de Educación y a Fomento, estos dos entes gubernamentales, enfáticamente animados por sus fundadores: Guillermo Zuloaga, Santiago Aguerrevere, Manuel Tello y Pedro Ignacio Aguerrevere, entre otros. Ellos también promueven la creación de la Escuela de Geología (1940) en la Universidad Central de Venezuela, que en 1944 pasó a ser el Departamento de Geología, Minas y Petróleo de la Escuela de

Ingeniería. Luego, en 1949, ya se ofrecían estudios de Ingeniería de Petróleo en la UCV, dentro de la Facultad de Ingeniería y como Escuela de Petróleo, estructura que actualmente rige en esta casa de estudios. La Universidad del Zulia, por su parte, decidió crear la carrera de Ingeniería del Petróleo en 1951, y la oferta académica comenzó en 1954. Entonces, LUZ contó con la asesoría de un ingeniero petrolero venezolano que venía de dar clases en la Universidad de Tulsa, Oklahoma. Nos referimos a Efraín Barberii.

Al día de hoy son muchos los geólogos e ingenieros petroleros egresados de centros de educación superior en Venezuela. La producción académica en revistas especializadas y centros de investigación sobre el tema ha sido abundante. Para ambos ejes temáticos remito a los estudios de Juan José Martín Frechilla, Yolanda Texera, Hebe Vessuri y María Victoria Canino. Volveremos sobre aspectos académicos y de investigación aplicada cuando el petróleo se haya estatizado y PDVSA inicie su camino, en 1976.

De la Ley de Hidrocarburos a la OPEP (1943-1960)

ESTOS DIECISIETE AÑOS QUE VAMOS A revisar son fundamentales para el cambio del mapa petrolero mundial. En ellos el Medio Oriente comienza su ascenso hacia la cima de la producción petrolera. La Segunda Guerra Mundial trae consecuencias tecnológicas significativas en el área del petróleo. La correlación de fuerzas en el mundo cambia, y los Estados Unidos y la Unión Soviética pasan a ser los dos actores principales en el teatro global. Entonces, comenzará la Guerra Fría. En Venezuela, veremos la instalación de un sistema de democracia liberal representativa, fundada en los partidos políticos, así como su caída y la vuelta de una dictadura militar. También veremos dos líneas paradójicas trazarse: el ascenso sostenido de la producción petrolera venezolana y, por otra parte, su pérdida de porcentaje a nivel mundial, ya que el Medio Oriente pesaba cada vez más. Antes de auscultar los hechos nacionales, veamos qué está ocurriendo en el tablero petrolero internacional.

El petróleo en el ojo del huracán: la Segunda Guerra Mundial (1939-1945)

Por lo general, cuando recordamos la Segunda Guerra Mundial nos vienen a la mente Europa y el holocausto nazi y se nos olvida que tuvo otros dos escenarios esenciales: el norte de África y el océano Pacífico. También pasamos por alto que lo determinante en el resultado de la conflagración fue el petróleo. Quienes disponían de mayores cantidades de crudo fueron los vencedores: los Aliados, mientras los derrotados del Eje (Alemania-Japón-Italia) no contaban con fuentes de suministro propias en cantidades suficientes. De hecho, buena parte de las acciones bélicas de estos últimos estuvieron enfocadas en hacerse de centros petroleros neurálgicos. Observemos entonces los tres escenarios de la guerra (Asia, África y Europa) desde el punto de vista de los suministros de energía.

Japón expansionista

Muchos autores consideran que la guerra comenzó en 1937, cuando estalló el conflicto bélico entre Japón y China. Otros incluso ven en la invasión de Etiopía por parte de Italia, en 1935, un antecedente premonitorio. En todo caso, Japón invadió Manchuria en 1931 (y pasó a llamarse Manchukuo), y los chinos solo pudieron responder la agresión seis años después. Recordemos, además, que Japón y Alemania firman un pacto de cooperación en 1936, de modo que eran socios en sus aventuras expansionistas desde muy temprano. Hitler gana la elección a la Cancillería alemana en 1933.

Pero si Manchuria es territorio continental, la expansión japonesa buscaba apoderarse de las islas del Pacífico aledañas a su territorio insular, y para ello contaba con una Armada para la cual el petróleo era vital, ya que estas embarcaciones habían dejado de utilizar carbón hacía años, como vimos antes. La resistencia al proyecto japonés en el océano Pacífico corrió por cuenta de los Estados Unidos mayoritariamente, con el apoyo de Gran Bretaña. Pero al principio de la guerra se dio una paradoja insólita: el 80% del carburante de la Armada japonesa provenía de los Estados Unidos; por ello, adueñarse de las Islas Orientales holandesas era de vida o muerte para los japoneses, ya que allí había petróleo e infraestructura para procesarlo. Las islas de Japón, tal como hoy, estaban desnudas de recursos energéticos.

A medida que el expansionismo japonés avanzaba, los Estados Unidos recortaban los envíos de petróleo, hasta que los cortaron en seco en agosto de 1941, después de que Japón invadió Indochina. Los británicos hicieron lo mismo. Luego, con el ataque a Pearl Harbor, el 7 de diciembre del mismo año, ya estaba claro que la guerra entre Estados Unidos y Japón no tenía vuelta atrás. Entonces, Japón reinó a sus anchas en el sureste asiático, pero dos años después fue derrotado. El combustible fue el talón de Aquiles. Los norteamericanos fueron cortando sus líneas de suministro hasta dejarlos en cero. Los japoneses habían perdido la guerra, pero no se rendían. Cuando sobre Hiroshima el 6 de agosto de 1945 cayó una bomba atómica y el 8 sobre Nagasaki, los japoneses izaron la bandera blanca y se rindieron de manera incondicional. La falta de combustible los inmovilizó. El capítulo de la guerra en el Pacífico arrojó una pérdida cercana a los 20 millones de habitantes. Una tragedia en nombre de la ambición territorial.

Rommel en el desierto

La campaña del general alemán Erwin Rommel en el norte de África tuvo su fuente en la necesidad de reforzar al Ejército italiano, que estaba a punto de ser derrotado por el británico. Comenzó en febrero de 1941 y el teatro de operaciones abarcaba desde Libia hasta Egipto. Rommel quería llegar a Palestina, Irán, Irak y Bakú, donde estaba el tesoro petrolero ruso. Hitler quería atenazar a Rusia por el sur y por el norte y Rommel era el encargado de la operación africana.

En agosto de 1942, Rommel estaba seguro de que ganaría, pero los británicos lo esperaron en El Alamein, en lo que es hoy Egipto, donde ocurrió una primera batalla cuando los suministros de carburante ya eran escasos para Rommel. Los británicos se dedicaron a atacar a los convoyes que les proveían de gasolina. Llegó un punto en que el general alemán no pudo moverse: estaba liquidado. Las fuerzas del Eje habían perdido África a mediados de 1943.

Al Rommel regresar a casa derrotado. Hitler ordenó matarlo y que se creyera que había cometido un suicidio, y así fue; entre sus papeles se halló un párrafo clarísimo de las causas de su derrota: «Los hombres más valientes nada pueden hacer sin armas, las armas nada pueden hacer si no tienen mucha munición, y ni las armas ni la munición pueden utilizarse en una guerra móvil a menos que los vehículos tengan el suficiente carburante para llevarlas de un lado a otro» (Yergin, 1992: 454). La clave estaba en estos dos vocablos, que definieron la Segunda Guerra Mundial a diferencia de la primera: «guerra móvil». Gasolina.

Los delirios de Hitler

El combustible que usaban los aviones alemanes era sintético, gracias a una técnica desarrollada por Friedrich Bergius en 1913. Este proceso se conoce como «hidrogenación» y consiste en extraer líquido combustible del carbón. El 95% de la gasolina de la Luftwaffe (la aviación alemana) provenía de este método, así como el 46% del total de suministro requerido por las otras fuerzas alemanas provenía del combustible sintético, de modo que tenían un margen de autonomía importante. No obstante, la invasión a Rusia fue motivada por la necesidad de conseguir petróleo, ya que el combustible sintético no era suficiente para los planes de Hitler y Alemania no contaba con yacimientos propios. Por eso el Cáucaso y Bakú eran el objetivo, para desde allí continuar hacia Irán, Irak e India. Hitler llegó a decir: «A menos que consigamos el petróleo de Bakú la guerra está perdida». No lo lograron: se rindieron a principios de febrero de 1943, cerca de Stalingrado.

Antes, en 1941, los submarinos alemanes causaron enormes daños a la flota petrolera que zarpaba de la costa este de los Estados Unidos hacia Europa a abastecer a las fuerzas aliadas. En el primer trimestre de 1942, el número de los petroleros hundidos cuadruplicaba el de los construidos; la situación era catastrófica, hasta que los servicios de espionaje británicos lograron los códigos navales alemanes y pudieron evadir los submarinos. Entonces, el suministro norteamericano, vital para los británicos, se regularizó. Como muestra, apuntemos que en un solo mes de 1943, los submarinos alemanes hundieron 108 petroleros estadounidenses. Al año siguiente, los Aliados respondieron. El general Eisenhower autorizó que la fuerza de combate aérea, constituida por 935 bombarderos, tuviera como objetivo todas las fábricas de carburante sintético alemanas. Entonces producían cerca de 90 000 barriles diarios; después de los bombardeos, la producción bajó a 5000 barriles diarios. La aviación alemana estaba herida de muerte. Después del desembarco de las fuerzas aliadas en Normandía el famoso día D (6 de junio de 1944), y con estos golpes quirúrgicos a las fuentes de energía, el fin europeo de la Segunda Guerra Mundial era cuestión de meses. En todos los escenarios de la guerra (África, el Pacífico asiático y Europa), la derrota del Eje tenía una causa: falta de combustible. Por su parte, la victoria de los Aliados contó con los suministros norteamericanos y las fuentes que controlaban los británicos en el Medio Oriente y en Venezuela.

Superioridades técnicas

La guerra dejó en claro que la gasolina de 100 octanos era superior a la de 87. Esto se vio nítidamente en la llamada batalla de Gran Bretaña de 1940, cuando, en una cruenta conflagración aérea, los Spitfire británicos derrotaron a los Messerschmitt alemanes, impidiendo así la temida invasión germana. Pero este combustible no era fácil de obtener y era más costoso. Se había desarrollado en la década de 1930 por parte de investigadores de la Shell y coincidió con la nueva tecnología de refinación que la Sun Oil estaba desarrollando de la mano del francés Eugene Houdry. La pirodesintegración catalítica (un avance con respecto a la de Burton) fue la que permitió que la industria petrolera norteamericana pudiera enfrentar la demanda de gasolina de 100 octanos para la aviación, lo que, como dijimos, fue determinante para la superioridad de los Aliados en el aire. La guerra también enseñó a prever los temas de abastecimiento y contribuyó a uniformar los combustibles, de manera de hacerlos más universales y expeditos de seleccionar.

Pausa y desarrollo

Si bien las inversiones en la industria petrolera se detuvieron completamente en los espacios donde ocurrió el conflicto, en los ámbitos donde no tuvo lugar incluso se incrementaron. Fue el caso de los Estados Unidos y, en alguna medida, en Venezuela. Aunque también hay que señalar que tareas geológicas de bajo costo se adelantaron en zonas donde la guerra tenía lugar. Nos referimos a Arabia Saudita, donde al legendario geólogo Everette Lee De Golyer le fue encomendada por los norteamericanos la evaluación del potencial petrolífero de la región y fue enviado durante la guerra, corriendo algunos riesgos. Entonces, en una conferencia, afirmó: «Creo que tengo los datos suficientes para profetizar que la zona que hemos estado estudiando será la región productora de petróleo más importante del mundo dentro de los próximos años» (Yergin, 1992: 519). No se equivocaba.

Tanto interés tenían los Estados Unidos en Arabia Saudita que Roosevelt, después de la reunión en Yalta, entre el 4 y el 11 de febrero de 1945, con Stalin y Churchill, viajó a la zona del canal de Suez, en Egipto, a reunirse con Ibn Saud. La reunión duró cinco horas. Roosevelt buscaba acuerdos petroleros y una patria para los judíos en Palestina. Saud buscaba que los Estados Unidos entraran en el negocio petrolero en su país, para así equilibrar la influencia de los británicos. Sobre los judíos nada se acordó; sobre el petróleo, los hechos señalan que sí, aunque nada quedó escrito. Dos meses después, el 12 de abril de 1945, fallecía Roosevelt, pero ya el camino estaba abierto. Con la muerte de Roosevelt, su hombre del petróleo, Harold Ickes, también pasó a retiro. Harry Truman tenía otros asesores. La dupla Roosevelt-Ickes cesó con el fin de la guerra.

En los Estados Unidos no solo se reformaron muchas refinerías para obtener gasolina de 100 octanos sino que se siguieron construyendo oleoductos y se continuó con la exploración. Por cierto, entonces voces autorizadas llegaron al convencimiento de que el petróleo norteamericano no sería suficiente en el futuro: no se habían producido nuevos descubrimientos que permitieran profetizar lo contrario. En cuanto a esta circunstancia, la guerra también condujo a enfatizar la búsqueda de yacimientos en otras zonas del mundo. Y durante el trance de la guerra fue necesario implementar severos racionamientos en territorio norteamericano. El futuro estaba claro: había que hallar petróleo fuera de los Estados Unidos para garantizar la viabilidad nacional. A partir de entonces, el Medio Oriente se hizo prioritario para la política exterior estadounidense, desde la Primera Guerra Mundial lo era para los británicos. El petróleo y su control pasan a ser el centro de la geopolítica mundial.

El trienio adeco (1945-1948), el *fifty-fifty*, Rómulo Betancourt, Rómulo Gallegos y Juan Pablo Pérez Alfonzo

Recordemos aunque sea brevemente cómo se produjo un cambio radical en la política venezolana. El tema de la sucesión presidencial comenzó a latir en el ambiente a medida que se acercaba el fin del período constitucional de Medina Angarita, en 1945. A juzgar por las intervenciones del ministro Arturo Úslar Pietri en las asambleas del PDV (el partido de gobierno), un sector del llamado medinismo se inclinaba por la reforma electoral para tener comicios directos; no así el sector militar, y fue este el que se impuso. Relató el propio Úslar, en entrevista recogida por nosotros (*Arturo Úslar Pietri: ajuste de cuentas*), que el presidente Medina le dijo que él se debía al Ejército y este no quería que se diese el último paso hacia la democratización. De tal modo que Medina escogió al embajador de Venezuela en Washington, Diógenes Escalante, para que lo sucediera en el cargo. Escalante era tachirense, con lo que se cumplía con el gentilicio dominante en las Fuerzas Armadas de entonces, y era civil, lo que constituía un reconocimiento a ese mundo que reclamaba mayor participación. Así fue cómo, en principio, el tema de la sucesión presidencial estaba resuelto por parte de Medina Angarita. Aún más, Rómulo Betancourt reveló, en su libro *Venezuela, política y petróleo*, que él y Raúl Leoni habían viajado discretamente a Washington a parlamentar con Escalante, y que este se había comprometido a impulsar la reforma electoral para cuando se venciera su período presidencial, o incluso antes, a mitad de período, con lo que los dirigentes de AD regresaron al país con un acuerdo verbal y el compromiso de apoyar su candidatura. Entonces, el azar intervino y el doctor Escalante perdió súbitamente sus facultades mentales en agosto de 1945.

Antes de este acuerdo verbal, una logia militar llamada Unión Militar Patriótica, encabezada por el joven oficial Marcos Pérez Jiménez, venía trabajando subrepticiamente para derrocar al gobierno de Medina. Sus razones eran más militares que políticas, y se fundamentaban en el resquemor que sentían estos jóvenes oficiales hacia sus superiores, ya que aquellos estaban formados dentro de la modernidad profesional, mientras sus superiores eran todavía herederos del sistema anterior. Además, los sueldos de los militares eran extremadamente bajos, lo que se sumaba al descontento castrense.

Esta logia se desactivó cuando se llegó al acuerdo secreto entre Escalante, Betancourt y Leoni. Por otra parte, el descontento del expresidente López Contreras y sus seguidores era absoluto, ya que el general quería regresar al poder y Medina pensaba que no era conveniente. Este descontento era de tal naturaleza que López Contreras y Medina Angarita ni siquiera se hablaban, como tampoco aceptaban intermediarios de buena fe que compusieran un acuerdo.

Todo lo anterior indica que convivían en el país tres proyectos de poder. Medina Angarita con su candidato Diógenes Escalante, apoyado por AD, sobre la base de un acuerdo de democratización electoral; el expresidente López Contreras y sus deseos de regresar a la Presidencia de la República; y la logia de jóvenes militares que también buscaba el mando. La enfermedad de Escalante descompuso el cuadro, ya que, al proponer Medina Angarita a su ministro de Agricultura y Cría, el doctor Ángel Biaggini, en sustitución de Escalante, este no recibió el apoyo de AD, ya que no había acuerdo verbal con él, y por otra parte se activó la logia militar de nuevo, manifestando que buscaría el poder al margen de la candidatura de Biaggini. Esta vez AD optó por acompañar a los jóvenes militares y tuvo lugar el golpe de Estado el 18 de octubre de 1945. Los conjurados contaban con un significativo apoyo dentro de las Fuerzas Armadas, pero si Medina Angarita hubiera querido resistir, habría tenido con qué hacerlo. Incluso la Policía de Caracas le era fiel, pero optó por entregarse, para evitar un derramamiento de sangre. Fue encarcelado, al igual que el expresidente López Contreras y otros altos funcionarios de su gobierno. A los pocos días fueron todos aventados al destierro.

En los primeros momentos se pensó que habían sido el expresidente López Contreras y sus seguidores dentro de las Fuerzas Armadas quienes habían dado el golpe, pero la sorpresa fue mayúscula cuando se supo que habían sido otros actores. Había tenido lugar un pacto entre la joven logia militar y Acción Democrática, que condujo a la constitución de una Junta Revolucionaria de Gobierno el 19 de octubre, integrada por siete miembros y presidida por Rómulo Betancourt. Los miembros eran Raúl Leoni, Luis Beltrán Prieto Figueroa y Gonzalo Barrios por AD, el mayor Carlos Delgado Chalbaud y el capitán Mario Vargas, por parte de las Fuerzas Armadas, y el médico Edmundo Fernández, quien sirvió de enlace entre estos dos grupos.

Se necesitaron tres años para que las diferencias entre AD y los militares de la fórmula que dio el golpe de Estado se hicieran notorias. Cuando otro golpe de Estado derrocó al presidente Rómulo Gallegos el 24 de noviembre de 1948, esta vez comandado por Carlos Delgado Chalbaud, se hizo evidente para todos que el proyecto de AD y de los militares no era el mismo.

Después de la redacción del Acta Constitutiva de la Junta Revolucionaria de Gobierno y de su firma, el 19 de octubre, el gobierno provisional dirigió un comunicado escrito a la nación. En este texto quedó claro que el propósito principal del gobierno sería convocar a unas elecciones universales, directas y secretas, previa redacción de una nueva Constitución. Luego, en el primer decreto de la Junta, en *Gaceta Oficial* del 23 de octubre, esta se compromete a dictar un decreto-ley para convocar a elecciones de una Asamblea Nacional Constituyente. Después, el presidente de la Junta, Rómulo Betancourt, nombra su Gabinete Ejecutivo.

Entre los primeros decretos, el gobierno legisló en torno a dos temas que les eran fundamentales: la educación y el movimiento sindical. En cuanto a lo primero, era evidente que se buscaba su democratización y masificación; y en cuanto a lo segundo, pues nada más elocuente que el nombramiento de Raúl Leoni como ministro del Trabajo, quien se asignó la tarea de constituir desde ese despacho centenares de sindicatos y trece federaciones sindicales durante los tres años en que AD detentó el poder. Estas dos áreas, Educación y Trabajo, junto con la de Petróleo e Industria, fueron las más sensibles al nuevo proyecto político que se instrumentaba, proyecto que le asignaba tareas al Estado que antes no atendía, o no tenía entre sus prioridades. Si bien el papel del Estado creció durante los gobiernos de López y Medina, el protagonismo se propuso asignárselo la Junta Revolucionaria de Gobierno.

En el Decreto N° 5 de la Junta, del 21 de octubre de 1945, se designa a los ministros. Entre ellos, el de Fomento: Juan Pablo Pérez Alfonzo, quien para entonces estaba lejos de ser una leyenda en el ámbito petrolero mundial, como llegó a serlo. Un abogado caraqueño vinculado a Acción Democrática y Rómulo Betancourt desde la fundación del partido (1941), lector de Albert Schweitzer, obsesivamente racionalista, socialdemócrata. Ejerció como ministro de Fomento en los años del trienio adeco (1945-1948) y, durante el quinquenio de Betancourt (1959-1964), ya como ministro de Minas e Hidrocarburos; después, sus intereses fueron cambiando y la obsesión petrolera pasó a ocuparla la ecología, el rechazo a la producción industrial y la preferencia por las comunas agrícolas y la artesanía. Mantuvo en todo su tránsito vital, eso sí, un puntual fervor por la austeridad y la honradez. No dominaba con fluidez la palabra escrita, pero sí era dado a la conferencia y a la rueda de prensa y los últimos años de su vida se irguió como una suerte de figura profética, naturalista, crítica de toda la riqueza que había traído el petróleo. Se oponía a la sociedad de consumo y se convirtió en un ícono de los *hippies* de finales de los sesenta y principios de los setenta. Su prestigio en Venezuela llegó a ser único, tan particular como su extrañísima personalidad. Se le conoció en el mundo entero como el «padre de la OPEP», pero no nos adelantemos. Veamos sus primeras realizaciones al frente del Ministerio de Fomento, y tengamos presente que hay dos Pérez Alfonzo: el artífice de la política petrolera de Acción Democrática, junto con Betancourt, y el humanista que retomó la expresión del siglo XVI para designar al petróleo: «el excremento del diablo». Lo hallaremos varias veces en el camino.

    Gracias a las investigaciones de López Maya, sabemos que tan temprano como el 23 de octubre de 1945 las concesionarias solicitan una audiencia al presidente de la Junta Revolucionaria de Gobierno. Entonces reciben la buena nueva de que el tema petrolero no sufrirá en lo inmediato mayores cambios. El temor de la nacionalización queda despejado. En la reunión, Pérez Alfonzo desliza que se estudia la Ley de Hidrocarburos de 1943 y que, muy probablemente, no requiera ser cambiada. Todo esto se desprende de los informes que envía la Embajada de los Estados Unidos a Washington, trabajados por la autora citada.

Las concesionarias habían encendido las alarmas porque recordaban que el nuevo ministro era el mismo diputado Pérez Alfonzo quien había salvado su voto en la aprobación de la Ley de Hidrocarburos de 1943. No obstante, si las posibilidades reales de una nacionalización eran inexistentes, lo que se podía esperar era un mayor cobro de impuestos. Eso fue lo que ocurrió el 31 de diciembre de 1945, cuando el Ejecutivo dictó el Decreto 112, estableciendo un impuesto extraordinario que afectaba exclusivamente a las petroleras y les aumentaba el pago del tributo hasta cerca del 50% de sus ganancias. Se trataba de un impuesto extraordinario y pagadero una sola vez, pero les anunciaba a las concesionarias lo que vendría después. Así fue: se redactó un decreto-ley para ser sometido a consideración de la Asamblea Nacional Constituyente en 1947 y fue aprobado. Subía la tasa de impuesto sobre la renta de 9,5% a 26%, porcentaje que, sumado a las regalías, llevaba el tributo general a casi el 50%. Luego, una vez ganadas las elecciones de 1947 por Rómulo Gallegos, este dejó a Pérez Alfonzo en el Ministerio de Fomento al frente de la política petrolera y se presentó al Congreso Nacional, ahora sí, un proyecto de Ley de Impuesto sobre la Renta que establecía el *fifty-fifty* de manera expresa en su artículo 31. Esto fue aprobado el 12 de noviembre de 1948 y Gallegos fue derrocado el 24, doce días después. De modo que la modificación tributaria a favor del Estado venezolano la disfrutaría la dictadura militar que se iniciaba. ¡Vaya ironía! Y todavía más injusto ha sido el silencio sobre este hecho: la mayoría de los venezolanos ignora que fue durante el gobierno de Gallegos cuando se instituyó el anhelado 50% y 50%, bandera principal de los desvelos de los nacionalistas en cuanto al mayor rendimiento de la explotación petrolera.

En las tres introducciones a las Memorias Anuales del Ministerio de Fomento (1945, 1946, 1947) hallaremos las bases de la política petrolera desarrollada durante los breves gobiernos de Betancourt y Gallegos. De la Memoria de 1945 es poco lo que puede inferirse, salvo lo ya referido del impuesto extraordinario. La Memoria de

1946 ofrece más sustancia; veamos por qué.

Al no más comenzar el capítulo sobre petróleo, se ofrece una explicación importante. Dice el ministro Pérez Alfonzo:

> Desde que asumió el poder el Gobierno revolucionario garantizó el cumplimiento de la Ley de 1943, porque esa Ley combatida en su oportunidad por el Partido que comparte responsabilidades de gobierno, en definitiva llegó a ser Ley de la República, y la continuidad del Estado reclamaba que en general se respetasen los compromisos legalmente adquiridos. Pero además la Ley de 1943 es por muchos aspectos aceptable y conveniente como ya se anotara cuando se discutía y combatía en el Congreso la engañosa reforma petrolera (*Pensamiento Político Venezolano*, tomo 53: 107).

En cuanto al otorgamiento de nuevas concesiones, no se señala enfáticamente que no van a otorgarse, pero sí parece que va a ser así, ya que se critican acremente las concesiones otorgadas entre 1944 y 1945, como si se hubiese cometido una suerte de crimen contra la Nación: «Una de las consecuencias más favorables para el país que ha tenido la Revolución de Octubre es la circunstancia de que con ella pudiera ponerse término a tan lamentable situación» (*Pensamiento Político Venezolano*, tomo 53: 108). De modo que, sin ser explícita aún, ya entonces se anunciaba la política de «No más concesiones».

En cuanto a la refinación en Venezuela, la información es valiosa. Entonces, las refinerías de Caripito (70 000 b/b), La Salina (12 000 b/d) y San Lorenzo (37 800 b/d) sumaban 124 000 barriles diarios refinados en el país, pero ya estaban en construcción Amuay, Cardón y Puerto La Cruz. También se nos informa que, en 1946, la producción petrolera nacional creció un 20,41% con respecto a la de 1945. Según Pérez Alfonzo, la producción de 1945 fue de 876 000 b/d, mientras la de 1946 ascendió a 1 054 000 b/d, lo que representaba el 15% de la producción mundial –entonces de 7.140.000 b/d–, mientras la de los Estados Unidos llegaba a ser el 69%. No entraba en la cuenta, todavía, el Medio Oriente. Por último, se nos anuncia que, sobre el pago de regalías en especie, modalidad ya en marcha, se estudiaba la posibilidad de que el petróleo fuera revendido en el mercado internacional, obteniéndose una ganancia extra por ello.

La Memoria de 1947 es de suma importancia. En ella Pérez Alfonzo establece los cinco lineamientos cardinales de la política petrolera del trienio. Estos son: «1. Mantener la ley de 1943. 2. No otorgar nuevas concesiones. 3. Cuidar de la conservación de los yacimientos y mejorar el aprovechamiento del gas producido. 4. Vigilar la participación de la Nación en las ganancias de la industria. 5. Procurar la mayor industrialización de los petróleos venezolanos» (*Pensamiento Político Venezolano*, tomo 53: 159).

Sobre el tema de la ley de 1943, el argumento para no modificarla es sencillo: no se van a otorgar nuevas concesiones, de modo que no tiene objeto modificar la ley. No se otorgarán nuevas concesiones porque se parte de la base de no entregar la riqueza nacional sino reservarla para cuando el Estado venezolano pueda explotarla. En ninguna parte está dicho como en la frase precedente, pero es obvio que se trata de eso. De hecho, en la misma Memoria de 1947 (que incluye meses del año 1948, por razones fiscales), se lee:

> En fecha 11 de marzo de 1948 se nombró una comisión compuesta por los ex Ministros de Fomento Dres. Manuel R. Egaña y Enrique Jorge Aguerrevere, y por el Diputado al Congreso Nacional Dr. Alberto Carnevali, para que con la colaboración del personal del Ministerio estudie la conveniencia y condiciones bajo las cuales se podría proceder a la instalación de una refinería en unión con intereses argentinos, y al mismo tiempo contemple la posibilidad de crear un organismo al cual corresponda la realización del proyecto de refinería. Esta misma comisión en relación al estudio que ha de hacer, podrá determinar la solución que más convenga en el caso de presentarse la necesidad de explotar

yacimientos nacionales adyacentes a concesiones en explotación: será el comienzo de una nueva experiencia en la explotación de petróleo. Podrá iniciarse el sistema de explotación mixta que frente al sistema de explotación por empresas particulares, representa una competencia de sistemas lógicamente beneficiosa para los intereses nacionales (*Pensamiento Político Venezolano*, tomo 53: 165).

En otras palabras, se anunciaba la futura CVP (Corporación Venezolana de Petróleo), que se creó en 1959, cuando la dupla Betancourt-Pérez Alfonzo regresó al poder y a manejar directamente los asuntos petroleros. También, ha debido ser de las primeras veces que se asomó la figura de la empresa mixta en un texto oficial.

El tercer punto se refiere al gas. No cabe duda de que en el trienio hubo una inicial atención al tema de la utilización del gas y se construyeron varias plantas. La de Jusepín (Monagas); Guara, Oficina (Anzoátegui); La Paz (Zulia), todas levantadas por las concesionarias y celebradas por el Estado. En cuanto al cuarto punto, la mayor participación del Estado en las ganancias de la industria petrolera, pues ya vimos que en 1945, 1946 y 1947 crecieron los ingresos por la vía tributaria, bajo el marco de la Ley de Impuesto sobre la Renta.

El último punto: la industrialización del petróleo. Es decir, las refinerías. Se nos informa del avance de las refinerías de Amuay, Punta Cardón y Puerto La Cruz, así como la pequeña de la Texas, que se inauguró en 1947, en el campo de Tucupita. Con los 10 000 barriles diarios que suma esta planta, la refinación nacional llegó a 133 900 b/d. Hasta aquí la «Introducción a la Memoria del Ministerio de Fomento correspondiente al año civil de 1947».

En materia laboral, los cambios introducidos durante el trienio son de gran significación. No olvidemos que la política laboral de Acción Democrática formaba parte sustancial de su proyecto nacional. De hecho, el segundo dirigente del partido en orden de importancia, Raúl Leoni, fue el ministro del Trabajo durante los tres años, al igual que Pérez Alfonzo lo fue de Fomento. El propio ministro Leoni nos informa, en la introducción a la Memoria de 1946, que para el 18 de octubre de 1945 se contaba con 215 sindicatos legalizados en el país, y que para el 31 de diciembre de 1946 había 757. Además, se han creado para la fecha 13 federaciones sindicales, entre ellas la Federación Sindical Petrolera de Venezuela (Fedepetrol). Fundada el 6 de abril de 1946, con Luis Tovar como presidente, el ministro Leoni la certifica el 22 de mayo del mismo año. Fedepetrol fue fruto del II Congreso de Trabajadores Petroleros, reunidos en marzo. El primer contrato colectivo entre Fedepetrol y las empresas se firmó el 14 de junio de 1946 y el segundo el 20 de febrero de 1948. Ambos trajeron mejoras puntuales para los trabajadores petroleros.

A los hechos centrales del trienio adeco (Asamblea Nacional Constituyente, Constitución Nacional de 1947, elecciones universales, directas y secretas, sindicalización de la vida laboral venezolana, énfasis en la educación laica, pública y gratuita), se suma la creación de la Corporación Venezolana de Fomento (CVF), institución que se adelantó en sus cometidos a la política institucional de la Cepal (Comisión Económica para América Latina de la ONU), denominada ISI (Industrialización Sustitutiva de Importaciones), y que pudo desarrollarse con mayor rapidez en Venezuela, gracias a los cuantiosos ingresos que recibió el Estado como consecuencia de la explotación petrolera. En pocas palabras: se trataba de «sembrar el petróleo» en el área industrial mediante una política que incluía créditos a los futuros industriales a través de la CVF, el Banco Industrial de Venezuela y otras instituciones financieras del Estado; además de la defensa de los productos nacionales a través de barreras arancelarias muy altas a los productos importados y de una política de subsidios. Este proceso de industrialización del país se podía dar con mayores probabilidades de éxito en Venezuela porque el ingreso petrolero engrosaba los recursos para el financiamiento. Este modelo estuvo vigente en el país hasta 1989, cuando las fuerzas del mercado se liberaron y dejaron de estar protegidas por el

Estado. Durante su período de vigencia, con todos los problemas que trajo en el orden macroeconómico, contribuyó al desarrollo industrial del país, cumpliendo en alguna medida el viejo sueño de «sembrar el petróleo», así fuese dentro de una economía protegida por aranceles y subsidios y, en tal sentido, una economía tutelada por el Estado.

Finalmente, debemos preguntarnos: ¿tuvieron alguna participación las concesionarias petroleras en el golpe de Estado que derrocó al maestro Rómulo Gallegos? Pues, de acuerdo con las investigaciones de Margarita López Maya y Jorge Valero, la respuesta es negativa. Los sorprendió tanto como a la Embajada de los Estados Unidos en Venezuela, según consta en documentos del Departamento de Estado norteamericano absolutamente convincentes; tanto, que no nos dejan margen de duda alguna.

El período que se inicia el 24 de noviembre de 1948 y culmina el 23 de enero de 1958 está signado por la presencia militar y por el origen ilegítimo de los gobiernos. El primero (1948-1950), presidido por Carlos Delgado Chalbaud, emana de un golpe de Estado militar en contra del gobierno electo de Rómulo Gallegos, ya señalado. El segundo (1950-1952), presidido por Germán Suárez Flamerich, no se fundamentó en ninguna elección, sino en la designación a dedo por parte de la Junta Militar de Gobierno, después del magnicidio de Delgado Chalbaud. El tercero (1952-1958) surgió de un fraude electoral en contra de la voluntad popular y lo presidió Marcos Pérez Jiménez. Antes de revisar las incidencias petroleras durante esta década militar, veamos el entorno internacional.

El orden petrolero de la postguerra (1946-1958)

El orden de la postguerra estuvo determinado por el surgimiento de lo que se llamó la «Guerra Fría». Nos referimos a la tensión entre la Unión Soviética y los Estados Unidos. Esta etapa concluye en 1989 con la caída del muro de Berlín y la desaparición del socialismo real. Además, el nuevo orden estará signado en sus inicios por la implementación del llamado «Plan Marshall», concebido por los Estados Unidos para la recuperación de la Europa devastada por la conflagración. En este período veremos cómo muchas de las decisiones en materia petrolera estuvieron guiadas por las razones geopolíticas que supuso el llamado «equilibrio del terror» entre EE. UU. y la URSS.

La situación económica europea después de la guerra era de «tierra arrasada». Entonces, los Estados Unidos de América vieron una oportunidad triple: ayudar a su recuperación, mejorar su presencia económica en el Viejo Continente y contener el avance soviético en la región. George Marshall, entonces secretario de Estado, presentó en 1947 el plan que luego fue bautizado con su apellido. En lo atinente al petróleo, fue fundamental: aceleró el paso de una economía basada en el carbón a otra afincada en el petróleo. Un porcentaje cercano al 25% de la ayuda económica entregada por EE. UU. estaba destinado a que Europa importara equipos y petróleo de los Estados Unidos. Se aplicaba así el refrán «Ayúdame, que yo te ayudaré».

En Arabia Saudita, la recomposición pasaba por dos variables. Las empresas dueñas de Aramco (Socal y Texaco) no podían enfrentar solas las inversiones que requerían los campos más prometedores del mundo, pero el rey Saud no aceptaba que volvieran las empresas británicas. Se hizo un consorcio entre Standard Oil of New Jersey, Socony, Socal y Texaco, que se materializó en 1948. ¿La causa del retraso? Calouste Gulbenkian. El consorcio suponía vulnerar el viejo Acuerdo de la Línea Roja diseñado por él. Después de arduas negociaciones, Gulbenkian logró mejorar su posición en la Irak Petroleum Company y entonces accedió. En esta empresa estaba su famoso 5% que, gracias al nuevo acuerdo, creció. A partir de entonces, el consorcio pudo enfrentar los desafíos y así el crecimiento de la producción petrolera en Arabia Saudita fue exponencial. En Kuwait, el emir no tenía problemas con que entraran los británicos, de modo tal que la Gulf, copropietaria de la Kuwait Oil Company, invitó a la Royal Dutch-Shell a entrar en el negocio, y así fue, sin mayores inconvenientes.

En Irán, los acuerdos suponían otras aristas. La vecindad con la URSS hacía del petróleo iraní una presa apetecida y, en consecuencia, un asunto geopolítico de suma importancia para EE. UU. La Anglo-Iranian llegó a un acuerdo con Jersey y Socony, firmando un contrato por veinte años. Los tres acuerdos garantizaban abastecimiento a Europa y mercado a los países productores del Medio Oriente. Los Estados Unidos y Venezuela ya no serían los mayores proveedores del mundo occidental; los países árabes tenían la palabra. El mundo contaba con un nuevo epicentro petrolero.

En la zona entre Arabia Saudita y Kuwait, llamada la zona neutral, también cambió la situación después de la guerra, ya que se sacaron a subasta los campos y el Departamento de Estado de los Estados Unidos estimuló a las empresas norteamericanas a presentarse. J. Paul Getty atendió el llamado con su empresa Pacific Western. Lo que se acordara en la zona llevaría a Kuwait y Arabia Saudita a devengar en partes iguales el producto de la concesión. Después de meses de negociaciones, la empresa Aminoil (American Independent Oil Company), formada por Phillips, Ashland y Sinclair y la Pacific Western, de Paul Getty, obtuvieron la zona. En 1953, Aminoil halló un yacimiento de una magnitud difícil de describir por su extensión; por su parte, Getty también halló petróleo y pagaba a los kuwaitíes 55 centavos por barril, bastante más que los 35 que cancelaba Aminoil a los sauditas. Como vemos, todos los acuerdos de la postguerra mejoraron sustancialmente los ingresos de los países concedentes y desmejoraron los ingresos de las concesionarias. No obstante, el negocio creció y las compañías aceptaron las nuevas condiciones.

La Ley de Hidrocarburos de 1943 en Venezuela, como vimos antes, dio pie a la institución del 50% y 50%, pero fue durante los gobiernos de Rómulo Betancourt y Rómulo Gallegos (1945-1948) cuando realmente se instituyó a través de ajustes tributarios y fiscalizaciones de la producción. Hasta 1945, se estimaba que se había llegado a un 40% y 60%: faltaba una vuelta de tuerca.

El principio del *fifty-fifty* es muy claro: los beneficios del país concesionario deben ser iguales que los de la empresa que ejerce la concesión, y esto se lograría a través de impuestos y derechos que exigiría el país concesionario. Por supuesto, cuando esta idea asomó en el horizonte, las compañías pusieron mala cara, pero la alternativa de ver nacionalizadas sus empresas, como en México, era peor. Para entonces, las dos empresas con mayores intereses en Venezuela eran la Shell y la Jersey, que en este país se llamaba Creole, como señalamos en su momento. El presidente de esta empresa en Venezuela desde 1943 era Arthur Proudfit, un hombre prudente que prefirió trabajar con los gobiernos de Betancourt y Gallegos para la instauración del 50% y 50% que enfrentarse al proyecto. La producción venezolana de la Jersey representaba la mitad de su producción mundial: era vital llegar a un acuerdo. Venezuela recibió en 1948 ingresos fiscales petroleros ocho veces mayores que los recibidos en 1942. El cambio era total y, naturalmente, los venezolanos querían que los árabes lo supieran. ¿Cuál era el interés? Que el petróleo barato del Medio Oriente dejara de competir con el venezolano, ya que al exigir un 50% y 50% dejaría de hacerlo. La noticia se regó como pólvora y muy pronto los países concesionarios del Medio Oriente exigieron lo mismo y ya no había vuelta atrás. Arabia Saudita firmó el acuerdo 50% y 50% en 1950 y Kuwait e Irak hicieron lo mismo en 1952. Veamos cuándo y cómo Venezuela contribuyó para que esta modalidad vernácula se hiciera mundial.

Los dos años de Carlos Delgado Chalbaud (1948-1950), el regreso de Egaña y la misión al Medio Oriente

Con el solo objeto de darles marco histórico a los hechos, recordemos que el maestro Gallegos fue derrocado por un golpe de Estado presidido por su ministro de la Defensa, Carlos Delgado

Chalbaud. Las investigaciones más recientes señalan que la iniciativa del golpe militar contra Gallegos la tuvieron Marcos Pérez Jiménez y Luis Felipe Llovera Páez, mientras Delgado Chalbaud se sumó a última hora y con muchas dudas. Se cuenta con testimonios que indican que si Delgado no se sumaba a la conjura sería dejado de lado, haciéndosele preso. De modo que su dilema era álgido: o se sumaba y encabezaba la Junta Militar de Gobierno, siendo presidente, o se preservaba en honor a la legitimidad democrática y a Gallegos e iba preso. Optó por lo primero.

La primera alocución del presidente de la Junta Militar es, vista con la distancia del tiempo, francamente desconcertante. Dice el 26 de noviembre:

> La Junta Militar quiere dejar categórica constancia de que este movimiento no se orienta de ninguna manera hacia la instauración de una dictadura militar, ni abierta ni disimulada, a fin de exigir al pueblo que no debe dejarse engañar por quienes pretenden propagar lo contrario [...] No se ha asumido el poder para atentar contra los principios democráticos sino para obtener su efectiva aplicación y preparar una consulta electoral a la cual concurra toda la ciudadanía en igualdad de condiciones (Arráiz Lucca, 2007: 148).

Como vemos, la justificación del golpe se basaba en la democracia que, al parecer, los militares consideraban que no había tenido lugar en la elección de Gallegos. Esta argumentación se cae por su propio peso. En el fondo, lo que estaba en marcha era la ambición de un sector preponderante de los militares por el mando, y por ello dieron lo que se llamó un «golpe frío». Es decir, sin armas, sin resistencia, sin heridos ni enfrentamientos. El partido político que llevó a Gallegos a la Presidencia, AD, no tenía cómo enfrentar a los hombres armados. Concluía así un período de tres años en el que dos fuerzas convivieron enfrentándose subrepticiamente: las militares, que dieron el golpe el 18 de octubre de 1945, y las civiles (AD), que también participaron del mismo hecho. Se imponían, otra vez, las tendencias militaristas en contra de las civilistas.

Delgado Chalbaud designa a uno de los primeros geólogos graduados que tuvo Venezuela como ministro de Fomento el 25 de noviembre. Nos referimos a Pedro Ignacio Aguerrevere, quien estuvo al frente del ministerio hasta el 3 de junio de 1949. Su breve gestión no introduce cambios relevantes que puedan señalarse, más allá de haber comenzado a percibir el Estado venezolano el porcentaje del 50% y 50% fijado por Gallegos y por la creación de la Comisión Nacional de Política Petrolera y Minera, creada el 4 de febrero de 1949, integrada por el ministro de Fomento —quien la presidía—, el ministro de Hacienda y seis expertos petroleros designados por el presidente de la República. Dicha comisión fue un instrumento de apoyo y asesoría para el Gobierno Nacional.

A Aguerrevere lo sucede Manuel R. Egaña, quien sí articula un proyecto digno de revisión. Recordemos que Aguerrevere había sido de los asistentes de Ralph Arnold en 1912, cuando era un estudiante de ingeniería en la UCV. Luego se fue a Stanford, donde se graduó de geólogo (1920) y regresó a Colombia a trabajar en la empresa Cities Service, poseedora de la concesión Barco. Vino pocas veces a Venezuela hasta 1934, cuando regresó definitivamente. Lo hallaremos en sus tareas de geólogo y de profesor en el Instituto de Geología y luego en la fundación de la Escuela de Geología de la UCV (1942). Formó parte de la comisión redactora de la Ley de Hidrocarburos de 1943. Como vemos, un experto en temas geológicos y técnicos petroleros. Naturalmente, para ejercer un cargo de esta naturaleza no bastaban los atributos técnicos: también hacían falta los políticos.

En la historia petrolera del país hasta la fecha, los ministros de Fomento que introdujeron cambios de importancia fueron Gumersindo Torres (1917-1922 y 1929-1931), Néstor Luis Pérez (1936-1938), Manuel R. Egaña (1938-1941) y Juan Pablo Pérez Alfonzo (1945-1948). No desmerecemos el papel de los ministros de Fomento de Medina Angarita (Enrique Jorge Aguerrevere, Eugenio Mendoza Goiticoa y Gustavo Herrera), pero la verdad es que el tema petrolero lo asumió personalmente el presidente Medina, incluso encabezando él mismo la comisión redactora de la Ley de Hidrocarburos de 1943, siendo él mismo el creador en buena medida del nuevo instrumento legal, sobre la base del borrador del procurador Manrique Pacaníns, como vimos antes.

Ahora, con Delgado Chalbaud vuelve el abogado Egaña, sin la menor duda un conocedor del tema petrolero al que no le desagradaba el 50% y 50% logrado por el gobierno de Gallegos, y quien sostenía una relación de amistad y respeto con el presidente golpista Delgado Chalbaud; no así con sus compañeros de Junta Militar. En los días posteriores al magnicidio de Delgado, el 13 de noviembre de 1950, Egaña renunció al ministerio y se dedicó a la actividad privada.

Además de haberle correspondido al ministro Egaña la feliz inauguración de las refinerías de Punta Cardón (1949), Amuay (1950) y Puerto La Cruz (1950), seguramente leyó la conferencia de Joseph Pogue, entonces vicepresidente del Chase Manhattan Bank, señalando que el petróleo del Medio Oriente era de mejor calidad que el venezolano y que a Venezuela le convendría deshacer el esquema del 50% y 50% recientemente establecido para poder competir con el Medio Oriente. Otra versión señala que Pogue dio la conferencia en Caracas en marzo de 1949 y que Egaña estaba presente. No tenemos confirmación de su presencia. Sí contamos con la conferencia traducida al español y publicada como folleto y esto nos basta para saber que sí fue un aldabonazo para Egaña.

Obviamente, el ministro de Fomento buscó exactamente lo contrario: que estos países adoptaran el esquema venezolano. Por ello, Egaña y el canciller de entonces, Luis Emilio Gómez Ruiz, designaron una misión especial para visitar Arabia Saudita, Irán, Egipto, Irak, Kuwait y Siria, integrada por los expertos petroleros Edmundo Luongo Cabello, Luis Emilio Monsanto y Ezequiel Monsalve Casado. Por supuesto, en ninguna línea oficial escrita al respecto se menciona el fin ulterior de la misión especial, pero un dato revela su propósito: viajaron con la Ley de Hidrocarburos de 1943 y la reforma de la Ley de Impuesto sobre la Renta del 12 de noviembre de 1948 traducidas al inglés. Así lo señala un testigo presencial del hecho en sus memorias (*Blood and Oil*), Manucher Farmanfarmaian, quien años después sería embajador de Irán en Venezuela. Afirma el autor: «Dr. Luongo Cabello had brought copies of Venezuela's hidrocarbon law, tax and royalties, labor code, and concessions –all meticulously translated into English– [...] He willingly revealed to me how their system worked, the specifics of the 50/50 deal, what their arguments had been in the negociations, and what the ramifications were» (Farmafarmaian, 1997: 231). La misión no pudo visitar Arabia Saudita ni Kuwait, pero sí estuvo en los otros estados previstos. Salió de Nueva York el 21 de septiembre de 1949 (previa reunión y concertación de detalles de viaje en la Embajada de Venezuela en Washington, a cargo del embajador José Rafael Pocaterra) y regresó a Caracas el 23 de diciembre del mismo año. Tres meses en total. Cabe preguntarse: ¿por qué Siria y Egipto, si estos no eran países petroleros? Por Siria pasaban significativos oleoductos buscando la salida hacia el mar Mediterráneo; Egipto administraba un punto neurálgico para el sistema circulatorio del petróleo: el canal de Suez.

Si los resultados de la misión especial se miden por la adopción del *fifty-fifty* por parte de los países del Medio Oriente, pues fue un éxito rotundo. Arabia Saudita lo adoptó en 1950, Kuwait en 1951, Irak en 1952, Bahrein y Qatar en 1954. ¿Qué ocurrió en Irán? Pues que las concesionarias no lo aceptaron y se precipitó la nacionalización por parte de Mohammad Mossadegh el 1 de mayo de 1951. Esto condujo a que las concesionarias llegaran a ver el *fifty-fifty* como algo favorable. Quienes no lo aceptaban corrían el riesgo de Irán y lo perdían todo. En Venezuela se había abierto una puerta que ya era imposible cerrar en el Medio Oriente. Paradójicamente, pasó exactamente lo contrario de lo previsto por Pogue en su conferencia de Caracas: lejos de Venezuela dar marcha atrás aboliendo el 50%

y 50%, contribuyó a que el Medio Oriente diera un paso adelante y lo adoptara. Malas noticias para las concesionarias.

Esta misión especial constituye el primer acercamiento entre las autoridades petroleras del Estado venezolano y las de los países del Medio Oriente. No se trataron temas que condujeran a una cartelización de los precios, pero sí los asuntos legales que conducían al establecimiento del principio del 50% y 50% que había nacido en Venezuela. Esta adopción uniformaba la situación tributaria a favor de los Estados. De no haber sido así, Venezuela se habría visto muy perjudicada. El viaje trajo otros beneficios: abrió las puertas diplomáticas para Venezuela en los países visitados y fue un primer paso para abrir embajadas en ellos en el futuro inmediato. Para Venezuela, este movimiento estratégico era fundamental, ya que la producción petrolera del Medio Oriente iba en aumento, como lo demuestra el cuadro siguiente, basado en el *Anuario Estadístico de la OPEP* (Manzano, 2009: 32), referido a millones de barriles diarios, y si las condiciones fiscales no eran las mismas, la renta petrolera se hubiera visto disminuida.

Año	EE. UU.	VEN	MEDIO ORIENTE
1946	4,75	1,06	0,68
1947	5,09	1,19	0,81
1948	5,52	1,34	1,11
1949	5,05	1,32	1,37
1950	5,40	1,50	1,73
1951	6,15	1,71	1,89
1952	6,26	1,80	2,05
1953	6,47	1,77	2,39
1954	6,35	1,90	2,71
1955	6,78	2,16	3,22
1956	7,17	2,46	3,41
1957	7,17	2,78	3,50
1958	7,05	2,77	4,56

Como vemos, en 1949 la producción petrolera del Medio Oriente superó la venezolana. Esta tendencia se ha mantenido así y se ha incrementado notablemente la diferencia hasta nuestros días. Nótese la brecha en la década de los setenta en el cuadro siguiente.

Año	**EE. UU.**	**VEN**	**MEDIO ORIENTE**
1974	9,97	2,98	21,22
1975	9,57	2,35	18,86
1976	9,22	2,29	21,45
1977	9,31	2,24	21,63

La misión especial al Medio Oriente también llevaba entre manos una invitación a los países visitados: asistir a la Primera Convención de Petróleo que tendría lugar en Caracas en 1951, como veremos luego.

Los hechos que condujeron al magnicidio de Delgado Chalbaud no son tema de esta historia, pero esta muerte trajo como consecuencia la renuncia de Egaña al Ministerio de Fomento, como apuntamos antes. Curiosamente, se produjo una extraña simetría histórica. Nos explicamos: Egaña hizo todos los estudios para la creación del Banco Central de Venezuela en 1940 siendo ministro de Fomento, pero no tuvo el honor de ser el primer presidente de la institución. Luego adelantó los trabajos para la creación de un Ministerio de Minas e Hidrocarburos y tampoco la Providencia lo colocó en el sitio fundacional. Se fue del Gabinete Ejecutivo con la muerte del comandante Delgado. Fue sustituido por Pedro Emilio Herrera en el Ministerio de Fomento, y el primer ministro de Minas e Hidrocarburos fue el profesor Santiago Vera Izquierdo, designado después de la creación oficial del ministerio, el 30 de diciembre de 1950. Vera Izquierdo ejerció el cargo hasta el 5 de octubre de 1952.

La Junta Militar comenzó a buscarle un sustituto de inmediato a Delgado Chalbaud, ya que Pérez Jiménez se cuidó mucho de no sucederlo él, para no darle crédito a la hipótesis del interés en su muerte. En los días sucesivos, se pensó que el doctor Arnoldo Gabaldón sucedería a Delgado y este, de hecho, comenzó a despachar desde Miraflores a la espera de la confirmación en el cargo por parte de la Junta Militar; pero ello no ocurrió, sino que la Junta prefirió al doctor Germán Suárez Flamerich, entonces embajador de Venezuela en Perú, quien tomó posesión el 27 de noviembre, modificándose entonces la denominación de la Junta y pasando a llamarse Junta de Gobierno, ya que el nuevo integrante era civil.

Aunque buena parte de la historiografía simplifica los años que van de 1948 a 1958 como los de la dictadura militar de Pérez Jiménez, la verdad es que hay matices que no deben soslayarse. Uno es el de Suárez Flamerich, por más que sea unánime la opinión según la cual quien ejercía el poder era Pérez Jiménez y no el designado, ya que se trataba de una Junta de Gobierno en la que las Fuerzas Armadas tenían el mayor peso. Lo que podía hacer el civil que la encabezaba era muy poco, además de que no se cuenta con pruebas que certifiquen que pensara distinto a los otros integrantes de la Junta de Gobierno. En todo caso, allí estuvo entre el 27 de noviembre de 1950 y el 2 de diciembre de 1952, cuando Pérez Jiménez asumió personalmente la dictadura. Volvamos al entorno internacional antes de detenernos en Venezuela.

Otra crisis en Irán

Cuando los rusos y los británicos tomaron la refinería de Abadán en 1941, ante el avance de los alemanes hacia ella, también forzaron la deposición del *sha* Reza y ascendieron a su hijo, Mohammad Pahlevi. Diez años después, el Majlis (Congreso iraní) eligió como primer ministro a un anciano populista que encarnaba el odio nacional contra los británicos: Mohammed Mossadegh. El 1 de mayo de 1951, Mossadegh nacionalizó la industria petrolera iraní y en septiembre tomó por completo la que para entonces era la mayor refinería del mundo: la de Abadán.

Los británicos estuvieron a punto de intervenir militarmente, pero los estadounidenses se opusieron. Sin embargo, los británicos retiraron sus trabajadores de la industria e instituyeron un bloqueo económico. Por supuesto, la refinería dejó de funcionar y para el año siguiente Irán casi no producía petróleo. Apenas 20 000 barriles, de los 660 000 que producía dos años antes. Ante los hechos, Mossadegh hizo lo que se temía: entró en contacto con los soviéticos. Entonces, en 1953, los Estados Unidos intervinieron en el asunto y se preparó una operación militar que fue develada y permitió a Mossadegh actuar antes. Fue una operación de subversión dirigida por la CIA y el MI6 en confabulación con el *sha*. El *sha* firmó un decreto destituyendo a Mossadegh y nombrando al general Fazlollah Zahedi en su lugar. Atemorizado por lo que sus acciones dispararían, huyó a Baghdad y luego a Roma. La operación fracasó. No obstante, el general Zahedi se alzó contra Mossadegh y recibió apoyo popular, promovido por la CIA en contra del gobierno. Mossadegh dimitió y fue arrestado, mientras el *sha* regresaba por la puerta grande.

Como era de esperarse, toda la situación petrolera cambió en Irán. Se formó un consorcio integrado por Anglo-Iranian, Jersey, Socony, Texaco, Standard Oil of California, Gulf, Shell y la francesa CFP. Es decir, casi todas. En septiembre de 1954 se firmó el acuerdo entre el consorcio y la Compañía Petrolera Iraní. Faltaba poco para que Enrico Mattei, el zar italiano del petróleo con el que se aliaría luego el *sha*, bautizara a estas compañías como «Las siete hermanas» (*Sette sorelle*): Jersey (Exxon), Socony-Vacuum (Mobil), Standard of California (Chevron), Texaco, Gulf, Royal Dutch-Shell y British Petroleum. Esta denominación, como sabemos, se hizo famosa en el mundo entero.

Gamal Abdel Nasser y el canal de Suez

El rey Farouk de Egipto fue depuesto por un grupo de militares en 1952. Dos años después, el general Mohammed Naguib, quien había dado el golpe, fue a su vez derrocado por el coronel Gamal Abdel Nasser. Este coronel nacionalista gobernó Egipto hasta 1970, año en que murió y fue sucedido por Anwar Sadat. Nasser desarrolló un programa expansionista en la región, el panarabismo, y se levantó como uno de los líderes del tercer mundo. Nacionalizó el canal de Suez en 1956 como parte de una negociación con el Banco Mundial para la obtención de un préstamo destinado a la construcción de la represa de Asuán, pero finalmente el crédito no se otorgó. Nasser recibió el préstamo de los soviéticos, así como armamento y, de esta manera, entró en la lógica de la Guerra Fría, desatando la llamada guerra del Sinaí, en 1956. No obstante, ni EE. UU. ni la URSS querían la guerra. Esta se dio entre Francia, Gran Bretaña, Israel y Egipto y fue una conflagración rápida en la que se buscaba la recuperación del canal de Suez para las potencias europeas.

Los Estados Unidos reaccionaron cortando el suministro de petróleo a Francia y Gran Bretaña y obligaron al retiro de las tropas. Quedó claro que cualquier iniciativa occidental sin el consentimiento de EE. UU. estaba condenada al fracaso. Por su parte, una vez retiradas las tropas y Egipto ejerciendo soberanía sobre el canal, Estados Unidos puso en práctica un llamado «puente del petróleo» para asistir a Europa, mientras Nasser abría el canal para el paso de los cargueros de crudo. El suministro se regularizó de nuevo. La crisis puso algo en evidencia: si los barcos petroleros fuesen sustancialmente más grandes, estas crisis geopolíticas petroleras serían menores. Por su parte Nasser, victorioso, se creció como factótum del mundo árabe y arreció en su expansionismo en la región.

Nuevos actores

El crecimiento de la producción petrolera mundial y de las reservas probadas fue enorme durante la década de los años cincuenta. Estados Unidos dejó de ser el productor de cerca del 60%

del petróleo del mundo para bajar a cerca del 20%. Esas cifras porcentuales tenían un nuevo nombre: Medio Oriente. A su vez, nuevos actores entraron en el negocio. Los italianos y los japoneses, que no contaban con producción propia significativa, optaron por ofrecerles a algunos países de la región unas condiciones inimaginables que produjeron un estremecimiento. ENI (Ente Nazionale Idrocarburi), dirigida por Enrico Mattei, firmó un acuerdo con el *sha* de Irán en el que le ofrecía a este 75% del beneficio, mientras ENI se quedaba con el 25%. Una bomba para las otras empresas. Los japoneses crearon la Arabian Oil Company y les entregaron a los sauditas el 56% de las acciones, quedándose ellos con el 44%. Por su parte, la Standard Oil of Indiana, cuando quiso negociar con Irán, tuvo que aceptar las mismas condiciones que había ofrecido la ENI de Mattei. Como vemos, la tendencia se pronunciaba: mejores condiciones para los países concesionarios; incluso, ya se trataba más de acuerdos que de concesiones y de menores porcentajes para las operadoras. Nótese que el origen de estas propuestas partía de empresas provenientes de países que no tenían petróleo, creando así un nuevo juego en el mercado que señalaba que se podía ir más allá del 50% y 50%, ya que había empresas que lo promovían y, por supuesto, Estados que lo recibían con aplausos.

Por otra parte, aunque no era un nuevo actor, sí uno con mayor producción: la zona Volga-Urales, en la URSS, para 1955 era de magnitudes similares a las mediorientales, lo que llevó a duplicar la producción soviética, desplazando así a Venezuela del segundo lugar como productor de petróleo. También la francesa ELF-ERAP (Enterprise de Recherches et d'Activités Pétrolières) halló petróleo en Argelia, en el desierto del Sahara, en 1958, y antes de ello la Shell y la BP hallaron petróleo en Nigeria, en 1956. Como vemos, para 1958 se daba una paradoja antes inimaginable: había más petróleo en busca de mercados que mercados en busca de petróleo. Imposible pensar en precios altos, por ahora. Volvamos a Venezuela y su circunstancia.

La dictadura militar de Marcos Pérez Jiménez (1950-1958) y las nuevas concesiones

El gobierno de la Junta de Gobierno, presidida por Germán Suárez Flamerich, designa al primer ministro de Minas e Hidrocarburos: Santiago Vera Izquierdo, el 30 de diciembre de 1950, como señalamos antes, quien ejerció el cargo hasta el 5 de octubre de 1952, cuando es sucedido por Edmundo Luongo Cabello. Durante el año y medio de Vera Izquierdo al frente del ministerio, tuvo lugar la Primera Convención Nacional del Petróleo, en septiembre de 1951. En ella se escucharon discursos del ministro Vera, del canciller Gómez Ruiz y de Oscar Chapman, administrador del petróleo para la Defensa en los Estados Unidos de Norteamérica y secretario del Interior.

Chapman reconoció el valor del petróleo de Venezuela durante la Segunda Guerra Mundial y el que ahora tenía para los Estados Unidos en la guerra de Corea, celebró que Venezuela no tuviera deuda externa y que comprara productos norteamericanos por valor de 400 millones de dólares en 1950. También señaló lo que significaban desde el punto de vista técnico los adelantos alcanzados en la perforación de pozos en el lago de Maracaibo (Rivas Aguilar, 1999: 112-114). Se trató de un discurso inmerso dentro de la lógica de la Guerra Fría y, naturalmente, Venezuela era un aliado de los norteamericanos en la confrontación. El discurso del canciller Gómez Ruiz estuvo en la misma tesitura. Ambos celebraban que la producción petrolera hubiese crecido notablemente en los años de la postguerra. Los Estados Unidos necesitaban petróleo y los venezolanos querían que creciera la producción para que en la misma medida subiera la renta petrolera, cobrada por el Estado.

En conexión con lo anterior, es muy importante dejar constancia del crecimiento de la producción petrolera en estos años posteriores a la Ley de Hidrocarburos de 1943. De acuerdo con las cifras oficiales aportadas por Balestrini (2008), el aumento en apenas diez años fue vertiginoso. Y si a ello le sumamos que el 50% y 50% trajo un mayor ingreso para el Estado a partir de 1948, pues tenemos que las cifras de Venezuela para 1952 señalaban uno de los ingresos per cápita más altos del mundo. Tómese en cuenta que la población del país, de acuerdo con el VIII Censo General de Población (López, 1997: 769) de 1950, arrojó la cifra de 5 034 838 habitantes.

Año	Barriles diarios
1943	491 463
1944	702 288
1945	886 039
1946	1 064 326
1947	1 191 482
1948	1 338 798
1949	1 321 372
1950	1 497 988
1951	1 704 648
1952	1 803 915
1953	1 764 994
1954	1 895 309
1955	2 157 216
1956	2 456 785
1957	2 779 245
1958	2 604 840

Como vemos, en apenas diez años la producción pasó de 491 463 a 1 764 994 barriles diarios; prácticamente se cuadruplicó. Por otra parte, de acuerdo con cifras de Baptista (2011), el precio también subió de la siguiente manera en dólares y en promedio anual:

Año	Precio	Año	Precio
1943	1,03	1951	2,00
1944	1,05	1952	2,14
1945	1,06	1953	2,30
1946	1,26	1954	2,31
1947	1,75	1955	2,34
1948	2,41	1956	2,36
1949	2,25	1957	2,65
1950	2,12	1958	2,50

La producción casi se cuadruplicó y el precio se duplicó y un poco más entre 1943 y 1953, de modo que la renta petrolera percibida por el Estado venezolano ya eran «palabras mayores». Recordemos que durante las dos primeras décadas de la industria petrolera en el país (1922-1942), la regalía estuvo en promedio en 0,12%, mientras que a partir de 1943 esta inicia su ascenso. Sigamos a Ramón Espinasa en sus guarismos, que son esclarecedores del significado del aumento tributario: «Para 1945, cuando se inicia la recuperación de los precios, el promedio es 1,05 $/b y la participación es de 0,41$/b, lo que significa un aumento porcentual de la renta significativo respecto a las dos primeras décadas. Para 1949, el precio casi se ha duplicado llegando a 2,08 $/b y la participación del Estado llega a 0,68% $/b» (Espinasa, 1989: 23). Es evidente el aumento del ingreso para el Estado, producto de la renta petrolera, de modo que las variables son todas favorables: los precios se duplican, la producción se cuadruplica y el porcentaje recibido por el Estado se cuadruplica también. Pasa de 0,12% por barril a más de 40 por barril. Imposible no advertir que el papel del Estado en la dinámica económica, social y política venezolana se va a intensificar sustancialmente a partir de esta fecha, como de hecho pasó y sigue pasando.

El 28 de agosto de 1952, con Vera Izquierdo como ministro de Minas e Hidrocarburos, se firmó un Convenio Suplementario de Comercio entre Estados Unidos y Venezuela. Este convenio vino a modificar el Tratado de Reciprocidad Comercial firmado el 6 de noviembre de 1939, durante el gobierno de López Contreras. Como toda negociación, trajo cambios favorables para ambas partes. Para Venezuela trajo una reducción tributaria para el petróleo venezolano en los Estados Unidos. En reciprocidad, estos lograron una reducción tributaria importante para sus productos en Venezuela. Venezuela, por su parte, logró una exención arancelaria para el hierro en los Estados Unidos. El canciller Gómez Ruiz declaró entonces que el nuevo convenio protegía con aranceles la agricultura y la pesca venezolana, mientras celebraba que las reducciones y exenciones tributarias para el petróleo y el hierro redundarían en mayores ingresos para el fisco nacional (Rivas Aguilar, 1999: 30). No cabe la menor duda de que benefició al Estado venezolano en el cobro de la renta petrolera y, también, dentro de la política de la ISI (Industrialización Sustitutiva de Importaciones), señalada antes, la cual cumplió su cometido de proteger «nuestra incipiente industria nacional», como dijo Gómez Ruiz. Como vemos, dos hechos signaron el ministerio de Vera Izquierdo: la Primera Convención Nacional de Petróleo, que trajo por primera vez a funcionarios petroleros del Medio Oriente a Venezuela, y la firma del nuevo Convenio Comercial con los Estados Unidos.

El mapa político volvió a cambiar en 1952. El tema de las elecciones presidenciales y de los representantes al Congreso Nacional, que estaba pendiente para diciembre de 1952, la Junta de Gobierno lo resolvió convocando a una Asamblea Nacional Constituyente que redactara una nueva Constitución Nacional, en vez de elegir nuevo mandatario. En abril de 1951 se aprobó el nuevo Estatuto Electoral, que impedía que AD y el PCV se presentaran con candidatos a la contienda; no así URD y Copei, con Jóvito Villalba y Rafael Caldera a la cabeza. La mano militar apretaba cada vez más sobre el cuello de la disidencia y las persecuciones contra los dirigentes de AD y el PCV arreciaban.

Los comicios tuvieron lugar el 30 de noviembre de 1952, después de una campaña en la que URD recogió un apoyo notable, al punto que la concentración que logró en el Nuevo Circo de Caracas el 27 de noviembre es la más grande que se recuerde en aquellos años. Rafael Caldera y su partido, Copei, recorrieron el país dando discursos. La asistencia del pueblo a las elecciones fue masiva. Las primeras cifras daban la victoria a URD, con una votación considerable de Copei, mientras el partido del gobierno, el FEI, quedaba rezagado.

El 1 de diciembre ya es evidente que URD ha ganado las elecciones y que Jóvito Villalba es el diputado electo con mayor número de votos en la Asamblea Nacional Constituyente, lo que lo convierte, de hecho y de derecho, en el venezolano de mayor respaldo popular, pero el gobierno decide desconocer los resultados electorales. Se crea una crisis en el Consejo Supremo Electoral en donde los honestos se niegan a alterar los resultados a favor del gobierno y, su presidente, Vicente Grisanti, se refugia en la Embajada de Brasil. Once de los quince miembros del CSE renuncian junto a Grisanti, mientras el gobierno designa un nuevo CSE que sí está dispuesto a falsificar el resultado.

El 2 de diciembre, el nuevo CSE entrega unos resultados falsos, en los que gana por amplio margen el FEI (Frente Electoral Independiente). Marcos Pérez Jiménez asume la Presidencia Provisional de Venezuela el mismo día, mientras el gobierno hace esfuerzos por lograr que URD acepte el resultado electoral. En vista de que no lo hacen, son subidos a un avión y expulsados a Panamá el 15 de diciembre. Copei, a su vez, no forma parte de la Asamblea Nacional Constituyente; en enero condiciona su participación, pero el gobierno no responde a sus peticiones.

Si la Junta Militar de Gobierno presidida por Delgado Chalbaud llegó al poder infligiéndole un golpe de Estado a un presidente electo por la mayoría, la presidencia provisional de Pérez Jiménez se impuso sobre un fraude electoral, perpetrado contra el mismo pueblo, que veía burlada su voluntad. Habían pasado apenas cuatro años.

Como dijimos antes, a Vera Izquierdo lo sucede en el ministerio Edmundo Luongo Cabello. Un funcionario de carrera que estaba lejos de ser un improvisado. Se había graduado en la UCV de doctor en Ciencias Físicas y Matemáticas (1928) y en 1930 entró a trabajar en el Ministerio de Fomento. Estando allí, el ministro Gumersindo Torres lo escogió junto a dos funcionarios más para enviarlos a estudiar Ingeniería Petrolera en Oklahoma. De allá regresó en 1933, egresado de la Universidad de Norman. Fue de los primeros ingenieros petroleros que hubo en Venezuela y se desempeñó como inspector de campo y técnico de hidrocarburos entre 1933 y 1939. Luego fue ascendido a director nacional de hidrocarburos entre 1939 y 1943. Medina Angarita lo incluyó en la Comisión Redactora de la Ley de Hidrocarburos de 1943. Luego, durante el trienio, siguió trabajando en el Ministerio de Fomento, pero en cargos menores y no propiamente vinculados con el petróleo. Cuando Egaña regresó a Fomento en 1949, lo volvió a distinguir y lo envió en la misión especial al Medio Oriente. Para el momento en que es designado ministro de Minas e Hidrocarburos, a finales de 1952, tiene más de veinte años haciendo carrera en el área de hidrocarburos del Estado venezolano. Puede afirmarse que fue el primer venezolano en alcanzar un puesto de esta magnitud en el área petrolera después de haber hecho una carrera técnica interna. No era un político y, seguramente, esto no fue un punto a su favor.

Afirma el ministro Luongo Cabello en la introducción a la Memoria de Minas e Hidrocarburos correspondiente a 1952, que el esfuerzo exploratorio de las concesionarias había decaído. Afirma: «Las actividades de exploración en los últimos años han sido del tipo superficial, geológicas o geofísicas; esto es, del tipo de exploración libre consagrado por la ley, para el cual no es necesario que exista la figura de concesión» (Rivas Aguilar, 1999: 234). Luego, en su libro *Hidrocarburos: el proceso de otorgamiento de las concesiones del ciclo 1956-1957*, abunda en argumentos a favor de las concesiones que se otorgaron. Antes aclara que estas no tuvieron, según su versión, relación alguna con la nacionalización del canal de Suez (1957) ni con una situación deficitaria del Gobierno Nacional. Como prueba, afirma que en las 196 cuentas que le rindió a Pérez Jiménez entre 1952 y 1956, le tocó el tema de las concesiones hasta que este accedió a darlas, escogiendo el momento indicado. En suma, cuál fue al argumento rey para otorgarlas: «El presagio de deterioro de la industria por la aparición del signo negativo en las reinversiones fue inquietante: dentro de un cuadro de reinversiones positivas, las de 1955 de Venezuela pasaron a ser menos de ciento seis millones de bolívares y esto había de ser corregido con urgencia» (Rivas Aguilar, 1999: 360).

Tomemos en cuenta que el principio petrolero de la dictadura militar no era el de «no más concesiones» de Pérez Alfonzo, de modo que la línea argumental era otra, que no excluía el otorgamiento de nuevas concesiones si se trataba de engrosar los ingresos del Estado. Eso hicieron y despertaron la ira, desde el exilio, tanto de Betancourt como de Pérez Alfonzo, quienes consideraban que el otorgamiento de nuevas concesiones era una suerte de «traición a la patria», además, naturalmente, de que veían con desesperación el hecho de que la dictadura militar engrosara sus arcas y, en consecuencia, ampliara su poderío.

Se entregaron en concesión 823 123 hectáreas. El grueso de las concesiones las obtuvieron por licitación las empresas grandes de entonces (Creole, Shell, Mene Grande), habiendo obtenido hectáreas también un conjunto considerable de empresas de menor magnitud, que también entraron en juego por el mismo mecanismo de las licitaciones. Es de hace notar que Pérez Alfonzo, siendo ministro de Minas e Hidrocarburos del segundo gobierno de Betancourt (1959-1964) publicó un libro intitulado *Petróleo, jugo de la tierra* (1961) donde afirma que este proceso de nuevas concesiones fue transparente. Citaremos *in extenso*, dada las asombrosas afirmaciones de Pérez Alfonzo. Dice el Ministro:

> Derrocada la dictadura, la Junta de Gobierno ordenó hacer un examen exhaustivo del otorgamiento de concesiones para verificar las irregularidades que se hubieran podido cometer. Hasta se contrató a una firma de analistas consultores, la A.C.A. de Venezuela, para «escrutar cuidadosamente los *records* de todas las concesiones otorgadas en 1956 y 1957, incluyendo las solicitudes para los lotes en los cuales no se dieron las concesiones». En informe fue presentado el 20 de mayo de 1958 y, como hubiera podido esperarse, todo se encontró en forma y cumplidos los procedimientos pautados. Podría hasta reconocerse que

nunca antes se procedió con tanta diligencia y método, y desde luego, como queda dicho anteriormente, el rendimiento económico obtenido batió todos los antecedentes porque se recibió cien veces más por hectárea que lo recibido en el ciclo inmediato anterior de 1943-1944. La operación, por lo demás, fue hábil y oportuna. Se obtuvo lo más que se pudo en un momento muy favorable de mercado para esa inusitada mercancía: concesiones de petróleo en el país de mayor exportación y de mayores ganancias para la industria (Pérez Alfonzo, 1961: 31).

Luego, una vez aclarado por el archienemigo de la política petrolera de la dictadura que el proceso concesionario se hizo correctamente, se dedica Pérez Alfonzo a señalar que la corrupción no estuvo allí, sino en otras áreas de la administración pública alimentadas, obviamente, por la renta petrolera. Concuerda con la preocupación de Betancourt desde el exilio: las nuevas concesiones le darían mayores recursos a la dictadura. Se hace evidente que las críticas de Betancourt-Pérez Alfonzo se refieren a las consecuencias políticas que traerían las nuevas concesiones, pero Pérez Alfonzo reconoce que el proceso en sí mismo fue ajustado a las normas e, incluso, a la política imperante de buscar el mayor rendimiento de la renta petrolera. Afirma Pérez Alfonzo: «Cuando se examinan el procedimiento y los resultados inmediatos obtenidos con el otorgamiento de las concesiones, se desvía el asunto hacia lo accidental y secundario… Lo fundamental es que se trataba de un gobierno de facto, usurpador de la soberanía popular, sin derecho a tomar medidas válidas contra el interés general colectivo…» (Pérez Alfonzo, 1961: 33). Como vemos, el corazón de la crítica no era sobre lo hecho propiamente, sino sobre la inconveniencia de hacerlo y sobre los autores: un gobierno de facto, ilegítimo.

Lo anterior ha conducido a analistas e historiadores del tema petrolero recientes, ya lejos del fragor de la batalla política de entonces, a afirmar, como lo hace el profesor de la Universidad de Los Andes (Mérida) Ramón Rivas Aguilar, lo siguiente:

La política petrolera que se desplegó a lo largo de la década militar, fue una obra exitosa. Pues ella, como tal, no fue el fruto de la negligencia y la improvisación, sino todo lo contrario: fue el producto del estudio, del examen, de la investigación y de la comprensión de las incidencias petroleras en el panorama energético mundial y nacional que se produjeron después de la postguerra. La élite político-militar y petrolera actuó con inteligencia, creatividad, firmeza y osadía histórica para enfrentar los retos de un nuevo ciclo postbélico mundial (Rivas Agilar, 1999: 43).

Recordemos que, ciertamente, los encargados del tema petrolero durante la década militar no eran improvisados; todo lo contrario. Estamos hablando de Manuel R. Egaña (1949-1950), Santiago Vera Izquierdo (1950-1952) y Edmundo Luongo Cabello (1952-1958). Y es cierto que la política desarrollada no se desvió de lo pautado desde mucho antes: buscar que el rendimiento de la renta petrolera fuera cada vez mayor para el Estado. Se distanciaron de la política del trienio adeco en un aspecto fundamental: el otorgamiento de nuevas concesiones, pero hemos visto que hubo argumentos para hacerlo; no se trató de un capricho dictatorial. Por otra parte, cómo negar que el crecimiento notable de la producción petrolera nacional en la década de los años sesenta se debió, en alguna medida, a las nuevas concesiones otorgadas en 1956 y 1957. Veamos las cifras del profesor Balestrini, tomadas de las publicaciones oficiales del Ministerio de Energía y Minas (PODE).

Año	Barriles diarios
1960	2 846 107
1961	2 919 881
1962	3 199 771
1963	3 247 976
1964	3 392 848
1965	3 472 882
1966	3 371 134
1967	3 542 126
1968	3 604 754
1969	3 594 061
1970	3 708 000

Finalmente, el 23 de enero de 1958 ocurrió el desenlace de lo que venía en marcha desde unos meses antes. En noviembre de 1957 anunció el gobierno que las elecciones tendrían lugar bajo la modalidad de un plebiscito, en el que los electores optarían por la continuación o no del gobierno de Pérez Jiménez. Por supuesto, el resultado de los comicios del 15 de diciembre fue abrumadoramente favorable a Pérez Jiménez, cosa que la resistencia denunció, de la manera que pudo en medio de la censura, como un fraude. El 21 de diciembre, el Consejo Supremo Electoral proclama a Pérez Jiménez como presidente de la República, y el 29, la Junta Patriótica llama a las Fuerzas Armadas a manifestarse a favor de la Constitución Nacional.

El 1 de enero de 1958 se alza la Fuerza Aérea acantonada en Maracay, con el coronel Hugo Trejo a la cabeza, mientras el 7 del mismo mes los estudiantes manifiestan en contra del gobierno. Trejo venía, desde 1955, tejiendo una red de conjurados que llegaba a casi cuatrocientos oficiales en contra de la dictadura. Es hecho preso y sofocada la rebelión maracayera. Sectores de la Armada se suman a la protesta. La crisis está en marcha. El Gabinete Ejecutivo renuncia el 9 de enero y, el 13, Pérez Jiménez asume personalmente el Ministerio de la Defensa. Un sector importante de las Fuerzas Armadas le impone condiciones al gobierno, entre otras, la salida de funcionarios públicos a quienes consideran inconvenientes. Salen del gobierno, y del país, Laureano Vallenilla Planchart y Pedro Estrada. A partir del 10 de enero, en las cárceles no hay sitio para nadie más.

Los gremios profesionales, los intelectuales y otros sectores de la vida nacional van manifestándose públicamente, reclamando el regreso de las formas democráticas de convivencia. El 21 de enero comienza una huelga de prensa y, de inmediato, una huelga general. El gobierno responde con un toque de queda. La crisis se precipita hacia su final. El 22, sectores mayoritarios de las Fuerzas Armadas se suman al clamor popular. Pérez Jiménez ha perdido todo apoyo, de modo que, en la madrugada del 23, se dirige al aeropuerto de La Carlota, toma el avión que la conseja popular había bautizado como La Vaca Sagrada y alza vuelo hacia Santo Domingo: allí lo recibiría el dictador Rafael Leónidas Trujillo.

Antes de partir, los pocos militares fieles a Pérez Jiménez le manifiestan que ellos permanecerán al mando, a lo que el tachirense responde que nombren una Junta de Gobierno presidida por el oficial de mayor antigüedad y más alto rango: el contralmirante Wolfgang Larrazábal. Así fue. Los primeros hechos conducen hacia una decisión equivocada: la Junta que se crea es militar, y está presidida por el contralmirante Wolfgang Larrazábal Ugueto, el coronel Carlos Luis Araque, el coronel Pedro José Quevedo y los coroneles Abel Romero Villate y Roberto Casanova. La designación de estos dos últimos motiva, entre el 23 y el 24 de enero, protestas callejeras y enardecidas manifestaciones, ya que ambos estuvieron visiblemente ligados a la dictadura. Larrazábal escucha a la calle y cambia el 24 la composición de la Junta, incorporando a dos civiles: Eugenio Mendoza Goiticoa y Blas Lamberti, con lo que esta pasa a llamarse Junta de Gobierno.

El gobierno de transición de Edgar Sanabria (1958) y el 60% y 40%

Una vez decidido Wolfgang Larrazábal a aspirar a la Presidencia de la República en las elecciones de diciembre de 1958, respaldado por URD y otras fuerzas políticas, tuvo que abandonar la presidencia de la Junta de Gobierno que gobernaba el país desde el 23 de enero de 1958. Lo sustituyó en el cargo el profesor universitario Edgar Sanabria, entonces también integrante de la Junta de Gobierno, en calidad de secretario, desde su instalación. Sanabria gobernó desde el 14 de noviembre de 1958 hasta la entrega al vencedor de la contienda electoral, Rómulo Betancourt, el 13 de febrero de 1959; tres meses exactos de gobierno. Así como el gobierno provisorio de

Larrazábal no introdujo cambios sustanciales en materia petrolera, el de Sanabria sí lo hizo, y en qué magnitud.

Recordemos que el primer ministro de Hacienda de la Junta de Gobierno presidida por Wolfgang Larrazábal, designado el 23 de enero de 1958, fue Arturo Sosa. A este lo sustituyó en el cargo José Antonio Mayobre, el 28 de mayo. Recordemos también que José Lorenzo Prado ejerció fugazmente el Ministerio de Minas e Hidrocarburos entre el 23 de enero y el 27 de febrero, siendo sustituido por Carlos Pérez de la Cova, quien ejerció el cargo hasta el 19 de noviembre, cuando lo sustituye quien venía ejerciendo como gobernador del Distrito Federal: Julio Diez, designado el 21 del mismo mes por Sanabria.

Entonces, el ministro de Hacienda ratificado por Sanabria era José Antonio Mayobre, de quien dependía propiamente la reforma de la Ley de Impuesto sobre la Renta que se quería proponer al Congreso Nacional. La reforma se promulgó el 19 de diciembre de 1958 con la firma del Decreto-Ley 476 y luego se escucharon palabras de Sanabria, Mayobre y Diez. En el acto, dijo Diez: «La reforma de la Ley de Impuesto sobre la Renta que se promulga esta noche tiene un alcance general y no específico de gravar solamente las industrias extractivas y se halla inspirada en los principios de justicia y moderación que son característicos de nuestra legislación impositiva. (Diez, 1963: 256). En pocas palabras: se subió la tasa máxima del impuesto sobre la renta de 28,5% a 47,5%, porcentaje que, sumado a la regalía, ascendía a un poco más del 60% de lo producido por las concesionarias petroleras, mientras estas alcanzaban a percibir un poco menos del 40%. Esto fue, sin duda, una situación imprevista para las concesionarias y para la mayoría de los venezolanos. Nadie creyó que Sanabria se atrevería a hacer una reforma de tal magnitud en un gobierno de naturaleza provisoria, como fue el suyo. A partir de ello se han blandido encontradas conjeturas.

Para Bernard Mommer, en su libro *La cuestión petrolera*, se trató de una suerte de venganza de un ministro medinista ahora sanabrista, Julio Diez, adelantándosele a Betancourt y arrebatándole el logro político de haber implementado la reforma. Para Eduardo Mayobre (hijo de José Antonio Mayobre), citada la especie por Diego Bautista Urbaneja en *La renta y el reclamo*, se hizo de común y secretísimo acuerdo entre Sanabria y Betancourt. Esta hipótesis la suscribe Luis José Silva Luongo cuando afirma: «Rómulo Betancourt era Presidente electo y se presume que ha debido ser informado de esta reforma, ya que cuando asumió la Presidencia Constitucional de la República el 13 de febrero de 1959 ratificó a Mayobre como ministro de Hacienda» (Silva Luongo, 2010: 373).

Estos son los dos extremos conjeturales. En verdad, el segundo es difícil de creer. Betancourt no tenía ningún motivo para querer eludir semejante medida, que colocaba a Venezuela en la vanguardia mundial en cuanto al porcentaje de cobro de la renta petrolera por parte de los países productores. Se dice que Betancourt no quería molestar a las concesionarias y por ello pactó en secreto con Sanabria la reforma. No nos resulta convincente, pero tampoco lo descartamos de plano. Tampoco creemos que se tratara de una venganza personal del ministro del Trabajo de Medina, Julio Diez, en contra de Betancourt.

Nos resultan más razonables otros argumentos, menos emocionales. Si no se hacía la reforma en 1958 se perdían los ingresos de ese año, y estos sumaban una cantidad considerable para un gobierno con problemas presupuestarios evidentes, manifestados por el director general de Presupuesto, Heli Malaret, el 16 de diciembre de 1958, cuando aseguró que el déficit ascendía a 462 millones de bolívares. (Borges, 2009: 64). De modo que motivos presupuestarios en abundancia tenía Sanabria para decretar la reforma, además de que, naturalmente, sabía que de hacerlo pasaría a la historia por la densidad de lo reformado tributariamente y, la verdad, estas ambiciones no le eran ajenas. Recordemos que también decretó la tan ansiada autonomía universitaria, hecho trascendental para la educación superior en el país. Además, creó por decreto el Parque

Nacional El Ávila, sorprendiendo a los ambientalistas de entonces y preservando el pulmón vegetal de Caracas, de modo que al profesor Sanabria no le temblaba el pulso.

La reacción de la concesionaria más grande no se hizo esperar. El presidente de la Creole, Harold Warren Haight, le envió una carta al ministro Diez el 22 de diciembre de 1958, afirmando:

> La promulgación de la Ley de Impuesto sobre la Renta el 19 de los corrientes nos ha causado sorpresa y alarma. Sorpresa por cuanto siempre hemos tenido la oportunidad en años anteriores de intercambiar ideas e informaciones con el Gobierno cuando éste ha pensado tomar medidas que afectaran a la industria en el aspecto impositivo... Y nos ha causado alarma por cuanto consideramos que el drástico aumento impositivo influirá de manera adversa en la posición competitiva del petróleo venezolano en los mercados mundiales... Respetuosamente pedimos una reconsideración de esta acción, y mientras tanto llevaremos a su conocimiento las medidas que gradualmente tengamos que tomar, en resguardo de los intereses de la Compañía, para contrarrestar los efectos de un aumento impositivo que no se compadece con la situación actual de un excedente enorme de capacidad productiva mundial (Mejía Alarcón, 1972: 121).

El Gobierno consideró la carta profundamente irrespetuosa y le revocó la visa a Haight, quien se encontraba de vacaciones en Costa Rica. La Creole decidió llamar de nuevo a Arthur Proudfit para que asumiera el timón en Venezuela. Como sabemos, ya Proudfit había presidido la Creole entre 1945 y 1954. Por otra parte, Haight declara a la prensa en el aeropuerto de Maiquetía antes de irse a Costa Rica y dice algo revelador:

> Venezuela ha desconocido nuestros derechos adquiridos y ha ignorado la obligación moral –si no legal- de negociar. Esta medida ignora por completo las reiteradas declaraciones formuladas durante su reciente campaña electoral por el Presidente de Venezuela, señor Rómulo

Betancourt, en el sentido de que cualquier cambio en la política petrolera del Estado sería tratado como un asunto comercial y sería discutido ampliamente con la industria (Borges, 2009: 66).

De acuerdo con estas declaraciones son dos los sorprendidos: las concesionarias y Betancourt. La verdad es que Sanabria procedió sin consultar con la industria; también es verdad que, si lo hubiera hecho, esta se habría opuesto radicalmente y habría movido todos sus mecanismos de presión para evitarlo. En este sentido, fue un «madrugonazo» sanabriano que, paradójicamente, le evitaba un futuro encontronazo a Betancourt en caso de que quisiera implementar el alza del tributo. Por esto último, recordemos que no faltan quienes piensan que se trató de un acuerdo secreto entre Betancourt y Sanabria, pero esto no hay manera de demostrarlo ni parece probable a la luz de los testimonios.

También es cierto que Betancourt había anunciado la reforma de la Ley de Impuesto sobre la Renta. En el discurso de cierre de campaña el 5 de diciembre de 1958 en la plaza O'Leary de El Silencio dijo: «En 1958 están obteniendo el 32 por ciento de utilidades y eso es inaceptable para el Estado venezolano. Las compañías petroleras deberán pagar mayores impuestos» (Borges, 2009: 71). Al parecer, Haight no escuchó esta parte del discurso. En todo caso, la decisión estaba tomada y no tenía marcha atrás. El gobierno provisorio que concluía cerraba el año fiscal de 1958 en azul y no en rojo, como había anunciado Malaret. El gobierno que comenzaría en febrero tendría mayores ingresos, sin la menor duda. Venezuela había dado un paso adelante en su proyecto de recibir cada vez más de la renta petrolera. La ecuación seguía siendo la misma: las concesionarias extraían petróleo y lo comercializaban, mientras el Estado fiscalizaba y cobraba la renta de la tierra y el impuesto sobre la renta.

Años después, en 1967, estando en su temporada suiza (Berna), al concluir su segundo gobierno, Betancourt escribe un ensayo sobre el tema petrolero. Se titula «Petróleo: Venezuela y el mundo». Allí desliza la hipótesis según la cual las restricciones al petróleo venezolano impuestas por el gobierno de Dwight Eisenhower el 10 de marzo de 1959 estuvieron susurradas al oído por las compañías petroleras en retaliación por la nueva tasa impositiva del gobierno de Sanabria, mientras desinvertían en Venezuela para concentrarse en el Medio Oriente y Canadá. La verdad es que el paso del 50% y 50% al 63% y 37%, o 65% y 35%, como algunos señalan, perjudicó a las concesionarias en Venezuela y, obviamente, si tenían oportunidades en otros países donde el impuesto no fuese de esta magnitud, pues naturalmente se enfocarían en esos espacios. En cuanto a las restricciones que impuso el Gobierno de los Estados Unidos a Venezuela, no parece probable que haya sido susurrado al oído por las concesionarias, cuando ellas mismas se verían perjudicadas, ya que eran las exportadoras de petróleo venezolano a los Estados Unidos. Las restricciones estuvieron inspiradas en la conjunción de dos variables: los precios habían bajado porque se estaba en un período de abundancia en el mercado petrolero mundial, la producción del Medio Oriente no dejaba de crecer y los productores norteamericanos pedían protección. Si el gobierno norteamericano no fijaba restricciones al petróleo importado, el negocio de la producción interna se hacía inviable. En todo caso, mientras los precios estuvieron bajos y hubo abundancia, el país del norte no se animó a revisar las restricciones. Las cifras de Baptista (2011: 116-117) señalan estos precios por barril:

1958	2,50	**1965**	1,88	**1972**	2,52
1959	2,23	**1966**	1,88	**1973**	3,71
1960	2,12	**1967**	1,85	**1974**	10,53
1961	2,12	**1968**	1,86	**1975**	10,99
1962	2,08	**1969**	1,81	**1976**	11,15
1963	2,03	**1970**	1,84	**1977**	12,54
1964	1,94	**1971**	2,35	**1978**	12,04

Es imposible no advertir que la caída de los precios en el mercado internacional del petróleo condujo a la necesidad de la creación de la OPEP, como veremos luego. Los países productores necesitaban unirse para defender los precios frente a los consumidores. Eso hicieron.

El segundo gobierno de Rómulo Betancourt (1959-1964) y la creación de la CVP y la OPEP

Rómulo Betancourt Bello asume la Presidencia de la República el 13 de febrero de 1959, habiendo sido electo en diciembre para gobernar durante el quinquenio 1959-1964. Antes de su asunción, el Congreso Nacional, presidido por Raúl Leoni, crea el 28 de enero la comisión especial encargada de redactar el proyecto de Constitución Nacional, que sería sometido a consideración de las cámaras legislativas. Su ministro de Minas e Hidrocarburos será, de nuevo, Juan Pablo Pérez Alfonzo. Veamos las dos realizaciones petroleras de este período: la creación de la OPEP (Organización de Países Exportadores de Petróleo) y de la CVP (Corporación Venezolana de Petróleo), así como el contexto nacional e internacional en el que tuvieron lugar.

Recordemos que quienes vuelven a gobernar los destinos petroleros del país (Betancourt y Pérez Alfonzo) vienen de diez años de exilio. El primero estuvo en Nueva York, La Habana, Costa Rica, Puerto Rico y, otra vez, Nueva York; el segundo, en Washington y México. Betancourt le colocó el punto final a *Venezuela, política y petróleo* en Puerto Rico, en diciembre de 1955, mientras Pérez Alfonzo se esmeró en comprender a cabalidad los carteles y mecanismos de control de precios en los Estados Unidos, en particular el de la Railroad Comission of Texas, y tenía muy claro que algo similar había que implementar a nivel global. Es cierto que una vez en Venezuela, posesionado del cargo de ministro de Minas e Hidrocarburos, intentó ser escuchado por las autoridades competentes de los Estados Unidos, pero ni siquiera atendieron la propuesta. Empecinado como era el caraqueño, muy pronto se le presentó la oportunidad de referirles el proyecto a los representantes de algunos países del Medio Oriente, quienes sí tenían oídos para una cartelización de los precios por parte de los productores, en defensa de los precios, que venían bajando.

El antecedente inmediato de la OPEP fue el Congreso Árabe sobre el Petróleo, ocurrido en El Cairo entre el 16 y el 21 de abril de 1959, bajo la égida de Nasser. Allí estuvieron los personajes centrales que un año después crearían la OPEP: Abdullah Tariki, artífice de la política petrolera de Arabia Saudita, y Juan Pablo Pérez Alfonzo. Tariki y Pérez Alfonzo aprovecharon la ocasión cairota para reunirse secretamente y firmar un «Pacto de caballeros» con representantes de la República Árabe Unida (S. Nessim), Irak (Mohamed Salman), Kuwait (Ahmed El Sayed Omar), además de un iraní (Manucher Farmanfarmaian), presente en calidad de testigo, aun cuando sin vocería acreditada. Para ello, tuvieron que simular que se reunían en plan de esparcimiento en el Club Náutico El Maadi, en las afueras de El Cairo, para no despertar sospechas entre sus anfitriones. Pérez Alfonzo se hizo acompañar de Manuel Pérez Guerrero, quien había sido representante de la Organización de las Naciones Unidas (ONU) en los países árabes y hablaba la lengua, además de ser poseedor de otras notables facultades diplomáticas, aparte de conocer los propósitos de Pérez Alfonzo sobre el tema de la cartelización. Pérez Guerrero había sido designado por Betancourt jefe de Cordiplan. Entonces, los pactantes se obligaban a llevar recomendaciones a sus gobiernos con miras a cuatro puntos medulares: a) defender los precios, b) crear compañías nacionales, c) pasar al 60%-40% (cosa que ya Venezuela había hecho, como vimos antes) y d) constituir un organismo internacional que decidiera permanentemente sobre estos asuntos. Este era el plan de trabajo.

Yergin refiere con lujo de detalles esta reunión y no pierde oportunidad de darle un carácter cinematográfico al encuentro secreto en el Club El Maadi. Afirma que quien presentó a Tariki y Pérez Alfonzo fue la legendaria periodista Wanda Jablonski, corresponsal de la revista *Petroleum Week* en todo el mundo, durante el encuentro de abril en la capital de Egipto. Invitó a ambos a tomar una Coca-Cola en su habitación del Hilton de El Cairo porque sabía que ambos pensaban lo mismo (Yergin, 1992: 685). En todo caso, muy pronto tuvo sentido haber firmado el «Pacto de Caballeros». La Standard Oil of New Jersey (ya entonces la Esso) se decantó por bajar los precios de referencia el 9 de agosto de 1960. Entonces, se encendieron las alarmas y llegó un telegrama urgente a la oficina de Pérez Alfonzo en Caracas: el gobierno de Irak convocaba a una reunión el 10 de septiembre en Bagdad. No hacía falta hacer explícito el motivo de la reunión: los precios no podían seguir bajando. Lo conversado en El Cairo a la vera de los yates había que articularlo.

En Bagdad (Irak) el 14 de septiembre de 1960 se firma el tratado que crea la OPEP. Lo suscriben Arabia Saudita, Kuwait, Irán, Irak y Venezuela, con Qatar como observador, país que se suma en 1961. Luego se incorporan Libia e Indonesia (1962), Emiratos Árabes Unidos (1967), Argelia (1969), Nigeria (1971), Ecuador (1973), Gabón (1975) y Angola (2007). Gabón abandonó la organización en 1995 y lo mismo hizo Indonesia en el 2008. Ecuador se fue entre 1973 y 1993 y regresó en 2007. Por su parte, Sudán, México, Noruega, Rusia, Kazajistán, Omán y Egipto asisten a las reuniones como observadores. Nacía la única organización de importancia internacional propuesta por Venezuela, pero estaba lejos de cristalizar sus objetivos. Tariki y Pérez Alfonzo se daban un apretón de manos.

En verdad, durante la década de los años sesenta el papel de la OPEP no se hizo sentir demasiado, cosa que sí ocurrió a partir de 1973, cuando la organización subió los precios unilateralmente, como veremos más adelante. Además, la ampliación del grupo inicial va a producirse durante la década de los sesenta, ensanchándose así el monto de la producción mundial controlada por la organización.

Iremos viendo, a medida que ocurran los hechos, la significación que cobró la OPEP en el mercado petrolero mundial, la cual, como advertimos, no fue inmediata. Veamos ahora una política enmarcada dentro del mismo proyecto de la OPEP: la creación de la CVP.

Esta empresa nacional se inscribe dentro de los cuatro puntos pactados en la OPEP: «crear compañías nacionales». La Corporación Venezolana de Petróleo (CVP) fue creada mediante decreto presidencial de Rómulo Betancourt el 19 de abril de 1960. Entonces fue concebida jurídicamente como un Instituto Autónomo, con funciones específicas en todas las áreas petroleras, desde la producción hasta la comercialización de hidrocarburos, y su existencia se extendió hasta 1978, cuando pasó a formar parte de Corpoven, como veremos luego.

En 1964, durante el gobierno de Raúl Leoni, para fortalecer la empresa se le reservó el 33% del mercado interno de gasolina mediante decreto ministerial. Entonces, muchas de la estaciones de servicio en manos de las concesionarias fueron obligadas a traspasarse a la CVP, que eran las siglas que comúnmente identificaban a la compañía. Aunque inició sus labores de perforación y explotación petrolera en 1961, no alcanzó a tener un porcentaje alto de la producción para el momento en que el Estado estatizó la industria de hidrocarburos. Para 1974, la producción de la CVP, cercana a los 75 000 barriles diarios, apenas representaba el 2,5% de la producción nacional, de modo que en el rubro de producción no fue en el que se destacó la empresa. Sí lo hizo en cuanto a la comercialización interna de hidrocarburos, a través de sus estaciones de servicio. En verdad, no era probable que la empresa creciera mucho más allá de donde lo hizo, ya que los grandes yacimientos estaban en manos de las concesionarias bajo el régimen jurídico de la Ley de Hidrocarburos de 1943 y era improbable que no hubiesen sido descubiertos grandes yacimientos. Por supuesto, nos referimos a crudo liviano, porque la entonces llamada Faja Bituminosa del Orinoco era conocida, pero se trataba de crudo pesado, para entonces casi imposible de comercializar. En otras palabras: se buscaba hacer de la CVP la industria estatal que creciera hasta el momento entonces hipotético de la estatización; pero ¿cómo podía avanzar si no disponía de yacimientos considerables ni era posible que los tuviera sin arrebatárselos a las concesionarias, cosa que no podía ocurrir, dado el marco jurídico imperante?

Diecisiete años cruciales (1943-1960)

Estos diecisiete años son definitorios en el ámbito mundial, ya que se inicia el período conocido como la Guerra Fría, después de que las dos potencias vencedoras en la Segunda Guerra Mundial se reparten el mundo de acuerdo con las zonas de influencia que se reserva cada una de ellas. Queda claro, también, que el petróleo es la fuente reina de la energía en el planeta. En el plano nacional, en estos diecisiete años, una vez promulgadas las leyes de Hidrocarburos y de Impuesto sobre la Renta en 1942 y 1943, se inicia el avance del Estado venezolano en la percepción de la renta petrolera. Recordemos que, hasta la promulgación de estas leyes, el Estado percibió entre 12% y 15% de cada barril exportado por conducto de las regalías; ya en 1944 comenzó a percibir cerca de 46% por la suma de lo pautado por ambas leyes.

Luego, en 1948, gracias al decreto del presidente Gallegos, comienza a percibir el 50% por cada barril exportado, de acuerdo con el popular decreto conocido como el *fifty-fifty*, y a partir de diciembre de 1958, con el decreto del presidente Sanabria, alcanza algo más del 60%, llegando entonces al punto más alto antes de la estatización petrolera en 1976. De modo que estos son los años cruciales para el avance de un proyecto nacional largamente acariciado: el de percibir el Estado cada vez más recursos como consecuencia de la producción petrolera.

También en estos años se experimenta un crecimiento sostenido de la producción. En 1943 se produjeron un promedio de 491 463 barriles diarios; en 1960 el monto ascendió a 2 846 107 barriles por día; el precio, por su parte, creció de 1,03 dólares en 1943 a 2,12 dólares en 1960. Todo este gigantesco crecimiento petrolero estuvo pasando en un país proporcionalmente despoblado, lo que condujo a que Venezuela tuviera, en la década de los años cincuenta, uno de los ingresos per cápita más altos del mundo y, también, una de las tasas de recepción de inmigrantes más altas en la historia de cualquier país del planeta. En el Censo Nacional de 1961 la cifra de habitantes alcanza a 7 523 999, mientras en el Censo de 1941 la cifra era de 3 850 771. Esta duplicación de la población en apenas 20 años no es producto del crecimiento de la tasa de natalidad exclusivamente, ¡válgame Dios!, sino de enormes contingentes de inmigrantes que llegaron al país procedentes de Europa, huyéndole a la pobreza europea de la postguerra y atraídos por la riqueza petrolera, evidentemente.

En el plano internacional, estos son los años cruciales para el surgimiento del Medio Oriente como epicentro petrolero mundial. Durante la Segunda Guerra Mundial, como señalamos antes, los geólogos contratados por las empresas norteamericanas no se equivocaron cuando advirtieron que en la península arábiga estaban yacimientos de proporciones inimaginables. Esto condujo a que paulatinamente las inversiones se dirigieran hacia allá y muy pronto comenzara la explotación en grande, perdiendo Venezuela muchos puntos porcentuales en el mercado petrolero mundial. De modo que si bien es cierto que la producción petrolera venezolana creció en grandes proporciones en esos diecisiete años, no lo es menos que surgió una competencia que relegó a Venezuela a puestos menores en relación con los obtenidos hasta entonces, situación que se ha mantenido hasta nuestros días.

De la OPEP a la estatización del petróleo (1960-1976)

DIBUJEMOS UN BREVE BOSQUEJO DE LA situación internacional antes de ocuparnos del segundo gobierno de Betancourt y Acción Democrática. No olvidemos que estos dieciséis años que vamos a auscultar son los del camino hacia la estatización petrolera en Venezuela, los de la disminución de la inversión extranjera en exploración, los de la Ley de Reversión y, finalmente, los de la creación de PDVSA (Petróleos de Venezuela, S.A.). En estos años se incorpora Libia al mercado petrolero con una fuerza inesperada, se descubre petróleo en Alaska, tiene lugar la llamada «guerra de los Seis Días» y, además, son los años en los que la demanda petrolera creció inusitadamente: en 1960, el mundo exigía 19 millones de barriles diarios; en 1972, requería 44 millones de barriles por día. Por otra parte, para ese año, el 35% del petróleo del planeta lo producía el Medio Oriente, donde además se hallaba el 60% de las reservas del mundo. Entre 1960 y 1976 el mapa petrolero cambió y, en consecuencia, el geopolítico mundial. Evidentemente, en la medida en que se incorporó al mercado el Medio Oriente, Venezuela perdió puntos porcentuales, pero en compensación, si cabe el vocablo, la producción petrolera nacional ascendió.

Libia toca la trompeta

Hacia finales de la década de los años cincuenta, el rey Idris de Libia desarrolló un plan distinto para su país: quería otorgar muchas concesiones pequeñas a varias empresas y no pocas a pocas compañías. Así fue; en 1956 la Standard Oil of New Jersey halló petróleo en el campo de Zelten. En 1961 ya Libia exportaba crudo de muy alta calidad. Para 1965 era el sexto productor de petróleo del mundo, alcanzando a tener el 10% de las exportaciones en el planeta. Para 1969, producía 3 millones de barriles al día y superaba a Arabia Saudita. Pocas veces se ha visto una progresión creciente en tan pocos años como la de Libia. Los problemas estaban por llegar.

Estrechamente ligada a este proceso estuvo la Occidental Petroleum, de Armand Hammer, ya que obtuvo en 1965 una concesión que en poco tiempo llevó a su empresa a producir 800 000 barriles diarios y a colocarla entre las grandes cuando, apenas diez años antes, Hammer era un comerciante de arte y no soñaba con ser el dueño de una gran petrolera del mundo. Pero Hammer también vería disminuidas sus ganancias cuando menos sospechaba que eso ocurriría, dadas sus estupendas relaciones con el rey Idris. El 1 de septiembre de 1969, un grupo de jóvenes oficiales nasseristas y radicales, comandados por Muammar el Gaddafi, dieron un golpe de Estado y tomaron el poder. La pesadilla comenzaba para Libia.

Gaddafi expulsó a los soldados de las bases militares británicas y norteamericanas de inmediato e inició su campaña contra las petroleras asentadas en Libia para exigir un mayor porcentaje de los precios y, además, su alza. Gaddafi se empeñó en reducir la producción para provocar un alza en los precios y la coyuntura lo ayudaba: el canal de Suez cerrado, como parte del conflicto árabe-israelí, llevaba a Libia a abastecer cerca del 40% del petróleo de Europa. A la par, las presiones sobre las petroleras, la Occidental en especial, iban creciendo. Libia finalmente logró, en 1970, que su participación llegara al 55%, además de una subida del 20% en impuestos. Otra vuelta de tuerca en el control de los Estados sobre las concesionarias.

Un elefante en Alaska

En la jerga petrolera suele llamarse, a un campo muy grande, un «elefante», y eso fue lo que se halló en Alaska. Este estado (el más grande de la unión norteamericana) fue comprado a Rusia en 1867 por los EE. UU. Entonces, Rusia pasaba por una crisis financiera severa.

Las primeras exploraciones tuvieron lugar entre 1956 y 1959, pero los resultados fueron exiguos. No obstante, una empresa californiana, Richfield, insistía en su búsqueda. En 1965, Richfield se unió con Atlantic Refining y crearon Arco (Atlantic Richfield Company). Para 1967 no habían hallado nada de importancia, hasta que dieron con un pozo de significación. Se denominó Prudhoe Bay State Number 1. Un año después, la firma de ingeniería De Golyer certificó que el campo era un «elefante» de tal magnitud que era el más grande descubierto en Norteamérica.

El medio escogido para transportar el petróleo desde Alaska hacia otras regiones de EE. UU. fue un oleoducto, pero alegatos ambientales y jurídicos detuvieron el proyecto durante varios años, hasta que en 1974 comenzó la construcción del Trans-Alaska Pipeline. En 1977 ya unía la bahía de Prudhoe y puerto Valdez, pasando a través de él 1 millón de barriles diarios. Pocos años después, la producción alcanzó los 2 millones diarios, representando entonces casi el 30% de la producción norteamericana.

El segundo gobierno de Rómulo Betancourt (1959-1964) y la política petrolera con Pérez Alfonzo en el epicentro

El segundo gobierno de Betancourt tuvo, como el primero, a Pérez Alfonzo al mando de la política petrolera en el Ministerio de Minas e Hidrocarburos. Asumió la cartera el 13 de febrero de 1959 y renunció a ella el 23 de enero de 1963 por razones de salud. Betancourt no le acepta la renuncia y queda encargado del Ministerio Arturo Hernández Grisanti, experto petrolero de Acción

Democrática y hombre formado desde muy joven con Pérez Alfonzo. En agosto, Hernández se presenta como candidato a diputado para las elecciones parlamentarias de 1963 y abandona el encargo, el cual queda en manos de Julio César Arreaza. Finalmente, el 16 de diciembre de 1963, cuando ya Leoni ha ganado las elecciones, Betancourt designa de común acuerdo con el presidente electo un nuevo ministro de Minas e Hidrocarburos: Manuel Pérez Guerrero, quien estará al frente del despacho desde esta fecha hasta enero de 1967 (tres años), cuando será sustituido por José Antonio Mayobre, quien estará en el ministerio hasta el cambio de gobierno, en febrero de 1969, cuando asume la cartera Hugo Pérez la Salvia.

Como vemos, durante los dos gobiernos seguidos de Acción Democrática (1959-1969), hubo tres titulares del ministerio, los tres acordes con la política diseñada básicamente por Pérez Alfonzo para su partido, con la anuencia de Betancourt. No obstante, veremos cómo las diferencias entre las decisiones tomadas por el gobierno de Leoni y las ideas de Pérez Alfonzo abrieron una zanja entre ambos, lo que nos lleva a afirmar que no fueron iguales los gobiernos de Betancourt y Leoni en materia petrolera. Hubo matices, como veremos, y no fueron menores. Tampoco puede afirmarse que estuvieron en las antípodas, evidentemente.

Esta política se basó en lo que Pérez Alfonzo llamó «El pentágono petrolero», es decir, una política con base en cinco lineamientos esenciales, dos de ellos iguales a los del pentágono que el mismo Pérez Alfonzo diseñó para el gobierno del llamado trienio adeco (1945-1948). Los de este período fueron: 1) participación razonable (se refiere a que las tasas impositivas del Estado sobre las concesionarias no debían ser ni exageradas, como para ahuyentarlas, ni muy bajas, como para que el Estado perdiera dinero). 2) No más concesiones. 3) Ley de hidrocarburos de 1943. 4) Industrialización del país. 5) Política conservacionista.

Los lineamientos del quinquenio 1959-1964, que continuaron en el de Leoni (1964-1969), fueron: 1) Participación razonable.

2) No más concesiones. 3) OPEP. 4) CVP. 5) CCCCH (Comisión Coordinadora de Conservación y el Comercio de los Hidrocarburos). Los tres lineamientos distintos obedecen a los cambios ocurridos: la OPEP, por razones obvias, pasa a ser esencial para la política petrolera nacional, ya que no solo Venezuela es fundadora entusiasta de la organización, sino que comulga con todos sus postulados con fervor y exactitud. La CVP es evidente que se trata de una política diseñada en la OPEP para todos sus miembros; es decir, dictada por la necesidad de crear empresas estatales de petróleo en cada país miembro de la organización, con el objeto de controlar en el futuro la industria petrolera nacional de cada Estado. Y la CCCCH se trata de una oficina dentro del Ministerio de Minas e Hidrocarburos que ha creado Pérez Alfonzo a fin de monitorear la industria petrolera con miras a su conservación y, en la medida de lo posible, incidir sobre los precios. No olvidemos que entonces una preocupación importante era que el petróleo venezolano mermaba, que sus yacimientos eran perecederos, que nuestras reservas probadas entonces no eran como para estimular el despilfarro. No obstante y esta política, lejos de advertir una disminución de la producción petrolera en estos años, vemos un crecimiento sostenido. De acuerdo con las cifras de los informes de la Creole Petroleum Corporation citados por Tugwell (1977, Apéndice documental), las cifras en estos años que trabajamos son estas:

Año	Producción	Año	Producción
1959	2 771 000	**1967**	3 542 100
1960	2 846 100	**1968**	3 604 800
1961	2 919 900	**1969**	3 594 100
1962	3 199 800	**1970**	3 708 000
1963	3 248 000	**1971**	3 549 100
1964	3 392 800	**1972**	3 219 900
1965	3 472 900	**1973**	3 366 000
1966	3 371 100		

Mientras el precio promedio por barril fue el siguiente:

1959	2,23	**1964**	1,94	**1969**	1,81
1960	2,12	**1965**	1,88	**1970**	1,84
1961	2,12	**1966**	1,88	**1971**	2,35
1962	2,08	**1967**	1,85	**1972**	2,52
1963	2,03	**1968**	1,86	**1973**	3,71

(Baptista, 2011: 116-117)

Por otra parte, en este quinquenio de la recién comenzada democracia liberal representativa, el tema petrolero estuvo presente en la agenda pública como nunca antes lo había estado. De hecho, el 7 de mayo de 1963 tuvo lugar un debate televisado (RCTV) entre Pérez Alfonzo y el entonces candidato presidencial Arturo Úslar Pietri sobre el tema petrolero. Fungió de moderador el periodista Carlos Rangel. Releer el texto del debate es ilustrativo de lo que estaba en el meollo de la discusión petrolera. Úslar acusa al gobierno de que, al eliminar la figura de las concesiones, ha suprimido la inversión petrolera extranjera. Pérez responde que no es cierto, que ya se sabe dónde hay petróleo en Venezuela y que la exploración no traería grandes inversiones. Úslar reclama que se haya eliminado la figura jurídica de las concesiones y que no se haya sustituido por otra. Pérez responde que sí, que hay otra, pero no explica cuál. Úslar reclama que la no exploración ha traído como consecuencia una caída ostensible de las reservas y señala que no es correcta la política de buscar precios altos, mientras los países petroleros del Medio Oriente buscan hacer crecer la producción.

Aquí, en verdad, toca Úslar Pietri un tema central: es cierto que la política venezolana ha sido la de defender los precios por encima de la producción, política que articuló Pérez Alfonzo, pero que curiosamente no se expresó plenamente mientras fue ministro, ya que la producción entonces llegó a ser altísima. Esta política vamos a verla en su plena expresión cuando la OPEP logre implementarla años después, reduciendo la producción para aumentar los precios, como veremos que ocurre en Venezuela a partir de 1974. Pérez Alfonzo lo dice en lenguaje coloquial en la respuesta a Úslar, quedando muy clara su posición. Afirma: «Con mucho menor producción sacamos más dinero y es aquí donde está el problema… tenemos que defender esa riqueza y que no podemos conformarnos con que se lleven cada vez más petróleo y contemplemos un punto subiendo en la producción y cada vez recibamos menos dinero como sucedió, precisamente, en los distintos períodos en que el Gobierno no ha sido un Gobierno que responde a la defensa de los intereses nacionales» (Úslar Pietri, 1966: 101). En 1963, el precio del barril petrolero estaba en 2,03 dólares, lo que probablemente explica por qué la producción nacional era tan alta, seguramente en contra del ideal con que soñaba Pérez Alfonzo y que llegó años después, cuando tuvo lugar el *boom* petrolero de 1973-1974. Nos referimos al ideal de precios muy altos con producción menor, esbozado por Pérez Alfonzo.

Este ideal conduce a defender los precios siempre, lo que tiene un problema importante cuando los precios bajan, ya que si se apuesta siempre a los precios y no se acometen las inversiones necesarias para aumentar la producción, cuando se necesita subir la producción porque los precios han caído no es posible hacerlo de inmediato, pues no se ha hecho el trabajo previo. En aquel entonces, esto que decimos no estaba en el panorama de Pérez Alfonzo, quien buscaba, con la creación de la OPEP, un mecanismo para el control de la producción y los precios, cometidos que no vio alcanzados de inmediato, como es sabido.

En cuanto a la política petrolera betancourista de su segundo gobierno, Franklin Tugwell coincide con Úslar en cuanto a la desinversión y la atribuye al clima político creado por el lineamiento de «no más concesiones». Afirma:

> Las compañías justificaban sus medidas explicando que el clima general en Venezuela era desfavorable para las inversiones. Con el sistema

de concesiones liquidado y ninguna alternativa viable a la vista para reemplazarlo, el futuro de las operaciones era incierto, no teniendo incentivos para hacer nuevas exploraciones o aumentar sus inversiones. Señalaron asimismo que el petróleo del Medio Oriente y el Norte de África había llegado a ser más competitivo que el producto venezolano y que el capital desviado desde Venezuela iría a esas áreas más prometedoras (Tugwell, 1977: 106).

No creemos posible que Betancourt y Pérez Alfonzo no supieran que estaban logrando estas consecuencias con su política. Nos referimos a que sus políticas estaban desestimulando la inversión de las concesionarias y promovían la inversión en otras partes del planeta, evidentemente. Probablemente no buscaban este resultado de ahuyentar las inversiones, pero era el que se alcanzaba. Mientras tanto, la producción seguía creciendo, pero no porque nuevas exploraciones abrieran nuevos pozos sino porque se llevaba al máximo los existentes, ya que la política de aumentar los precios vía OPEP, para entonces, no daba resultado, y la única manera de aumentar los ingresos del Fisco Nacional era por la vía de la producción. Esta situación fue la que heredó el gobierno de Leoni: las concesionarias buscando que se volviera a la política de concesiones para seguir invirtiendo en Venezuela, y el gobierno negado totalmente a seguir esa política y, por lo contrario, buscando controlar los precios a través de la organización internacional que había creado.

También heredó el gobierno de Leoni otro problema que no pudo resolverse porque no estaba en manos del gobierno venezolano hacerlo. Nos referimos a la disposición del gobierno de los Estados Unidos a imponer restricciones al petróleo importado, medida tomada en los primeros meses de 1959 y muy pronto levantada para Canadá y México, ya que el petróleo que llegara por vía terrestre no quedaría afectado por la medida. ¿De dónde proviene la medida? Evidentemente de la presión de los productores petroleros norteamericanos, quienes querían eliminar a los competidores foráneos de su mercado, pero esto era posible porque entonces la producción petrolera norteamericana era abundante y, lógicamente, no querían competidores en el mercado interno. No quiere decir esto, naturalmente, que se detuviera la importación de petróleo venezolano en los Estados Unidos, pero sí se redujo en buena medida.

El gobierno de Betancourt hizo todo lo posible para que se levantara la restricción y, de hecho, Betancourt afirmó haberlo convenido con el presidente John F. Kennedy, pero el magnicidio del demócrata dio al traste con la posibilidad. Betancourt tomó una medida en represalia en 1959: dejó de lado un buen número de productos norteamericanos del Tratado Comercial vigente entre los dos países, alegando que en lo adelante esos productos se producirían en Venezuela, con lo que contribuyó indirectamente con la industrialización del país. No obstante la medida, los Estados Unidos no se inmutaron y no levantaron la restricción; tampoco lo hicieron durante el período de Leoni, como tampoco durante el de Caldera, hasta tanto la producción local norteamericana se hizo insuficiente. Entonces, levantaron todas las restricciones al petróleo importado, como era natural. Esto ocurrió durante la presidencia de Richard Nixon, cuando el petróleo norteamericano ya era evidente que estaba muy lejos de abastecer la demanda nacional.

El gobierno de Raúl Leoni (1964-1969)
y los desacuerdos con Pérez Alfonzo

Si bien los primeros años del gobierno anterior de Betancourt discurrieron conforme a lo pautado por el Pacto de Puntofijo, en el de Leoni la correlación de fuerzas en el gobierno fue distinta. El guayanés gobernó sin alianza con Copei y en asociación con URD y el FND de Úslar Pietri, de modo que fue en su composición una administración distinta a la anterior. Recordemos que el Pacto de Puntofijo se deshizo el 17 de noviembre de 1960 cuando URD abandona el gobierno con motivo de la controversia en la

OEA acerca de Cuba y la posición de Betancourt. De modo que el gobierno del pacto siguió con dos socios: AD y Copei, mientras en el de la «Ancha Base», que fue como lo denominó Leoni, se tejió otra combinatoria, como señalamos antes. En ambos gobiernos de coalición, el tema petrolero se lo reservó AD para sus militantes, dada la radical importancia del asunto.

La primera diferencia de bulto entre el gobierno anterior y el actual vino dada por una coyuntura tributaria. El gobierno de Leoni se propuso aumentar sus ingresos con una modificación del esquema tributario. Este cambio traía la creación de un impuesto selectivo para las empresas petroleras. El origen de este nuevo tributo planteado estuvo en los planes de Pérez Alfonzo en su condición de ductor de la política petrolera de AD. Se basaba en el hecho de limitar las ganancias de las petroleras, ya que según Pérez Alfonzo no debían pasar de 15% de margen, y en los dos años inmediatos anteriores las ganancias habían pasado del 50%. La reforma tributaria se planteó en diversas áreas, no solo en la petrolera, pero la más afectada sería esta, si se llegaba a aprobar el impuesto selectivo de Pérez Alfonzo. De inmediato el país político opositor orquestó sus protestas: Fedecámaras, la Cámara de Comercio de Caracas y Úslar Pietri, quien a partir de la proposición tributaria de 1966 optó por abandonar el gobierno y pasar a la oposición, junto con otros partidos políticos, que también fueron actores en contra del proyecto. Por otra parte, el gobierno no tenía entonces la fuerza que tuvo el de Betancourt en esta materia, entre otras razones porque una vez ido el uslarismo de la coalición y con Copei en la oposición, su base de sustentación no era la misma que se había tenido en el quinquenio anterior.

La proposición tributaria se convirtió en una crisis política en 1966 y al gobierno no le quedó otro camino que sentarse a negociar con el factor más fuerte en la crisis: las compañías petroleras. Estas conversaciones, así como la política petrolera de los dos años que llevaba el gobierno de Leoni, las encabezó el ministro de

Minas e Hidrocarburos, un diplomático de grandes dotes negociadoras: Manuel Pérez Guerrero. Se llegó a un acuerdo para el sector petrolero que condujo a la aceptación de impuestos retroactivos por parte de las compañías. Estas lo pagarían en dinero y en obras públicas que harían para el gobierno. La suma no era la esperada (100 millones de dólares), pero tampoco fue señaladamente menor. Se acordó la fijación de precios de referencia por cinco años a los efectos de la recaudación tributaria, lo que le daba un respiro al gobierno porque, al fijar el precio, si acaso este bajaba, se respetaría el fijado, mientras que si subía, se tomaría como base el precio más alto, lo que redundaría en beneficios para el gobierno. En cuanto a la producción, no hubo acuerdo por escrito, sino la declaración de buena voluntad para incrementar la producción en un 4% por año.

Las compañías aceptaron estas nuevas condiciones que desmejoraban su situación, a cambio de la eliminación del impuesto selectivo. El gobierno sintió que avanzaba en su proyecto de obtener cada vez más recursos de la actividad petrolera y las compañías concesionarias se quitaron de encima el fantasma del impuesto selectivo. Por su parte, Pérez Alfonzo se distanció del gobierno, considerando que este había claudicado ante las concesionarias al no aplicar el impuesto selectivo diseñado por él.

No olvidemos que, por otra parte, esta no era la única desmejora que las concesionarias padecían, ya que comenzando su gobierno, en 1964, Leoni les había impuesto a las concesionarias la entrega a la CVP de hasta el 33% de su red de distribución de gasolina en estaciones de servicio, lo que evidentemente desmejoraba sustancialmente sus ingresos en el mercado interno. Si recapitulamos, veremos que, en los cinco años de Betancourt y los dos primeros de Leoni, las concesionarias perdieron terreno frente al gobierno y solo fue con la crisis de la reforma tributaria en 1966 cuando las concesionarias lograron algo de oxígeno en sus controversias, aunque su adversario más enconado, Pérez Alfonzo, ya veremos cómo no cejó en su empeño. Se opuso frontalmente al acuerdo logrado entre la Creole y el gobierno para la construcción de una planta de desulfurización, no porque no creyera que la planta fuera necesaria, sino porque le parecían inadmisibles las condiciones que aceptó el gobierno para la construcción de la planta por parte de la concesionaria. Finalmente, la Creole pudo construirla de acuerdo con lo convenido con el gobierno de Leoni, pero Pérez Alfonzo se enconó todavía más. El origen de la necesidad de crear la planta tiene que ver con que el excesivo azufre que tenía el petróleo venezolano le cerraba puertas en mercados protegidos por leyes ambientales norteamericanas, que habían fijado un plazo para que, para el año 1971, la gasolina no tuviera más del 1% de azufre. De modo que la construcción de las plantas desulfurizadoras era urgente. De hecho, tanto la Creole como la Shell construyeron sus plantas y se logró cumplir con lo pautado.

Toda esta controversia entre el gobierno de Leoni y Pérez Alfonzo ha debido ser dura de sobrellevar para Pérez Guerrero, pues era muy amigo de Pérez Alfonzo y había participado, como vimos antes, en las negociaciones para la creación de la OPEP, ya que, siendo funcionario de la ONU en los países árabes, los conocía bien y entendía su idiosincrasia. Más aún, Pérez Guerrero comulgaba plenamente con lo que se proponía Pérez Alfonzo, y si no se pudo imponer el impuesto selectivo ha debido ser porque era imposible. De ninguna manera era dable pensar que Pérez Guerrero fuese a convalidar decisiones contrarias al interés nacional; tampoco el presidente Leoni. La intemperancia e intransigencia de Pérez Alfonzo se fue pronunciando cada vez más a medida que avanzaba hacia la senectud. No pocas actitudes radicales le veremos asumir hasta el momento de su muerte, en 1979. Para entonces, ya era tenido como un gurú de la ecología, denostaba del petróleo, y era venerado por la juventud izquierdista más enfrentada al *establishment*.

Una vez superada la crisis tributaria petrolera, Pérez Guerrero salió del Ministerio de Minas e Hidrocarburos y regresó a la Organización de las Naciones Unidas, donde semanas después fue nombrado embajador por el gobierno venezolano. El 6 de enero de 1967, José

Antonio Mayobre asume el cargo de Ministro. Venía de desempeñar una posición importante en la Cepal (Comisión Económica para América Latina, de la ONU). En los próximos dos años del gobierno de Leoni, estará el economista Mayobre al frente de la política petrolera.

A Mayobre le correspondió dar respuesta a una pregunta que estaba en el aire y que Úslar Pietri insistía siempre en formular: ¿cuál mecanismo sustituye el de las concesiones? Finalmente, el ministro Mayobre dio una respuesta: los contratos de servicio. El senador Úslar se empeñó en citar al Senado al ministro para que explicara el tema y este aceptó. Su intervención está recogida en sus *Obras escogidas*. Ocurrió el 31 de mayo de 1967. En ella, Mayobre hace un recorrido por la industria petrolera en Venezuela en sus aspectos neurálgicos. Refiere cuatros líneas estratégicas que se han mantenido en el tiempo: 1) «Obtener de las operaciones de la industria el mayor beneficio financiero para el país». 2) «El segundo objeto de la política petrolera, que no se refiere al petróleo mismo, es el empleo del ingreso petrolero». 3) «La defensa de los precios». 4) «La participación del país en la operación, en el manejo, en la política de la industria petrolera» (Mayobre, 1982: 568-575). Señala claramente, además, que la «nacionalización» no es el objetivo del gobierno: «Y lo hacemos porque la estructura de nuestra industria petrolera y de nuestra economía no aconseja, de ninguna manera, una nacionalización como la medida oportuna o como la medida favorable» (Mayobre, 1982: 576).

En cuanto a la figura sustitutiva de las concesiones, los contratos de servicio, afirma Mayobre que la semana siguiente introduciría en el Congreso Nacional una reforma a la Ley de Hidrocarburos que la contemplaría. En efecto, así fue; la discusión parlamentaria llevó años y finalmente se aprobó la figura del contrato de servicios a finales de 1970, cuando gobernaba Caldera. Se implementaron los primeros en 1971, cuando la situación política era otra y la perspectiva de la estatización se abría paso entre murmullos.

En aquella intervención, Mayobre reconoce lo que Pérez Alfonzo no hizo en el debate con Úslar de 1963. Señala: «Es necesario aumentar las exportaciones; es necesario aumentar las reservas lo más posible para tener seguridad del futuro de nuestra economía, pero para lograr esto había que llegar antes a una definición de cuál es la relación con las empresas que van a explorar y que por consecuencia van a tener algún derecho a la explotación» (Mayobre, 1982: 578). En otras palabras: los contratos de servicio, sustitutivos de las concesiones, lo que la oposición uslarista venía reclamando desde varios años antes. En su intervención deja claro el ministro que el factor venezolano en los contratos de servicio será la CVP.

Corresponde al período presidencial de Leoni el inicio de las exploraciones geológicas por parte del Estado venezolano en la entonces llamada «Faja Bituminosa del Orinoco», después denominada «Faja Petrolífera del Orinoco» y finalmente conocida como «La Faja del Orinoco». Fue la Shell, basada en las exploraciones de la Socony en la zona, la que se acercó a la CVP de 1964, presidida por Rubén Sáder Pérez, para iniciar la exploración conjunta de la faja. La CVP instruyó a Hugo Velarde, entonces jefe del Departamento de Estudios Especiales, para que se encargara por parte de la empresa del estudio, mientras el ministro Pérez Guerrero designó a José Antonio Galavís, entonces funcionario de la División de Exploración y Reservas de la Dirección de Hidrocarburos del Ministerio de Minas e Hidrocarburos. Ambos produjeron el primer informe sobre la faja, intitulado «Estudio geológico y de evaluación preliminar de reservas potenciales de petróleo pesado en la Faja Bituminosa del Orinoco, cuenca oriental de Venezuela». Fue entregado en febrero de 1966 y, a partir de él, la CVP dio sus primeros pasos. Entre otros, el contrato entre el IVIC (Instituto Venezolano de Investigaciones Científicas) y el Ministerio de Minas e Hidrocarburos, firmado el 2 de mayo de 1968, con el objeto de llevar a cabo estudios de campo, así como investigaciones en laboratorio para determinar la naturaleza de los crudos pesados de la faja. Luego, entre 1970 y 1977, según nos informa Aníbal Martínez en su libro *La Faja. 65 años de su descubrimiento*, el Ministerio de Minas e Hidrocarburos adelantó el primer gran proyecto de investigación sobre la faja. Como vemos, la explotación de hoy en la faja fue consecuencia de las acertadas iniciativas del ministro Pérez Guerrero, respaldadas por el presidente Leoni e instrumentadas por la CVP.

El año de 1968 fue electoral, con el resultado conocido de la victoria, por margen ínfimo, de Rafael Caldera, de modo que no fue un año propicio para la discusión parlamentaria de los contratos de servicio. Este debate se replanteó bajo un nuevo esquema en el Congreso Nacional, donde el partido de gobierno, Copei, no contaba con mayoría, y se le hacía indispensable acordar con AD para alcanzarla. En este ambiente, la discusión sobre los contratos de servicio se politizó agudamente. Un factor de gran prestigio nacional petrolero se opuso a ellos, después de haberlos defendido antes: Pérez Alfonzo. Argumentaba en sus ruedas de prensa que esta figura jurídica favorecía a las empresas extranjeras y que era preferible congelar la exploración y la producción que adoptar esa figura. Se creó la matriz de opinión según la cual los contratos de servicio eran «concesiones disfrazadas». Sin embargo, el debate continuó, ahora con el empeño del presidente Caldera. El cuadro se complicaba con el radicalismo de Pérez Alfonzo, una vez más, ya que, al preferir congelar la producción a firmar los contratos de servicio, colocaba su línea argumental en un extremo muy lejano al de quienes defendían los contratos, incluso dentro de su propio partido. El resultado fue que la ley terminó aprobándose con unas condiciones tan favorables para el gobierno que las compañías petroleras extranjeras consideraron poco atractivas las condiciones para invertir. De modo que cuando nació la figura, parida por el Congreso Nacional luego de arduos debates, ya era de tal naturaleza que a una de las partes contratantes no le resultaba atractiva. En alguna medida, de nuevo, se había impuesto la posición de Pérez Alfonzo, ya en estos años todavía más clara en cuanto a su radical animadversión contra las asociaciones con empresas extranjeras que no fuesen abiertamente favorables para el Estado venezolano.

Finalmente, en 1971, se implementaron apenas cinco contratos de servicio y, de ellos, uno tuvo éxito comercial; las otras exploraciones no dieron con yacimientos viables.

En materia petrolera, los últimos dos años del gobierno de Leoni reflejaron un aumento de la producción, gracias al acuerdo de Pérez Guerrero con las concesionarias en 1966, lo que le dio fin a la llamada crisis tributaria. Nótese que hubo una caída en la producción entre 1965 y 1966, recuperada luego en 1967 (Tugwell, 1977: Apéndice documental).

1964	3 392 800
1965	3 472 900
1966	3 371 100
1967	3 542 100
1968	3 604 800

Esta caída se debía al clima enrarecido que reinaba entre las concesionarias y el gobierno, finalmente resuelto, como vimos antes. Por otra parte, el entorno internacional en estos años presenció una conflagración bélica súbita, que dejó no pocas moralejas y cambios de perspectiva en el ambiente petrolero mundial.

La guerra de los Seis Días

El 5 de junio de 1967, los israelíes se adelantaron a los egipcios y abrieron fuego sobre la coalición árabe que los hostilizaba, encabezada por Nasser en Egipto. En apenas seis días y con el dominio aéreo en manos de los israelíes, los ejércitos árabes no tuvieron otra alternativa que la retirada. Israel tomó el Sinaí, Jerusalén y los altos del Golam e, incluso, la banda oriental del canal de Suez.

Los árabes respondieron decretando un embargo petrolero a los países que apoyaban a Israel. Arabia Saudita, Kuwait, Irak, Libia y Argelia dejaron de enviar petróleo a los Estados Unidos, Gran Bretaña y Alemania Occidental por órdenes expresas de Ahmed Zaki Yamani. Tres días después de comenzada la guerra, los suministros de crudo hacia estos países habían cesado casi por completo. Se calcula que el llamado «embargo petrolero» de los árabes a Occidente alcanzó a los seis millones de barriles diarios. ¿Se hicieron el harakiri? Las alarmas en Occidente se encendieron, pero «la sangre no llegó al río». En julio del mismo año los árabes comenzaron a levantar el embargo y se reanudaron paulatinamente los suministros. Para septiembre, el embargo ya era historia. Entonces, los árabes advirtieron que habían perdido cerca de un millón quinientos mil barriles diarios de mercado, abastecidos ahora por Venezuela, Irán e Indonesia, países que aumentaron su producción aprovechando la coyuntura.

La experiencia demostró que la idea de utilizar el petróleo como arma de presión política tan solo perjudicaba a quienes cerraban la llave del suministro, al menos en esta oportunidad. La derrota de Nasser era doble: perdió la guerra rápidamente y perjudicó a su comunidad política con un embargo petrolero suicida. Para Occidente la lección también fue doble: era imperativo contar con fuentes de suministro variadas para minimizar la dependencia del Medio Oriente y, también, era imperativa la necesidad de seguir construyendo enormes tanqueros de petróleo, como se había comenzado a hacer a partir de la crisis del canal de Suez, en 1956 (los tanqueros japoneses ya entonces transportaban 300 000 barriles). De modo que no fueron menores las lecciones extraídas de esta guerra relámpago, enmarcada dentro del esquema de poder del Medio Oriente de entonces. No será la única guerra del petróleo, como veremos luego.

El primer gobierno de Rafael Caldera (1969-1974): reversión y estallido de precios

Conviene recordar que el primer gobierno de Caldera fue el primero de la era democrática que se sostuvo sin alianzas; solo gobernó con Copei y se vio forzado a pactar en el Congreso Nacional con la bancada de AD, que entonces era mayor que la de su partido. Caldera escogió para la cartera de Minas e Hidrocarburos a un fiel militante copeyano que había sido ministro de Fomento en 1963, cuando el gobierno del Pacto de Puntofijo, pero que era ingeniero civil, experto en temas de vivienda, y que se había ido familiarizando con el tema petrolero a medida que su partido se acercaba al poder. Se mencionaban otros nombres para la cartera: el de Eduardo Acosta Hermoso, un experto petrolero para entonces aquilatado, de la órbita democratacristiana y, también, se rumoraba que podía ser designado Julio Sosa Rodríguez, entonces un conocido empresario conocedor del área petrolera. Caldera optó por quien tenía con él mayor cercanía ideológica e idéntico sentido nacionalista: Hugo Pérez La Salvia.

En materia petrolera, el gobierno comenzó con una tarea pendiente: la ley que articulaba los contratos de servicio, la cual, como vimos antes, se aprobó en 1970 con tantas condiciones favorables al gobierno y tan pocas para las empresas extranjeras que apenas se implementaron cinco. El otro tema petrolero álgido tampoco fue iniciativa del gobierno de Caldera, sino de la bancada del MEP (Movimiento Electoral del Pueblo), el cual, en cabeza de Álvaro Silva Calderón, propuso la Ley de Reversión. Recordemos que la Ley de Hidrocarburos de 1943 fijaba la completa expiración de las concesiones en 1983 y este año se acercaba a pasos firmes. Además, estaban pendientes las concesiones otorgadas por Pérez Jiménez entre 1956 y 1957, cuyos plazos expiraban en la década de los años noventa.

Este asunto era una incógnita para las concesionarias y para el Estado venezolano. ¿Cómo regresaban las concesiones? ¿Completas? Si era así, ¿cómo se llevaba a las concesionarias a mantenerlas en buen estado si sabían que en pocos años las entregarían y, en consecuencia, no hacían las inversiones indispensables? En verdad, la discusión parlamentaria sobre el tema asomaba que las concesiones regresarían íntegras al Estado, lo que en la práctica, para las concesionarias, era una estatización. Por otra parte, las estatizaciones estaban surgiendo en distintos lugares del planeta petrolero y Venezuela por qué iba a ser la excepción. No obstante, el tema era muy delicado y, más que hablarse abiertamente de él, se intuía. Visto a la distancia, era obvio que Venezuela daba pasos hacia una estatización.

Caldera tomó para sí la Ley de Reversión y le dio cuerda a su vena nacionalista; la ley se aprobó en el Congreso Nacional y fue promulgada por el presidente Caldera el 30 de julio de 1971, titulándose así: Ley de Bienes Afectos a Reversión en las Concesionarias de Hidrocarburos, de modo que a nadie le quedaban dudas de que en 1983, o quizás antes, se procedería a recibir las concesiones por parte de las concesionarias. Para ellas, la lucha que quedaba por delante era la de obtener el mayor monto por sus activos o, en el mejor de los casos, revertir lo hecho y regresar al sistema concesionario, pero ya esto lucía utópico.

El mismo año de 1971, el 26 de agosto, el presidente Caldera promulga la Ley que Reserva al Estado la Industria del Gas Natural. Este instrumento legal fue iniciativa del propio gobierno. Ordenaba a las concesionarias a entregarle el gas no utilizado en sus operaciones a la CVP y el Estado se comprometía a cancelar los gastos de recolección, compresión y entrega. Esta fue la primera vez que se estatizó mediante ley una actividad petrolera y la verdad es que la relación entre las concesionarias y la CVP fluyó naturalmente, de acuerdo con las pautas operativas.

La segunda ley calderista que fue antecedente de la estatizadora de Pérez, que veremos luego, fue la Ley que Reserva al Estado la Explotación del Mercado Interno de los Productos Derivados de los Hidrocarburos, promulgada el 21 de junio de 1973. La ley obligaba a las concesionarias a transferir a la CVP la actividad referida, básicamente, a la comercialización de gasolina, parafina, kerosén, lubricantes, todos derivados de los hidrocarburos. Además, la ley fijaba los precios de venta, de modo que el margen de maniobra era cero para las concesionarias. Estas dos leyes les han debido dejar en claro a las compañías concesionarias que el próximo paso sería la estatización total de la industria petrolera.

También fue decisión de Caldera respaldar la creación de un instituto que se dedicara a la investigación petrolera y petroquímica. En mayo de 1972, la comisión designada para tal fin le entrega al directorio del Conicit el proyecto de estatutos. En agosto, el Conicit aprueba el referido proyecto. Un año después, en agosto de 1973, Caldera decreta sobre el particular y ordena que el Ministerio de Minas e Hidrocarburos, el Conicit, la CVP y el IVP (Instituto Venezolano de Petroquímica) procedan en conjunto a establecer la Fundación para la Investigación en Petróleo y Petroquímica (Invepet). El 21 de noviembre, el procurador general de la Nación registra los estatutos de la fundación y el 7 de febrero de 1974, un mes antes de entregar la Presidencia de la República, Caldera designa al joven Humberto Calderón Berti presidente del Consejo de Administración de Invepet. Luego, el 1 de enero de 1976 cambia la denominación de la institución, pasa a ser Instituto Tecnológico Venezolano de Petróleo (Intevep), y la recién creada PDVSA pasa a tutelar la institución. El papel de Intevep fue sumamente importante para la industria petrolera nacional.

Los inicios de la investigación científica petrolera tuvieron en el doctor Marcel Roche a un entusiasta fundamental. Roche, quien desde 1969 era presidente del Conicit, presidía la Comisión de Investigación Petrolera y Petroquímica, cuyo secretario era Aníbal Martínez. Se fueron conjugando los factores Roche, Martínez, y el joven director de Reversión del Ministerio de Minas e Hidrocarburos: Calderón Berti. Para cuando se decide la creación de Invepet, Venezuela contaba con cerca de 100 investigadores petroleros repartidos en distintas dependencias, hasta que fueron reunidos en Invepet y luego, todavía con mayor respaldo, en Intevep, cuando PDVSA asumió la tutela de esta institución. Luego, tomó un tiempo para que Intevep cambiara su naturaleza jurídica, hecho que finalmente ocurrió el 31 de mayo de 1979, cuando fue protocolizada como una Sociedad Anónima, filial de PDVSA. Es decir, Intevep S.A. En otro momento volveremos sobre los aportes de Intevep a la industria petrolera venezolana.

Se acercaba la campaña electoral de 1973 y el tema petrolero estaba sobre la mesa. ¿Se atrevería alguno de los dos candidatos con posibilidades de ganar a anunciar que procedería a la estatización? Ni Carlos Andrés Pérez ni Lorenzo Fernández lo hicieron. No obstante, quedó un cabo suelto que certifica que la intención era estatizar cuanto antes. Nos referimos a que AD le encargó a su líder fundador, Rómulo Betancourt, que coordinara el Programa de Gobierno de Pérez. El viejo líder aceptó y le pidió a José Antonio Mayobre que redactara el área petrolera del programa. Ese texto está recogido en sus *Obras escogidas* y se lee en su punto 9: «Nacionalización de la industria petrolera en el período 1974-1979» (Mayobre, 1982: 612). ¿Por qué no se hizo público durante la campaña? A Betancourt le pareció imprudente hacerlo y quedó entre los muros de AD. No quedaba duda de qué venía.

También ocurrió algo que no estaba en el horizonte de casi nadie: los precios finalmente subieron a partir de la guerra del Yom Kippur, gracias a una situación que venía gestándose desde hacía años en el Medio Oriente, aunada al aumento enorme de la demanda, ya entonces superior a la oferta. Por último, durante el quinquenio calderista se mantuvo Hugo Pérez La Salvia al frente del Ministerio de Minas e Hidrocarburos y, como les ocurrió a todos mientras Pérez Alfonzo estuvo activo, con pocas posibilidades de descollar frente al hombre-mito en que se había convertido el padre de la OPEP, quien ahora veía sonar la flauta de los precios altos con menor producción: su sueño largamente acariciado. Si en algún momento el factor costos fue moderador del ímpetu estatizador, pues con el aumento inusitado de los precios del crudo este factor desaparecía totalmente. Había dinero con qué pagar las indemnizaciones a las concesionarias, como constataremos en el momento en que ocurran.

Todo este cuadro favorable fue el que, seguramente, llevó a Caldera, en una de sus últimas intervenciones públicas como presidente, frente al Congreso Nacional en pleno, a sugerirle al presidente electo, Carlos Andrés Pérez, que procediera cuanto antes a la «nacionalización». Por su parte Pérez, una vez electo, dio una vuelta de tuerca y anunció que la estatización venía. Refiriéndose al tema de la reversión y las concesiones, fue más allá y dijo: «Sería prudente como alternativa, que procedamos en el futuro inmediato a nacionalizarlo, lo que aseguraría nuestra soberanía sobre la industria, y que lleguemos a nuevas fórmulas para la participación de las compañías extranjeras en aquellas áreas en que sean necesarios recursos técnicos, su financiamiento o su capacidad de mercadeo» (Tugwell; 1977: 190). Nótese su posición acerca de la participación de las empresas extranjeras en el negocio petrolero. Después, la realidad política lo acercó a una postura más radical y esa fue la que imperó, finalmente, en la redacción del artículo 5, el polémico artículo que enfrascó al Congreso en una diatriba de meses, como veremos luego. Por último, es evidente que si Caldera hubiera tenido las condiciones para proceder a la estatización de la industria petrolera lo habría hecho. Así queda demostrado con los pasos en ese sentido que pudo dar y dio. Veamos ahora el entorno internacional, que es de gran importancia en esta coyuntura.

Mayor consumo, menor producción

La producción mundial de hidrocarburos no dejó de crecer durante dos décadas, las de los años cincuenta y sesenta. De allí que casi nadie pensara en un escenario donde la producción fuese insuficiente. No obstante, un economista alemán educado en Oxford sí lo señalaba con insistencia, sin que le pusieran mayor atención. Era el caso de E.F. Schumacher, el autor del libro *Lo pequeño es hermoso* y destacadísimo economista germano-británico, quien decía «los suministros petrolíferos mundiales no estarán asegurados ni para los próximos veinte años, y ciertamente a precios harto diferentes de los actuales» (Yergin, 1992: 741).

Como suele suceder, los datos estaban allí, pero no se los quería ver. En 1960, la demanda mundial de crudo era de 19 millones de barriles por día. Doce años después, en 1972, había crecido a 44 millones diarios, como señalamos antes. Esta brecha entre la producción y el consumo se cerraba a pasos agigantados, con un agravante nada despreciable: cerca del 35% de la producción mundial la aportaba el Medio Oriente y cerca del 60% de las reservas petrolíferas del planeta estaban allí, de modo que la dependencia con respecto a esta región inestable del mundo, lejos de decrecer, se venía incrementando.

La capacidad excedentaria norteamericana entre 1957 y 1963 había sido de cuatro millones diarios; para 1970, se había reducido a menos de un millón de barriles por día. Paradójicamente, para estos años su producción alcanzó el tope más alto: 11 millones trescientos mil barriles al día. Después de esta cifra, comenzó el declive. Esto llevó a la legendaria Rail Road Comission of Texas a permitir la producción a toda capacidad. Para colmo, en los Estados Unidos las importaciones de hidrocarburos pasaron de 2 millones diarios en 1967 a 6 millones al día en 1973. Era evidente que algo estaba pasando.

A la situación anterior se sumaban dos políticas paralelas: la de Venezuela, que aumentó los beneficios del Estado a algo más del 60% en 1958 y la del *sha* de Irán, que los subió a 55%. Luego, en 1971, en Teherán los países productores se impusieron sobre las compañías por primera vez y fijaron el 55% por ciento, con lo que el precio del crudo subió en consecuencia. La OPEP estaba triunfando en sus cometidos y estaba a punto de hacer explosión el *boom* de los precios del crudo.

Si durante las décadas de los años cincuenta y sesenta se ejercieron controles para limitar la producción petrolera en aras de la conservación de los precios, a principios de la década de los setenta la fotografía era la inversa: el consumo estaba a punto de ser mayor que la producción y los precios iban en aumento. Esta situación condujo a que el presidente de los Estados Unidos, Richard Nixon, aboliera las cuotas de producción en su país y contemplara con preocupación el aumento de las importaciones. Si en 1970 las importaciones eran de 3,2 millones de barriles diarios, en 1972 ascendieron a 4,5 y, en 1973, alcanzaron la astronómica cifra de 6,2 millones de barriles por día. Además, el precio del crudo entre 1970 y 1973 se había duplicado. Era evidente que el mundo avanzaba hacia una crisis energética; entonces había entrado en su antesala.

Mientras este cuadro se presentaba, en Egipto, el sucesor de Nasser, Anwar El Sadat, tejía una estrategia bélica contra Israel, asociado con la Siria de Hafez al-Assad. Sadat había asumido el mando en 1970 y buscaba mejorar la situación de su país después de la derrota humillante de 1967 en la llamada «guerra de los Seis Días». Así fue como el 6 de octubre de 1973 cogió por sorpresa a los israelíes, quienes meditaban en su fiesta mayor, el Yom Kippur, y los atacó sin previo aviso. Entonces, estallaba otra vez una guerra en el Medio Oriente.

La guerra del Yom Kippur

Aunque los norteamericanos intentaron prestarles suministros a los israelíes de manera subrepticia, no pudieron lograrlo, mientras los soviéticos no escondían el apoyo que le brindaban a Siria y Egipto. Evidentemente, la conflagración no solo era local sino que comprometía a las dos potencias del mundo bipolar. Para colmo, Nixon entró en el torbellino del escándalo de Watergate y la conducción norteamericana del conflicto estuvo en manos de Henry Kissinger, quien, junto con el presidente de la URSS, Leonid Brezhnev, alcanzó un acuerdo de cese al fuego el 21 de octubre de 1973. Para entonces, el avance de las tropas israelíes sobre territorios sirios y egipcios era considerable, demostrando otra vez su superioridad militar. No obstante, Sadat se sintió satisfecho con los daños que le causó a Israel y su estrategia funcionó: llegó a un acuerdo con ellos en la postguerra y a otro con los Estados Unidos, mientras Siria permanecía dentro de la esfera soviética.

Otro embargo petrolero

El rey Faisal de Arabia Saudita cumplió sus amenazas y, en represalia por el apoyo norteamericano a Israel, cortó los suministros de petróleo a los Estados Unidos a partir del 20 de octubre de 1973. La solidaridad entre los árabes en contra de sus adversarios históricos israelíes funcionó. La espiral de aumento de los precios ya era indetenible. Tómese en cuenta que entre 1970 y 1973 la producción de Arabia Saudita pasó de representar un 13% del volumen mundial a un 21%. Para este último año, su producción diaria alcanzaba a los 8,4 millones de barriles.

Por otra parte, coincidencialmente, la OPEP estaba reunida en Viena cuando estalló la guerra, provocando un estremecimiento entre los participantes. La reunión se suspendió el 16 de octubre con la declaración de la OPEP de haber fracasado en sus negociaciones con las compañías para aumentar los precios. La reunión se trasladó a Kuwait y allí, por su cuenta, sin contar con las compañías productoras, la OPEP subió los precios de manera unilateral en un 70%, llegando a 5 dólares con 11 centavos por barril. Para diciembre de ese mismo año, el precio había ascendido a 11,65 dólares por barril. El mundo petrolero había cambiado por completo.

La hora de la OPEP ha llegado

Los años dorados de la organización tocaban a la puerta en 1974 y se prolongarían hasta 1978, por lo menos. Las cifras hablan por sí solas: en 1972 los países de la OPEP exportaron crudo por 22 000 millones de dólares; en 1977, por 140 000 millones de dólares.

Los ojos del mundo se posaron sobre las reuniones de la organización y, en particular, sobre el ministro de petróleo de Arabia Saudita: Ahmed Zaki Yamani, un egresado en Derecho de la Universidad de Harvard que había ascendido al cargo con apenas 32 años. Yamani fue el eje de estos años que tuvieron a la OPEP como epicentro, incluso cuando el terrorista venezolano Carlos Ramírez Sánchez, El Chacal, secuestró a los ministros de la organización en Viena, en 1975.

La escalada de los precios halló en Arabia Saudita e Irán, sorprendentemente, dos factores moderadores. De allí que el precio del crudo no pasara de 12,70 dólares por barril en 1977. No obstante, era un precio suficiente como para que varios países productores tuvieran con qué estatizar sus industrias. La estatización en Kuwait se hizo en dos tramos. En 1974, el Estado kuwaití compró el 60% de la empresa Kuwait Oil Company. Al año siguiente adquirió el 40 % restante. Arabia Saudita compró el 60% de Aramco en 1974, pero ese mismo año manifestaron a los propietarios del 40% restante que lo querían todo, y se llegó a un acuerdo en 1976. Venezuela estatizó en 1976, como veremos luego. Entre estos tres países, más los otros miembros de la OPEP, sumaban en 1979 el 42% de la producción mundial. Las reservas probadas de Arabia Saudita se estimaban para la fecha en cerca del 25% del petróleo del mundo.

El mar del Norte

No obstante que las exploraciones comenzaron tímidamente en 1959 y para mediados de la década de los sesenta se extraía gas natural, no fue sino en 1976 cuando se comenzó a extraer petróleo en las aguas profundas del mar del Norte, ubicado entre Noruega y Gran Bretaña. Su producción venía a contribuir con la cesta no OPEP, junto a Alaska y la repotenciación de México, reduciendo así la dependencia de las naciones occidentales del crudo del Medio Oriente.

Esta nueva producción, que requirió avances tecnológicos importantes, es consecuencia no deseada de la política de la OPEP de mantener precios altos, haciendo rentables recursos que de otra manera no lo eran. El crecimiento petrolero de estos campos marítimos entre Noruega y Gran Bretaña ha sido constante y, al día de hoy, la primera extrae un poco más de 2 millones de barriles diarios y otro tanto, menor, la segunda. De modo que el esfuerzo por extraer petróleo en alta mar, con vientos a veces feroces, valió la pena.

El primer gobierno de Carlos Andrés Pérez (1974-1979): la administración de la bonanza y la estatización de la industria

Pérez gana las elecciones de 1973 en medio de un torbellino de cambios en la manera de hacer campañas electorales en Venezuela, y el torbellino lo tiene a él como epicentro. Designa un Gabinete Ejecutivo que incluyó a personajes distintos a los que sugería su partido. Así nombró a Carmelo Lauría en el Ministerio de Fomento, a Gumersindo Rodríguez en la Jefatura de Cordiplan, a Diego Arria en la Gobernación del Distrito Federal y en la presidencia del Centro Simón Bolívar, y también a un personaje desconocido en la cartera de Minas e Hidrocarburos: Valentín Hernández Acosta.

¿Por qué lo hace? La primera respuesta es que no quiere nombrar al candidato que tiene AD para ese cargo: Arturo Hernández Grisanti. Un hombre estrechamente vinculado a Pérez Alfonzo, habiendo sido su viceministro durante el segundo gobierno de Betancourt. Nombrar a Hernández Grisanti era entregarle, en buena medida, el ministerio a las ideas de Pérez Alfonzo, que estaba visto que no eran exactamente las de Pérez. Muy bien, pero ¿por qué Hernández Acosta? ¿Quién era? Las pesquisas nos conducen a dos enlaces de oro: Rómulo Betancourt, quien en su larga estadía europea anudó amistad significativa con el entonces consejero de la Embajada de Venezuela en Gran Bretaña a partir de 1964, que no era otro que Valentín Hernández, quien, para facilitar los argumentos, era egresado de la primera promoción de ingenieros petroleros de la Universidad Central de Venezuela, en 1948, junto con un personaje legendario de la industria petrolera: Humberto Peñaloza (Barberii, 1997: 79). También contaba con la simpatía de otro hombre fuerte de entonces: Gonzalo Barrios, quien lo conocía y apoyaba su nombramiento desde la presidencia de AD. Esta es la única explicación posible para que Pérez nombrara en el ministerio central de la economía venezolana a alguien a quien desconocía totalmente; pero el tachirense no se equivocó: el apureño Hernández Acosta hizo su trabajo.

Por otra parte, Hernández venía de ser embajador de Venezuela en Libia (1967), país eminentemente petrolero, Rumania (1970) y Austria (1972), sede de la OPEP, de modo que el hecho de ser poco conocido en su país no desacreditaba sus conocimientos en el área, naturalmente. Y está visto que tenía la formación del ingeniero petrolero y la del diplomático, que es fundamentalmente la formación política. Reunía todas las condiciones del cargo menos una, la menos importante en esta oportunidad: los venezolanos ignoraban su existencia.

El largo y tumultuoso proceso que desemboca en la estatización el 1 de enero de 1976 comienza con la iniciativa del presidente Pérez de crear una comisión mediante decreto del 22 de marzo de 1974, apenas diez días después de asumir el mando. Reza en su artículo 1:

> Se crea una Comisión, con carácter *ad honorem*, que se encargará de estudiar y analizar las alternativas para adelantar la reversión de las concesiones y los bienes afectos a ellas, a objeto de que el Estado asuma el control de la exploración, explotación, manufactura, refinación, transporte y mercadeo de los hidrocarburos. La Comisión deberá orientar sus recomendaciones previa formulación de una política energética nacional que tome en cuenta la totalidad de nuestros recursos de energía y las necesidades a largo plazo del país (Catalá, 1975: 4-5).

La comisión estuvo presidida por el ministro de Minas e Hidrocarburos y compuesta por una larga lista que no dejaba fuera a ningún sector vinculado con el tema petrolero. Se le daba a la comisión seis meses para entregar resultados. El 23 de diciembre, la comisión entrega su informe, una Exposición de Motivos y un Proyecto de Ley Orgánica que reserva al Estado la Industria y el Comercio de los Hidrocarburos. El 11 de marzo de 1975, el ministro de Minas e Hidrocarburos presenta al Congreso Nacional, para su discusión, el proyecto de ley. Entonces comienza el debate parlamentario, acaso el último debate a fondo que sobre el tema petrolero hubo en Venezuela. No era para menos, dada su radical importancia.

El 2 de abril, el Congreso Nacional crea una Subcomisión Especial de Nacionalización Petrolera, que convocó a un período de consultas entre el 15 de abril y el 8 de mayo. Por aquella agenda pasaron todos los actores a dar sus opiniones. Dada la importancia del tema petrolero, la lista es muy larga y las sesiones, extenuantes. El artículo álgido fue el 5, y en menor medida el 1 y el 12. El ponente final fue el diputado Celestino Armas, ya que el titular de la Comisión Permanente de Minas e Hidrocarburos, Arturo Hernández Grisanti, no quiso participar en el debate y se ausentó del Congreso. En la Cámara de Diputados se introdujeron cambios en el artículo 5 y, cuando llegó el texto de la ley a la Cámara del Senado, pidieron la palabra los senadores vitalicios Rómulo Betancourt y Rafael Caldera, así como el presidente del Congreso Nacional de entonces: Gonzalo Barrios. Las tres intervenciones constituyen documentos históricos sobre el debate petrolero, ya que los tres enmarcaron los hechos en la historia nacional, recordando el largo proceso que condujo a esta decisión.

Además del proyecto de ley presentado por la comisión, se sometieron a discusión otros dos proyectos: el del MEP y el de Copei, todos en el seno de la subcomisión, para luego llegar a la Cámara de Diputados y la de Senadores. Hoy sabemos, gracias a confesión de parte, que el redactor del artículo 5 fue el propio presidente Pérez. Así lo afirma en el libro *Carlos Andrés Pérez: memorias proscritas*. Dice:

> Mi mentalidad fue tan clara para el momento de la nacionalización del petróleo, que impusimos el artículo 5 de la Ley Petrolera, que hizo decir a Juan Pablo Pérez Alfonzo que era una nacionalización chucuta y a Caldera que esa no era nacionalización del petróleo sino «entrega del petróleo». Sin embargo, Caldera quiso quitarse el yugo del artículo 5, modificar la ley. El artículo 5 fue idea mía. No fue fácil introducirlo en la ley. Convencí de su necesidad a Rómulo Betancourt, pero mucha gente del partido no estaba de acuerdo, encabezados por Arturo Hernández Grisanti, quien se retiró del Congreso. Pidió permiso para no votar la ley de Nacionalización por el artículo 5. Eso es historia (Hernández-Giusti, 2006: 228).

La polémica llegó a extremos que, vistos a la distancia, sorprenden. El artículo 5 lo que hacía era dejar abierta una ventana para que el Estado venezolano pudiera contratar con empresas extranjeras actividades propias de la industria petrolera. Más aún, estas asociaciones se preveían siempre con un porcentaje mayor para el Estado. Sorprende que algo tan elemental llevara a Pérez Alfonzo a señalar que la nacionalización era «chucuta» por ese motivo. Afirmaba el 7 de mayo de 1975, en la Subcomisión de Nacionalización Petrolera, un radical Pérez Alfonzo: «La mejor nacionalización es la que excluye a las empresas mixtas; pero es preciso dar ese paso lo más pronto posible, aunque sea otra nacionalización chucuta» (Arreaza, 1986: 191). Lo anterior se refiere a la estatización del hierro, que para el experto fue «chucuta», ya que no le cerró la puerta completamente a la participación puntual de empresas extranjeras en la industria del hierro. Es evidente que el tema petrolero (y las empresas extranjeras) se había convertido en una obsesión que sobrepasaba los límites de la racionalidad.

Revisar el Diario de Debates de las Cámaras es un sobresalto, ya que la exageración más ditirámbica estaba a la orden del día. Las mejores intervenciones fueron las de Betancourt, Caldera y Barrios, buscando la sindéresis, mientras Pérez Alfonzo insistía en su prédica fundamentalista en contra de las empresas extranjeras y, también, en la necesidad de reducir la producción petrolera, dados los efectos que estaba produciendo en la sociedad venezolana: «Necesitamos descargarnos de la totalidad de la inversión extranjera en el petróleo [...] por lo tanto, no creo que haya necesidad de que el Estado forme empresas mixtas con inversiones extranjeras [...] lo justo y conveniente sería reducir la producción y evitar que ese recurso extraordinario se nos agote con esta política de despilfarro» (Arreaza, 1986: 200).

Finalmente, examinadas todas las proposiciones, el 9 de julio se aprobó el artículo 5 con 104 votos de AD y 2 de la Cruzada Cívica Nacionalista, contra 94 de la oposición. Reproducimos el texto final del polémico artículo 5, no sin antes reiterar nuestra sorpresa:

Artículo 5°. El Estado ejercerá las actividades señaladas en el artículo 1° de la presente ley directamente por el Ejecutivo Nacional o por medio de entes de su propiedad, pudiendo celebrar los convenios operativos necesarios para la mejor realización de sus funciones, sin que en ningún caso estas gestiones afecten la esencia misma de las actividades atribuidas. En casos especiales y cuando así convenga al interés público, el Ejecutivo Nacional o los referidos entes podrán, en el ejercicio de cualquiera de las señaladas actividades, celebrar convenios de asociación con entes privados, con una participación tal que garantice el control por parte del Estado y con una duración determinada. Para la celebración de tales convenios se requerirá la previa autorización de las Cámaras en sesión conjunta, dentro de las condiciones que fijen, una vez hayan sido debidamente informadas por el Ejecutivo Nacional de todas las circunstancias pertinentes (Catalá, 1975: 288-289).

La mejor defensa del artículo la dio el entonces veterano Betancourt, siendo esta su última intervención central sobre el tema petrolero en la vida pública nacional. Afirmó Betancourt:

> Voy a decir que respaldo a plenitud ese artículo 5°, el cual no establece sino dos posibilidades: la posibilidad de contratos operacionales de la casa matriz que va a administrar toda la industria; o de contratos de asociación, que no podría hacerlos el Ejecutivo Federal sin el apoyo del Congreso, reunido en sesión conjunta de las dos Cámaras. Esta posibilidad de asociaciones, ya que en el artículo 5° no se habla en ningún momento de empresas mixtas, tiene cierta semejanza a esas válvulas de escape que se establecieron en la Constitución del 61 y en la Ley de Hidrocarburos de 1967 para no atar de brazos al Estado. Puede presentarse la coyuntura en que sea favorable y necesario para los intereses del país un convenio de asociación. Que ese convenio vaya a significar una nueva etapa de entreguismo no lo concibo, porque tengo fe en Venezuela y tengo fe en los venezolanos; porque sé que aquí en Venezuela ya no habrá más dictaduras y que sólo los dictadores son capaces, por venalidad o por otras causas, de irrespetar el interés nacional (Catalá, 1975: 261).

El proceso de creación de la ley concluyó con su promulgación y publicación en la *Gaceta Oficial* el 29 de agosto de 1975 con el título definitivo de «Ley Orgánica que Reserva al Estado la Industria y el Comercio de los Hidrocarburos». Terminaba una larga etapa y se iniciaba otra en Venezuela. El 31 de diciembre de 1975 se extinguían todas las concesiones, y entonces asumía el control de la actividad petrolera nacional la empresa creada por el presidente Pérez el 30 de agosto de 1975: Petróleos de Venezuela S.A. (PDVSA). La conformación de la junta directiva estaba en consonancia con lo predicado por Pérez en cuanto a la no injerencia política en la conducción de la industria estatizada. Recordemos que entonces había mucha prevención en la opinión pública sobre este tema. Se creía, con fundadas razones, que lo que tocaba la trama interpartidista se deterioraba, y no se quería ese destino para la empresa naciente. En esto Pérez fue enfático. Escogió para presidente de la empresa a un ciudadano con una hoja gerencial pública ejemplar, intachable, reconocido por tirios y troyanos: el general Rafael Alfonzo Ravard, quien también era ingeniero egresado del MIT (Massachusetts Institute of Tecnology). Había comenzado su vida pública en Guayana en 1953, al frente de la Comisión de Estudios para el Desarrollo Hidroeléctrico del Río Caroní y, en su afán, fue presidente de Edelca (Electrificación del Caroní, C.A.), presidente de la Corporación Venezolana de Fomento y de la Corporación Venezolana de Guayana, consagrándole casi toda su vida gerencial al desarrollo del sur del país. Para ese momento no había otro venezolano con las credenciales gerenciales públicas y éticas del general Alfonzo. Pérez escogió bien y así lo sintió el país nacional.

En el directorio lo acompañaron Julio César Arreaza, Julio Sosa Rodríguez, Carlos Guillermo Rangel, Alirio Parra, Benito Raúl Losada, Edgar Leal y José Domingo Casanova, todos como directores principales, junto con el representante de los trabajadores: Manuel Peñalver. Los suplentes, con voz activa pero sin voto, fueron Luis Plaz Bruzual, José Martorano y Gustavo Coronel. Se estableció que la junta directiva duraría cuatro años en sus funciones.

¿Por qué el presidente Pérez no escogió a un hombre de la industria petrolera y sí a un gerente ajeno a ella? Él mismo lo explica en sus *Memorias proscritas*. Afirma: «Siempre consideré que, aunque había que respetar la meritocracia petrolera y mantenerla incontaminada políticamente, era necesaria su vinculación con el resto de la economía nacional, que al lado de los gerentes petroleros estuvieran representados los sectores de la empresa privada; y, desde luego, que la presidencia no fuera ejercida por un gerente petrolero» (Hernández-Giusti, 2006: 230). Era un criterio, ciertamente discutible, pero era un criterio gerencial que mantuvo Pérez en su segundo gobierno, cuando fueron presidentes de PDVSA Andrés Sosa Pietri (1990-1992) y Gustavo Roosen (1992-1994).

Antes del 1 de enero de 1976 estaba pendiente el tema de las indemnizaciones a las concesionarias, pero el monto no era demasiado alto y los ingresos recientes con motivo del aumento de los precios eran abundantes. El monto total no llegaba a 1000 millones de dólares, distribuidos entre 22 empresas concesionarias y 16 empresas participantes. Todo el procedimiento se adelantó a través del mecanismo jurídico del avenimiento, sin necesidad de ir a juicios. Clausuradas las cuentas, comenzaba otra contabilidad, después de que el Congreso Nacional aprobara las 38 actas-convenio el 17 de diciembre de 1975. El 23 de diciembre, el presidente Pérez ordenó que se procediera a la emisión de bonos de la deuda pública por un monto de 918 millones de dólares, destinados a la cancelación de las indemnizaciones convenidas con las concesionarias.

Por último, permítasenos un dato anecdótico referido por José Giacopini Zárraga en un libro de conversaciones publicado por PDVSA-CIED acerca de la denominación de la empresa. Recordemos que Giacopini fue designado asistente del presidente de la casa matriz desde el mismo día de su fundación y conoció los intríngulis de todo el proceso de creación de la empresa y, además, fue el asistente de la presidencia de PDVSA hasta su jubilación, en 1992, cuando contaba con 77 años de edad y 43 en la industria petrolera. Señala don José que la empresa se iba a llamar Petroven, contracción de Petróleos de Venezuela, pero cuando fueron a inscribirla hallaron en el registro que ya existía la denominación y que, de hecho, era de una pequeña empresa que comercializaba productos petroleros. Apunta Giacopini que dialogó con su dueño para intentar convencerlo de lo bien recibido que sería el gesto de desprenderse de su denominación, pero este se negó de plano. De tal modo que, no pudiendo usarse Petroven, la empresa acogió la contracción PDVSA.

En el mismo libro refiere Giacopini que el autor del logotipo de la empresa fue Luis Emilio Franco Vargas. Afirma Giacopini: «El sentido de la escogencia está inspirado en un tejido de cestería de los indios Panare del Distrito Cedeño del Estado Bolívar. Como se observa los dibujos son una serie de letras V cuyos vértices coinciden en el centro, la V de Venezuela y en el centro la casa matriz» (Acevedo, 2000: 40). Ciertamente, ha sido un logotipo afortunado, fundamentado, como vemos, en la cestería de una de nuestras etnias originarias. Todo un acierto.

La decantación de un proyecto nacional (1960-1976)

Es evidente que los gobiernos venezolanos de estos años estuvieron, en líneas generales, de acuerdo con lo esencial de la política petrolera: la búsqueda de mayores ingresos para el Estado como consecuencia de la actividad petrolera. En estos años vemos dar todos los pasos en ese sentido: búsqueda de aumentos de precios (OPEP), no más concesiones, ley de reversión, fijación de los precios de referencia, estatización del gas, reserva para el Estado del mercado interno de los hidrocarburos y, finalmente, la estatización de la industria petrolera. No puede señalarse una discordancia mayor entre las administraciones de Betancourt, Leoni, Caldera y Pérez y, a pesar de que muchos temieron que no fuera así, el paso de la industria petrolera a manos venezolanas no trajo ningún trauma operativo. Concluía un proceso que se había iniciado en 1943 con la Ley de Hidrocarburos y la Ley de Impuesto sobre la Renta (1942) del presidente Medina Angarita y que, evidentemente, había hallado continuidad nacionalista en el tiempo.

En estos dieciséis años el mercado petrolero internacional pasó, de contar con suministros suficientes para su demanda, a la situación contraria: un crecimiento enorme de la demanda y fuentes insuficientes. Esto condujo a un crecimiento inusitado de los precios que permitió ver realizado el sueño de la OPEP durante unos años: menor producción y mayores precios. Por otra parte, como suele suceder, los precios altos estimularon la exploración y hubo hallazgos de yacimientos importantes, así como se estimuló indirectamente la búsqueda de fuentes energéticas alternativas, y también se hallaron caminos estrechos, pero caminos alternativos al fin y al cabo.

Fueron los años de las guerras del petróleo en el Medio Oriente, que dejaron no pocas lecciones amargas, y los años del consistente crecimiento de la producción petrolera en esa zona del planeta, convirtiéndola en el epicentro energético del mundo. Por otra parte, es evidente que en estos años se consolida el petróleo como la energía esencial de una sociedad industrial consumista que demandaba, cada día más, de su energía reina para seguir creciendo.

Una vez concluida la etapa previa a la estatización de la industria petrolera, en Venezuela el desafío del futuro ya estaba colocado en otro vector: administrar la industria petrolera eficientemente, hacerla rendir económicamente y crecer en todos los sentidos. Este reto estaba en cabeza del Estado venezolano, exclusivamente, a través de su ministerio *ad hoc* y de la casa matriz y las empresas petroleras estatales. Los primeros diecinueve años de ese desafío (1976-1995) serán los que revisaremos en el próximo capítulo de esta investigación.

De la estatización a la apertura petrolera (1976-1995)

EL PERÍODO QUE VAMOS A AUSCULTAR presenta un cambio significativo en la política petrolera. Venimos de la revisión de los debates parlamentarios relativos a la redacción de la ley que condujo a la estatización, en los que el artículo 5° fue un epicentro polémico en el Congreso Nacional. La mayoría veía con excesiva prevención la posibilidad de asociaciones puntuales entre la industria petrolera estatizada y las transnacionales. Imposible no recordar el extremismo al que se llegó en este sentido, y concluirá este capítulo, apenas diecinueve años después, con la necesidad de abrir la industria petrolera nacional a la inversión extranjera, a las asociaciones, a las empresas mixtas. No se nos escapa que muchos de los protagonistas de las batallas en contra del artículo 5 serán los mismos que luego aboguen, quizás a regañadientes, por la apertura de la industria petrolera venezolana, como veremos en el curso de esta etapa.

En el medio de este período, como un travesaño, estará PDVSA y una política que condujo a logros importantes, a un crecimiento notable y a una voluntad de internacionalización que llevó a inversiones considerables, con resultados que valorar. Por otra parte, es imposible no vincular la apertura petrolera con los vaivenes de los precios que durante este período serán extremos, como es evidente. Comencemos por historiar la etapa inicial de ajustes y de simplificación, de un universo variopinto de concesionarias, a cuatro filiales de PDVSA.

La creación de PDVSA y el proceso de simplificación de sus filiales

La presidencia del general Rafael Alfonzo Ravard se estructuró sobre la base de cinco puntos que él mismo enunció para PDVSA:

1) Normalidad operativa
2) Autosuficiencia financiera
3) Gerencia profesional
4) Apoliticismo
5) Meritocracia.

Este pentágono gerencial lo asistió entre agosto de 1975 y agosto de 1979, cuando se venció el primer período de la primera junta directiva de PDVSA, y continuó en el segundo de dos años, vencido en agosto de 1981, seguido de otro de dos años más, vencido en agosto de 1983, cuando el general Alfonzo Ravard abandonó el cargo después de ocho años al frente de la empresa. Hacemos notar que en agosto de 1979, cuando gobernaba Luis Herrera Campíns y el ministro de Energía y Minas era Humberto Calderón Berti, tomaron la decisión de producir un cambio estatutario para reducir el período de las Juntas Directivas de PDVSA de cuatro a dos años de duración. ¿El motivo? Lo ignoramos, pero suponemos que se buscaba una mayor movilidad de la cúpula directiva o, como fue entendido por buena parte de la industria petrolera, se buscaba tener un mayor control, reduciendo el horizonte de trabajo del directorio, reduciendo sus expectativas, acentuando su transitoriedad.

El primer gran desafío que enfrentó la nueva empresa en 1976 fue el de racionalizar el legado que dejaban las concesionarias. Era evidente que no podía el Estado administrar a través de su *holding* un conglomerado de catorce concesionarias. Se diseñó, entonces, un proceso paulatino, pero a la vez acelerado, de simplificación de aquel universo. En esta tarea contribuyó una consultora mundial de probada solvencia: McKinsey, la cual designó al experto Steve Brandon para la tarea.

Por su parte, el directorio de PDVSA nombró para la labor a uno de sus integrantes, el único que provenía de la industria petrolera previa a la estatización: el geólogo Gustavo Coronel. Lo primero que enfrentaron fue el cambio de denominación, que fue de la siguiente manera:

CVP/CVP	Sinclair/Bariven	Chevron/Boscanven
Juan/Vistaven	Mobil/Llanoven	Talon/Taloven Mito
Shell/Maraven	Creole/Lagoven	Mene Grande/Meneven
Sun/Palmaven	Amoco/Amoven	Las Mercedes/Guariven
Texas/Deltaven	Phillips/Roqueven	

También de inmediato se fueron calibrando las fusiones necesarias durante 1976, con miras a lograr una primera simplificación para el año siguiente. En 1977, el proceso fue como sigue:

1) Lagoven y Amoven: Lagoven
2) Maraven y Roqueven: Maraven
3) Meneven, Taloven, Vistaven y Guariven: Meneven
4) Palmaven, Llanoven y Bariven: Llanoven
5) Boscanven, CVP y Deltaven: CVP

Y, finalmente, en 1978 concluyó la primera parte del proceso, del que resultaron tan solo cuatro filiales de PDVSA, cuando desaparece Llanoven y se subsume en CVP. Este proceso de racionalización se llevó a cabo bajo cinco principios que quedaron establecidos por la comisión designada para tal efecto: «establecer un control efectivo de las operaciones, mantener la eficiencia operacional, preservar la motivación del personal, obtener una garantía de apoyo tecnológico y, finalmente, promover el desarrollo futuro» (Coronel, s/f: 267).

1) Lagoven
2) Maraven
3) Meneven
4) Corpoven

Luego, en junio de 1986, Meneven se subsume dentro de Corpoven y pasan a ser tres las filiales:

1) Lagoven
2) Maraven
3) Corpoven

Años después, se da otra vuelta de tuerca en la integración simplificadora de las filiales en enero de 1997 y se crea la marca de productos petroleros PDV, que sustituye las marcas de Lagoven, Maraven y Corpoven en las estaciones de servicios, ahora bajo la coordinación de una sola empresa: Deltaven. Y, finalmente, en septiembre de 1997, el Ministerio de Energía y Minas ordena la reorganización de PDVSA en sus aspectos funcionales y se fija el 1 de enero de 1998 para tener listo el nuevo esquema. Desaparecen las filiales y PDVSA asume la totalidad del negocio petrolero. Se adoptó el esquema de cinco grandes empresas funcionales. Estas fueron: PDVSA Petróleo y Gas; PDVSA Exploración y Producción; PDVSA Manufactura y Mercadeo, PDVSA Servicios y PDVSA Refinación y Comercio. Además, el 15 de enero de 1998 se crea una nueva filial que completa el cuadro: PDVSA-GAS, dándole mayor especificidad al tema gasífero. Este esquema, por otra parte, lo veremos en detalle en el momento en que ocurra, en 1997. Ahora tan solo lo consignamos y señalamos que, en veintiún años, la industria petrolera estatal fue simplificándose hasta llegar a contar con una estructura funcional manejable, de dimensiones ajustadas, evitando la duplicidad de funciones que inevitablemente ocurría cuando las filiales desempeñaban cada una su trabajo. Este proceso tomó varias administraciones de la empresa, todas alineadas con el propósito de ajustar costos y alcanzar eficiencia, naturalmente.

En 1976, mientras se avanzaba en esta reestructuración, PDVSA creó dos empresas llamadas «de inteligencia de mercado» en la jerga petrolera, en los Estados Unidos (PDVSA-USA) y en el

Reino Unido (PDVSA-UK). Por otra parte, en aquellas primeras catorce empresas concesionarias devenidas en empresas venezolanas, se respetó la meritocracia de los venezolanos que, habiendo trabajado en concesionarias extranjeras, ya habían alcanzado altísimas posiciones. Los casos más notorios fueron las nuevas juntas directivas de Lagoven (antigua Creole), presidida por Guillermo Rodríguez Eraso e integrada por Ernesto Sugar, Nicanor García, Renato Urdaneta y Jack R. Tarbes. Maraven (antigua Shell), presidida por Alberto Quirós Corradi, e integrada por José R. Domínguez, Carlos Castillo, Ricardo Irving Jahn, Rafael Pardo, Pablo Reimpell, José L. Carrillo, Ramón Cornielles y Hugo Finol. Meneven, presidida por Bernardo Díaz Lyon, e integrada por Carlos Romero Zuloaga, Luis Guillermo Arcay, Antonio Franchi, Francisco Guédez, Lorenzo Monti, Héctor Rivero y Néstor Ramírez. CVP, presidida por Juan Chacín Guzmán, e integrada por Juan José Navarrete, Luis Olivares, Rafael Macías y Félix Morreo. De acuerdo con las consultas orales que he podido hacer para este trabajo, que son muchas, es unánime el señalamiento: en ese momento se respetaron las jerarquías profesionales petroleras. Ya después se abrió un espacio lamentable, aunque pequeño, para las designaciones no profesionales.

En los primeros meses de 1977, tuvo lugar una reforma de la Administración Pública Central que cambió la denominación y objeto de varios ministerios. Esta reforma se fundamentó en una nueva Ley Orgánica de la Administración Central, sancionada el 26 de diciembre de 1976. Entonces, el viejo Ministerio de Minas e Hidrocarburos, creado el 30 de diciembre de 1950, cuando el titular de la Presidencia de la República era Germán Suárez Flamerich, cambiaba de nombre después de 27 años. Ahora, a partir del 1 de abril de 1977 y de acuerdo con decreto presidencial de Carlos Andrés Pérez, se denominaría Ministerio de Energía y Minas, cuyo titular continuó siendo Valentín Hernández Acosta. Por otra parte, se acercaban las elecciones y era probable, como en efecto ocurrió, un cambio de gobierno. El mapa petrolero mundial, además, experimentaría un cambio originado por otro de orden político: Irán.

Por otra parte, apenas se formó la casa matriz, PDVSA tuvo que atender un viejo dolor de cabeza nacional: el IVP (Instituto Venezolano de Petroquímica), creado en 1956 y reformado en 1960. Lo cierto es que las dos plantas petroquímicas del país (Morón y El Tablazo) producían pérdidas y, naturalmente, esto no era tolerable. En enero de 1977, el Ministerio de Energía y Minas tomó cartas en el asunto y decretó al IVP en reorganización; en julio se ordenó la conversión del instituto en Sociedad Anónima y el 1 de diciembre se nombra la primera junta directiva de Pequiven, integrada por Renato Urdaneta (presidente), Rómulo Quintero Valera (vicepresidente), y los directores José T. Mavarez, Héctor Riquezes, Hernán Anzola y Agustín González. Entonces, se inicia un proceso de racionalización y modernización de la empresa con criterios gerenciales modernos, lo que condujo a que, en 1984, por primera vez en su historia, la empresa arrojara resultados positivos, pagando por primera vez, en 28 años, impuesto sobre la renta.

En estos primeros años de PDVSA se presentó un asunto que se debía decidir de manera perentoria. Nos referimos al de la Faja Petrolífera del Orinoco. Como señalamos antes, entre 1970 y 1977, un proyecto conjunto entre el Ministerio de Minas e Hidrocarburos y la CVP había adelantado las investigaciones. Ahora se imponía una decisión sobre cuál organismo debía continuar: ¿el Ministerio o PDVSA? El presidente Pérez se inclinó por PDVSA y en octubre de 1977 se le entregó a la empresa todo lo concerniente a los estudios de la faja. En 1978 se designó un grupo formado por las filiales para iniciar los trabajos y al año siguiente, en 1979, ya estaban listas las áreas y las asignaciones de cada una de ellas a las filiales. Nos referimos a las áreas: Cerro Negro, Hamaca, Zuata y Machete. Cuatro años después, en 1983, concluyó el trabajo en el que:

> ... se levantaron 15.000 m de líneas sísmicas y se perforó un total de 662 pozos exploratorios con una inversión global de 2.030 millones de bolívares. En 1984 se completó la integración de la información exploratoria obtenida con anterioridad y la evaluación geológica correspondiente, la cual comprobó la existencia en la Faja de 1,2 billones de barriles de petróleo en sitio, con reservas estimadas conservadoramente de unos 200.000 millones de barriles... (Rodríguez Eraso, 1986: 130).

En otras palabras, para 1984 se supo con base científica que las mayores reservas de petróleo del planeta estaban en Venezuela, en la Faja Petrolífera del Orinoco. Asunto distinto era explotar estos yacimientos de crudos pesados, como veremos luego.

El primer gobierno de Pérez va a terminar sin cambios en los estatutos de la nueva empresa y con el proceso de simplificación de sus filiales concluido en lo esencial. No obstante, no todo fue coser y cantar. Por lo contrario, hemos de señalar que la tensión entre el ministro de Minas e Hidrocarburos y el presidente de PDVSA se manifestó desde el inicio del nuevo esquema petrolero venezolano. Era de esperarse. Tanto a uno como a otro los designa el presidente de la República, y seguramente el presidente de PDVSA, fuese quien fuese, buscaría la mayor autonomía, apoyándose en el respaldo del presidente de la República, mientras el titular del ministerio, fuese quien fuese, buscaría no quedar en el medio, pintado en la pared.

Contamos con el testimonio del presidente Pérez acerca de esta situación en sus *Memorias Proscritas*. Afirma:

> Al comienzo, cuando nacionalicé el petróleo, se produjo una fricción entre Valentín Hernández y el general Alfonzo Ravard. Ninguno quería aceptar la codirección de la industria petrolera. Una situación muy difícil. Entonces le pedí al ministro de Minas que me redactara un reglamento de las relaciones entre el Ministerio de Minas y PDVSA. Lo mismo le pedí al presidente de PDVSA. Con los dos proyectos identifiqué las diferencias y dicté un instructivo. Siguieron apareciendo problemas y, entonces, le dije

a Valentín Hernández que iba a nombrar Ministro de Estado a Ravard. Eso permitió que se equipararan las cosas. Tanto para satisfacer la posición del presidente de PDVSA como para tener control sobre la industria, establecí que el ministro de minas recibía sus cuentas normales de PDVSA, pero que el Presidente de la República recibía cada dos semanas al presidente de PDVSA [...] Cuando vuelvo al gobierno, encuentro el mismo problema: que el presidente de PDVSA quería tener relación directa conmigo, no con el ministro de minas, quien sentía el rechazo del presidente de PDVSA a subordinarse a sus instrucciones (Hernández-Giusti, 2006: 231).

Esta larga cita que nos hemos permitido se explica por lo elocuente para dar cuenta de un problema que siempre estuvo allí y que no fue fácil de resolver, como el mismo Pérez denota al confesar la solución que halló a la tirantez entre un funcionario y otro. En el período presidencial de Pérez, si bien «la procesión iba por dentro», como vemos claramente, la «sangre no llegó al río». Es decir, los cinco puntos del general Alfonzo Ravard no fueron vulnerados y las definiciones de funciones tanto del ministerio como de PDVSA contribuyeron a despejar el panorama.

Conviene, por otra parte y antes de continuar, tener en cuenta las variaciones en la producción petrolera nacional durante estos veintitrés años que trabajamos. Nos basamos en las cifras oficiales de la OPEP (Manzano, 2009, 52-51), para una producción promedio de barriles diarios.

1973	3 370 000	**1982**	1 900 000	**1991**	2 290 000
1974	2 980 000	**1983**	1 790 000	**1992**	2 350 000
1975	2 350 000	**1984**	1 700 000	**1993**	2 310 000
1976	2 290 000	**1985**	1 560 000	**1994**	2 370 000
1977	2 240 000	**1986**	1 650 000	**1995**	2 380 000
1978	2 170 000	**1987**	1 660 000	**1996**	2 380 000
1979	2 360 000	**1988**	1 720 000	**1997**	2 410 000
1980	2 170 000	**1989**	1 750 000	**1998**	3 120 000
1981	2 110 000	**1990**	2 140 000	**1999**	2 800 000

Igualmente, tengamos en cuenta el precio (en dólares) promedio del barril petrolero diario nacional, de acuerdo con las cifras de Baptista (2011: 117-119).

1973	3,71	**1982**	27,47	**1991**	15,92
1974	10,53	**1983**	25,31	**1992**	14,91
1975	10,99	**1984**	26,70	**1993**	13,34
1976	11,15	**1985**	25,89	**1994**	13,23
1977	12,54	**1986**	12,86	**1995**	14,84
1978	12,04	**1987**	16,32	**1996**	18,39
1979	7,69	**1988**	13,51	**1997**	16,3
1980	26,44	**1989**	16,87	**1998**	10,57
1981	29,71	**1990**	20,33	**1999**	16,0

En tres años (1976, 1977 y 1978) el directorio de PDVSA redujo las filiales a cinco, incorporó a Intevep, reorganizó la industria petroquímica creando Pequiven y formó dos empresas de «inteligencia de mercado» en los Estados Unidos y Gran Bretaña. Entonces, la percepción general en el país era que el tránsito de las concesionarias a una casa matriz con filiales venezolanas había sido un éxito. Se le atribuía este éxito a una clave: la no politización de la industria petrolera, la escogencia acertada del general Alfonzo Ravard y un directorio calificado. Venezuela había pasado a salvo el Rubicón.

El *sha* de Irán y el ayatola Jomeini

El *sha* de Irán comenzó a verse cercado por problemas de toda índole a partir de 1977. No solo batallaba en secreto contra un cáncer sino que las huelgas de trabajadores iban en ascenso, auspiciadas por el ayatola Jomeini, quien vivía en el exilio en Francia desde hacía casi quince años, expulsado por el *sha*. En 1978, las huelgas condujeron a un caos en el sector petrolero iraní, al punto tal que de los 5,5 millones de barriles diarios que producía, hacia finales de este año solo se extraían 1 millón de barriles. La crisis condujo a que el *sha* instaurara un gobierno militar, lo que precipitó los hechos y, para diciembre, las huelgas paralizaron totalmente la industria petrolera. Naturalmente, al sacar 5,5 millones de barriles diarios del mercado mundial el precio volvió a subir.

El *sha* abandonó Irán el 16 de enero de 1979 y el ayatola Jomeini llegó a Teherán el 1 de febrero. El *sha* moría en el exilio en Nueva York, en 1980, mientras Jomeini iniciaba una revolución fundamentalista. El petróleo iraní regresó al mercado en marzo de este año, lentamente, y con menores niveles de producción. Mientras tanto, para paliar la escasez de crudo y el aumento de los precios, Arabia Saudita, bajo presión de los países consumidores, aumentó su producción en julio de 1979 a 9,5 millones de barriles diarios. No obstante, los precios seguían subiendo, lo que indicaba que la demanda era todavía mayor que la oferta.

El gobierno de Luis Herrera Campíns (1979-1984) y los inicios de la internacionalización de PDVSA

Luis Herrera Campíns asume la Presidencia de la República el 12 de marzo de 1979 y designa ministro de Energía y Minas al geólogo (UCV) Humberto Calderón Berti, quien para entonces era presidente de Intevep y militaba abiertamente en el socialcristianismo venezolano reunido en Copei. Calderón había completado su formación con una maestría en Petróleo en la Universidad de Tulsa (Oklahoma) y para el momento de su designación era sumamente joven, contaba con 38 años. Su nombramiento era político, por la naturaleza del cargo, pero era un hombre formado en el mundo del petróleo.

El presidente Herrera tuvo el acierto de ratificar al general Alfonzo Ravard en la presidencia de PDVSA, pero cometió un error (desde el punto de vista de la mayoría de los integrantes de la industria petrolera) al modificar los estatutos de la casa matriz con el objeto de reducir de cuatro a dos años el período de la junta directiva. Se buscaba, evidentemente, tener un control más estricto, reduciéndoles a los directores el horizonte de trabajo, como dijimos antes. Esto no fue bien recibido en la industria petrolera nacional: no era una buena señal. Causó un ruido innecesario en comparación con lo que se lograba. No obstante, las designaciones, en su mayoría, eran pertinentes. En la vicepresidencia seguía Julio César Arreaza; los directores principales fueron Alirio Parra, Edgard Leal, Hugo Finol, Wolf Petzall, Pablo Reimpell, Antonio Casas González, Humberto Peñaloza; y los suplentes, Gustavo Gabaldón, Luis Plaz Bruzual y Manuel Pulido. Los representantes laborales siguieron siendo Manuel Peñalver y Raúl Henríquez. Esta junta directiva designada el 29 de agosto de 1979 concluiría en igual mes de 1981. Paradójicamente, hay que señalar que esta junta directiva tomaba más en cuenta a la gente que había hecho carrera en la industria petrolera que la anterior, cuando solo un gerente provenía de la industria preestatización. De modo que, por una parte, el presidente Herrera les reducía el período a dos años, pero, por otra, incluía mayor número de petroleros genuinos.

En 1980, comienza a articularse un proyecto que se había discutido ampliamente en distintos estadios gerenciales de PDVSA: la necesidad de buscarles mercados internacionales a nuestros crudos pesados. Esta estrategia contemplaba diversas modalidades que no descartaban la compra de refinerías en el extranjero o la participación accionaria en porcentajes significativos en refinerías y sistemas de comercialización en el exterior. Por ello, PDVSA firma con la Veba Oel de Alemania Occidental un programa de cooperación técnica el 28 de agosto de 1980. Este convenio inicial se va a traducir luego en una asociación entre ambas empresas para crear la Ruhr Oel, el 21 de abril de 1983. Esto le permitió a PDVSA colocar para su refinación cerca de 150 000 barriles diarios en Alemania. En su mayoría se trataba de crudos pesados, que alcanzaban a ocupar el 50% de capacidad de refinación de la empresa. Con esta asociación comenzaba el proceso de internacionalización de PDVSA, alineado con lo dispuesto por el Ministerio de Energía y Minas sobre el particular. Entonces, apuntaba el ministro Calderón Berti:

> Ha habido un cambio de importancia relativa de los crudos pesados y extra-pesados en cuanto al patrón de producción. Por ejemplo, en el año 1976, Venezuela produjo 840 millones de barriles de petróleo durante todo el año. De esos, el 30% de crudos pesados, el 34% de medianos y el 36% de livianos. En el año 1982, Venezuela produjo 692 millones de barriles de crudo, con una proporción de 40% de crudos pesados, es decir 10% más, 28% de medianos y 31% de livianos. Frente a esta realidad hemos tenido que venir definiendo, en el tiempo, una estrategia de comercialización que le permita al país irse asegurando una salida estable y confiable de sus crudos pesados y extra-pesados a largo plazo (Calderón Berti, 1986: 69).

Como vemos, el argumento central de la internacionalización de PDVSA en aquellos años iniciales fue el de la búsqueda de mercado para los crudos pesados y extrapesados.

Al examinar los lineamientos de política petrolera formulados por el Ministerio de Energía y Minas a la industria petrolera de los años 1979, 1980, 1981 y 1982, advertiremos la prédica de «profundizar la nacionalización». Es decir, la de abrir espacios para la participación de la ingeniería venezolana calificada en la industria petrolera nacional. Igualmente, veremos cómo en estos años se cambió el patrón de refinación de las refinerías nacionales con miras a procesar mayor cantidad de crudos pesados. Esto supuso ingentes inversiones en Amuay, Punta Cardón y Puerto la Cruz.

Vencido en agosto de 1981 el período de dos años del directorio de PDVSA, el presidente Herrera ratificó por dos años más al general Alfonzo Ravard y al vicepresidente Arreaza. Aparece entonces la figura del segundo vicepresidente y es designado un hombre de la industria petrolera: Wolf Petzall. Se ratifican como directores principales a Alirio Parra, Antonio Casas González, Pablo Reimpell, Humberto Peñaloza y los representantes laborales Manuel Peñalver y Raúl Henríquez. Edgard Leal y Hugo Finol, del directorio anterior, son sustituidos por Enrique Daboín y Nelson Vásquez, mientras Gabaldón pasaba de suplente a principal. La inclusión de Daboín y Vásquez fue considerada, *sotto voce*, una atenuación del principio de la meritocracia y una concesión al ministro Calderón Berti. Las críticas no se hicieron esperar por la prensa, y no fueron menores. Los suplentes fueron Manuel Pulido, Francisco Guédez, el ya mencionado Henríquez y Edgard Leal, quien pasó de principal a suplente, con motivo de su traslado a Londres como jefe de la oficina de PDVSA en la capital británica.

A este directorio le tocará enfrentar una verdadera tormenta, como veremos de inmediato. El 27 de septiembre de 1982, el directorio de PDVSA fue convocado para informarle la decisión tomada en Consejo de Ministros del día anterior acerca de un nuevo convenio cambiario entre la petrolera y el Banco Central de Venezuela. De acuerdo con este convenio, PDVSA estaba obligada a venderle al Banco Central de Venezuela todas las divisas que generara en su actividad comercial y de colocación de recursos en bancos extranjeros. Por supuesto, el origen de la medida estribaba en la difícil situación financiera que atravesaba la República y, debido a ella, esta se veía en la necesidad de centralizar fondos en divisas en el ente emisor. Por otra parte, era evidente que la medida perjudicaba severamente varios principios operativos de PDVSA, a saber: el de autonomía financiera, el de autonomía administrativa y el de flexibilidad de gestión.

Obviamente, el directorio de PDVSA no se iba a quedar de brazos cruzados; tampoco lo hizo la bancada parlamentaria de AD, tomando la decisión de proponer una reforma a la Ley Orgánica del Banco Central de Venezuela que preservara la autonomía financiera de PDVSA. Herrera Campíns, por su parte, reconoció la magnitud del problema generado con la decisión intempestiva y creó una comisión *ad hoc* abocada a resolver el *impasse*. Esta comisión integrada por miembros de la industria petrolera y del Ejecutivo Nacional buscó soluciones salomónicas, mientras la reforma de la ley avanzaba en el Congreso Nacional. La comisión Gobierno-PDVSA llegó a soluciones que el directorio consideró convenientes para la industria petrolera y en el directorio se afirmó textualmente que el Acta Convenio final «significaba un giro positivo del asunto al compararla con el convenio original». La sangre no llegaba completamente al río. Cabe preguntarse entonces: ¿era necesario este período convulso de reuniones y profundo malestar? ¿No hubiera sido preferible llegar al mismo avenimiento antes de dictar la medida de manera inconsulta con PDVSA, refrendada, no obstante, por el ministro Calderón Berti? Todo indica que se procedió de espaldas a PDVSA porque se temía que, si se consultaba con su directorio, este se opondría desde el principio. Sin embargo, esta suposición con fundamento no eximió a la industria petrolera nacional de un capítulo ingrato en sus relaciones con el Poder Ejecutivo. El trato que se le prodigó fue, por decir lo menos, inconveniente. De haber habido mayor confianza entre un mundo y otro (el petrolero político y el petrolero técnico) la comunicación habría fluido más eficientemente. No dejó un buen ambiente la situación planteada. Finalmente, el Gobierno hubo de transigir en no vulnerar la autonomía financiera de PDVSA aceptando mecanismos compensatorios y esta última sintió sobre sí misma el peso de los intereses financieros de la República, entonces seriamente comprometidos por la situación petrolera mundial, que llevaba a Venezuela a respaldar la política de precios de la OPEP, sobre la base de la reducción de la producción. Recordemos que la producción nacional petrolera había descendido de 3 370 000 b/d en 1973 a 1 900 000 en 1982, una caída estrepitosa, evidentemente. Recordemos que la insolvencia de México para afrontar su deuda externa encendió las alarmas en la banca internacional y Venezuela comenzó a hallar las puertas cerradas de los financiamientos y, en consecuencia, necesitaba divisas para mejorar sus reservas internacionales. ¿Y dónde había recursos? En PDVSA.

Gracias a una entrevista reciente del periodista Víctor Salmerón con el ministro de Hacienda de entonces, Luis Ugueto Arismendi, contamos con un testimonio directo de los hechos. Afirma Ugueto, refiriéndose a la crisis interna que capeaba el gobierno:

> En ese momento, el presidente me llama. Se hacían gabinetes a las once o doce de la noche para que la prensa no se enterara. Propone el presidente que, como el Banco Central se quedaba sin reservas, quieren quitarle los dólares a PDVSA. Obligar a PDVSA a colocar sus divisas propias en el Banco Central para que el Banco Central pudiera utilizarlas... Yo me opongo a lo de PDVSA bajo la suposición de que el ministro de Energía y Minas me iba a apoyar y resulta que se calló la boca. Entonces, Luis Herrera me pregunta: «¿Quiere decir que usted no firma, que sale del gabinete?». Le digo: «yo salgo del gabinete» (Salmerón, 2013: 66-67).

Ugueto renunció y lo sustituyó Arturo Sosa, a quien le tocó lidiar con el presidente del Banco Central de Venezuela, Leopoldo Díaz Bruzual, apodado El Búfalo, dado su carácter intemperante. Es evidente que la crisis económica del gobierno de Herrera Campíns en 1982 y 1983, cocinada por los factores que ya hemos señalado, condujo a echar mano de los ingresos de PDVSA para paliar la insuficiencia, afectando severamente principios administrativos cardinales de la empresa.

La política de precios venezolana de este período cuando el ministro de Energía y Minas fue Calderón Berti no debe sorprendernos, ya que fue muy activo en el seno de la OPEP, comprometiéndose personalmente con la organización, y haciendo de su actuación internacional uno de los hitos de su administración. El propio Herrera Campíns, en prólogo al libro de su ministro, *Venezuela y su política petrolera 1979-1983*, lo afirmaba con orgullo: «No exagero al afirmar que en la historia de veintitrés años de la OPEP no ha habido ningún funcionario venezolano ubicado en elevados niveles ejecutivos del gobierno o de la industria que haya alcanzado mayor profundidad en el trato y en la cordial relación amistosa con nuestros socios del Medio Oriente, de las asiáticas lejanías indonesias o de África, como Humberto Calderón Berti» (Calderón Berti, 1986: 3). De modo que la defensa de los precios fue acentuando la reducción de la producción, como es evidente.

Por otra parte, PDVSA el 29 de julio de 1983 toma una decisión racional: liquida Foninves (Fondo de Investigación) y el Inapet (Instituto de Adiestramiento Petrolero y Petroquímico), para consolidar la actividad de ambos en un solo ente: el Cepet (Centro de Formación y Adiestramiento de Petróleos de Venezuela y sus filiales). Esto ocurre pocos días antes de que el presidente Herrera incurra en otra decisión polémica. Esta tuvo lugar el 31 de agosto de 1983, cuando nombró nueva junta directiva para PDVSA. El general Alfonzo Ravard culminaba una gestión de ocho años al frente de la empresa estatal y el presidente de la República decidió que su dilatada etapa había concluido. Nombró a su ministro de Energía y Minas, Calderón Berti, presidente de PDVSA. No cabe duda de que estaba en su derecho de hacerlo, pero violentaba la meritocracia severamente, ya que la trayectoria gerencial de Calderón era de menor antigüedad que otras, como la de Guillermo Rodríguez Eraso o la de Alberto Quirós Corradi, por citar solo dos ejemplos. De modo que si el nombramiento era político, era inexplicable e inconveniente, y si el nombramiento era con base en la experticia petrolera, violentaba la meritocracia. No obstante el dilema, Herrera cometió el error de nombrar a Calderón y este el de aceptar el nombramiento. Era un error por donde se le viera, y así lo percibió el país con señalada molestia.

Como todo se sabe en este mundo, el propósito de nombrar a Calderón se coló entre corrillos. Acción Democrática se adelantó a señalar la inconveniencia del nombramiento. Más aún: los candidatos presidenciales a las elecciones de 1983, Rafael Caldera y Jaime Lusinchi, le advirtieron a Herrera Campíns que era preferible dejar en suspenso el nombramiento hasta tanto se encargara el nuevo gobierno, pero Herrera no oyó ni uno ni otro consejo y optó por designar a Calderón. Fue un golpe duro para la meritocracia petrolera, pero tal y como muchos previeron que ocurriría, el presidente electo, Lusinchi, al no más asumir la Presidencia de la República, corrigió el entuerto.

Aquel directorio de agosto de 1983 estuvo compuesto, en la primera vicepresidencia por Pablo Reimpell; en la segunda, por Wolf Petzall, y contó con los directores principales Gustavo Gabaldón, Enrique Daboín, el militar Andrés Brito Martínez, Humberto Peñaloza, Antonio Casas González, Nelson Vásquez, Samuel Wilhelm y Raúl Henríquez. Como directores suplentes estaban Manuel Pulido, Julius Trinkunas, Remigio Fernández y Arístides Bermúdez. Como vemos, Julio César Arreaza salió del directorio después de haber acompañado al general Alfonzo Ravard durante sus ochos años, en su condición de vicepresidente.

En 1983, por otra parte, se incorporaron a la flota petrolera nacional siete nuevos buques para alcanzar a contar con diecinueve, capaces de transportar crudos de diversa naturaleza y productos derivados. Para aquel año, el consumo interno ya era de 346 000 b/d, más el gas natural, que se estimó en 147 700 b/d (Barberii, 1996: 238). Para el momento de la entrega de Herrera Campíns a Lusinchi, los trabajos en el Complejo Criogénico de Oriente estaban completados en un 76%, para ser terminados en los años siguientes.

Antes de estos hechos reseñados relativos a la industria petrolera, recordemos el entorno nacional e internacional en el que ocurrieron. El 18 de febrero de 1983, Venezuela tuvo que implementar un control de cambios en el entonces llamado «Viernes Negro», cuando el modelo económico venezolano, fundamentado en la renta petrolera hizo aguas por todas partes. Por más que el gobierno de Herrera Campíns se propuso desacelerar la economía y bajar el ritmo de endeudamiento, la guerra en el Medio Oriente, entre

Irán e Irak (1980) disparó los precios del petróleo a niveles todavía mayores que los recibidos por el gobierno anterior. Si el precio promedio del barril venezolano en 1978 fue de 12,04 dólares, el de 1980 fue de 26,44 dólares por barril, como señalamos antes.

De tal modo que el ritmo de inversiones por parte del Estado y la asunción de deuda no se detuvieron hasta que México, en 1982, se declaró en mora para cumplir con sus pagos. Esto encendió la alerta roja en el mundo financiero, ya que temían que otros países comenzaran a manifestar lo mismo. La deuda más grande en Latinoamérica pesaba sobre México, seguido de Brasil, Argentina y Venezuela. Curiosamente, no son pocos los economistas que afirman que el origen de esta deuda está en los enormes recursos que los países árabes petroleros colocaron en la banca internacional; esta tuvo que salir a buscar a quién prestárselos, y halló deudores en los países citados. En el caso de Venezuela es irónico, porque el país fue beneficiario de los precios petroleros y, también, víctima del endeudamiento.

A la crisis súbita de la deuda externa se sumó la caída leve de los precios del petróleo que comenzó a manifestarse en 1982. Esto, más la declaratoria de México, condujo a que los venezolanos que tenían cómo hacerlo comenzaran a comprar divisas, alcanzándose un monto de compra contra las reservas internacionales que el Estado ya no pudo soportar, lo que hizo necesario cerrar la venta de divisas el viernes 18 de febrero de 1983, proceder a fijar un control de cambios diferencial y a devaluar la moneda. Entonces se creó Recadi (Oficina del Régimen de Cambios Diferenciales), que estableció un cambio a 4,30 por dólar y otro a 7,50, que luego fue moviéndose en el tiempo. Además, se le encomendó a una comisión *ad hoc* el trabajo de establecer el monto de la deuda externa venezolana, tanto la pública como la privada.

Era evidente que el modelo económico venezolano, fundado inicialmente en la Industrialización por Sustitución de Importaciones, con el añadido del Estado empresario y, además, con barreras arancelarias y subsidios a los productos nacionales, había hecho crisis. La deuda y el comienzo de la caída de los precios del petróleo dejaban desnudo el modelo económico y emergía de las profundidades del Estado una deuda pública de grandes proporciones. Fue en este clima como terminó el gobierno de Luis Herrera Campíns. Veamos ahora, aunque sea someramente, los hechos geopolíticos internacionales que incidieron sobre la economía petrolera venezolana, siempre dependiente de variables exteriores e incontrolables en razón de su condición de economía monoproductora petrolera.

La anarquía en los precios

En diciembre de 1979, la OPEP buscaba poner orden en el mercado. Arabia Saudita vendía a 18 dólares por barril; otros países a 28, y algunos vendían de contado a 40 dólares por barril. El caos era total. Luego, en la reunión de Argel de la OPEP, en junio de 1980, el precio promedio había ascendido a 32 dólares por barril. Mientras Yamani se preocupaba y abogaba por una baja de los precios, otros países OPEP se frotaban las manos de alegría. La tercera reunión de la OPEP en menos de un año ocurrió en Viena en septiembre de 1980. Ya para entonces el panorama anunciaba cambios: las existencias eran muy altas, la recesión mundial se profundizaba y la demanda bajaba. Sin embargo, de pronto, una variable imprevista irrumpió en el panorama: la guerra Irán-Irak.

Estalla la guerra Irán-Irak

El 22 de septiembre de 1980 los aviones iraquíes atacaron objetivos terrestres en Irán. ¿Motivos? Sobraban: diferencias históricas, étnicas, políticas y petroleras, en especial el dominio sobre el golfo Pérsico. A todo ello se sumaba el odio fundamentalista de Jomeini y los maltratos recibidos en Irak durante su exilio. De parte de Saddam Hussein, el encono no era menor.

A los pocos días de haber comenzado la guerra, salieron del mercado cerca de 4 millones de barriles, alrededor del 8% de la producción mundial. El precio subió a 36 dólares por barril y no llegó a más porque las existencias eran muy grandes. Además, la recesión mundial no cedía y los mercados se resentían. Para comienzos de 1981, el porcentaje de crudo de la OPEP vendido en los mercados había bajado en 27% en relación con 1979 y esta organización, urgida por las angustias de Yamani, comenzó a bajar el precio para no seguir perdiendo mercado. La misma tendencia se mantuvo durante 1982, a la par de dos tendencias no antes señaladas: la utilización de fuentes alternativas de energía y el ahorro de la ya existente.

Pocas cifras bastan para explicar lo sucedido entonces: el consumo mundial se redujo en 6 millones de barriles diarios entre 1979 y 1983 y la producción no OPEP creció 4 millones diarios en el mismo lapso. Pero la OPEP no se quedó de brazos cruzados y redujo su producción buscando sostener los precios. Si en 1979 esta había sido de 31 millones de barriles diarios, en 1982 bajó a 18 millones con un estricto sistema de cuotas. No obstante, los precios seguían bajando.

La deuda externa, un nuevo sacudón

La confluencia de haber tenido precios del crudo muy altos y ahora una recesión mundial trajo como consecuencia la aparición de la punta del iceberg: algunos países petroleros se habían endeudado con base en la factura del crudo y, con la caída de los precios, ahora no tenían recursos ni para pagar los intereses. El primero en constatarlo fue México, cuya deuda externa para agosto de 1982 superaba los 84 000 millones dólares. Luego, en febrero de 1983, Venezuela despertó a la misma realidad, con cerca de 30 000 millones de dólares en deuda externa. Lo mismo Brasil y Argentina, aunque en menores medidas. A los problemas de la recesión se sumaba otro ahora: los deudores que no tenían cómo pagar y comprometían a la banca internacional. Se abría otro capítulo: las reestructuraciones de las deudas internacionales de los países petroleros y la aparición de una nueva modalidad en el mercado: los llamados precios «a futuro».

El mercado petrolero inicia una transformación

El 30 de marzo de 1983, la New York Mercantile Exchange estableció para el petróleo una modalidad mercantil que se utilizaba desde hacía casi cien años para el ganado, los huevos y otros productos: la venta a futuro. Es decir, la posibilidad de establecer un precio a futuro de manera fija y específica. Además, esa venta podía revenderse muchas veces, con lo que la capacidad de la OPEP de fijar el precio unilateralmente se resentía. Podía hacerlo, pero con menor efectividad real, ya que los intermediarios de los precios del crudo a futuro también tenían la palabra. De modo que si a principios del siglo XX la Standard Oil fijaba los precios y luego lo hacía la Railroad Comission of Texas y, después, la OPEP, ahora en Nueva York, con el mercado a futuro del crudo, se introducía un nuevo factor determinante. El mundo petrolero daba un nuevo giro.

La década de los años ochenta comenzó con una subida enorme de los precios y concluiría con el crudo a la baja, la deuda externa de muchos países petroleros en auge y, encima, un cambio en el mercado. Además, la experiencia produjo un avance en la tecnología para reducir el consumo y la conciencia de la imperiosa necesidad buscar nuevas fuentes de energía. Las tempestades articulan cambios; ¿quién lo duda?

El colosal aumento de los precios del crudo a partir de 1973 activó varios factores que antes no estaban en marcha. La situación anterior a esta fecha no representaba una urgencia, dado el relativo bajo precio del barril de petróleo y la suficiencia en su abastecimiento. La coyuntura del aumento de los precios puso en marcha la búsqueda de nuevas fuentes de energía y aceleró la exploración en áreas petroleras potenciales. Igualmente, la conciencia acerca del consumo racional de la energía emerge entonces como tema de interés político. De esta situación, que podemos llamar de «emergencia», el foco en el uso del gas natural fue el fruto más evidente, lo cual trajo como resultado avances tecnológicos que hicieron posible su obtención y comercialización, así como su crecimiento como fuente de energía, sobre todo en la generación de electricidad, lo que se produjo en desmedro del petróleo. Por otra parte, la exploración a toda marcha dio como resultado el aporte significativo del mar del Norte y el de Alaska. Ambos vinieron a matizar la preponderancia de la producción de la OPEP y, naturalmente, a poner en apuros la eficacia de su cartel. No pasó en vano aquel aumento colosal de los precios.

El gobierno de Jaime Lusinchi: un cambio de criterio gerencial para PDVSA (1984-1989)

Las elecciones de 1983 las gana Jaime Lusinchi a su contendor más significativo: Rafael Caldera. Asume la Presidencia de la República el 2 de febrero de 1984 y designa como ministro de Energía y Minas a Arturo Hernández Grisanti, para entonces la máxima autoridad en AD en materia petrolera. Había sido viceministro de Minas e Hidrocarburos de Pérez Alfonzo entre 1959 y 1963, cuando contaba treinta y dos años; ahora era un experto petrolero maduro. Hernández Grisanti estuvo al frente del ministerio durante casi toda la gestión de Lusinchi. Se separó del cargo en los meses finales de 1988 para optar al Senado en representación de su estado natal: Sucre. Era riocaribeño. El 8 de agosto de 1988 es sustituido Hernández Grisanti por Julio César Gil, a quien le corresponde culminar el período presidencial 1984-1989 en la cartera de Energía y Minas.

El 8 de febrero de 1984, Lusinchi procedió a destituir al directorio de PDVSA nombrado por Herrera Campíns y designó otro en el que se ratificaban los profesionales de la industria nombrados y se designaba un presidente procedente de las filas meritocráticas de la industria petrolera: Brígido Natera, un geólogo con dilatada experiencia. Reimpell fue ratificado como primer vicepresidente y se designó a otro profesional de las filas técnicas como vicepresidente: Juan Chacín Guzmán. Los directores fueron: Carlos Vogeler Rincones, Arévalo Guzmán Reyes, Mario Rodríguez, Antonio Casas González, Raúl Henríquez, Nelson Vásquez, Samuel Wilhelm y Remigio Fernández. Como directores suplentes: Alirio Parra, Julius Trinkunas, Héctor Riquezes y Arístides Bermúdez. Todos con argumentos para estar en la junta directiva.

Recordemos los precios promedio del petróleo venezolano en estos años del gobierno del presidente Lusinchi:

Precios	**Producción**
1984 26,70	**1984** 1 700 000
1985 25,89	**1985** 1 560 000
1986 12,86	**1986** 1 650 000
1987 16,32	**1987** 1 660 000
1988 13,51	**1988** 1 720 000
1989 16,87	**1989** 1 750 000
(Baptista, 2011: 117-119)	(Manzano, 2009: 52-51)

Se advierte claramente que entre el promedio de 1985 y el de 1986 hubo una caída del precio a la mitad, de 25,89 a 12,86. ¿Esta caída obligó a pensar en un cambio en la política petrolera venezolana o se introdujeron matices en una política ya diseñada? No cabe duda de que la internacionalización de PDVSA continuó de manera sostenida y enfática durante la segunda parte de la década de los años ochenta. Veamos los hechos: el 17 de junio de 1985 se firma un acuerdo entre Shell y PDVSA para que la refinería de Curazao no deje de operar; el 25 de septiembre se firma un contrato de arrendamiento y PDVSA asume por cinco años la refinería, para lo que crea la empresa Isla, una nueva filial que se encarga de operar la refinería y el terminal de aguas profundas. El 22 de enero de 1986 el presidente de la República autoriza a PDVSA a adquirir el 50% de las acciones de Nynäs Petroleum en Suecia y a incrementar su capital accionario en las refinerías alemanas de Ruhr Oel. Quince días después, PDVSA firma una carta de intención con Southland Corporation de Dallas para la compra de la mitad del capital accionario de Citgo. El 11 de marzo de 1987, el Ejecutivo Nacional autoriza a PDVSA a comprar la mitad del capital accionario de Champlin Petroleum en los Estados Unidos, incorporándose al cuadro de refinerías venezolanas en el exterior a partir del 1 de enero de 1989. Luego, en 1990, PDVSA adquirió el 50% de una refinería en Chicago y la empresa pasó a llamarse Uno-Ven Corp. Casi diez años después, en el 2004, de acuerdo con lo expresado por Brian McBeth, Citgo era un conglomerado de notables dimensiones. Afirma el especialista británico: «En 2004, Citgo, cuyos ingresos ascendían a 7 millardos de dólares, era el quinto distribuidor de gasolina en EE. UU., contaba con más de 13.000 estaciones de servicio representando el 10% del mercado estadounidense de gasolina, era el cuarto distribuidor de *jet fuel* y el más grande distribuidor de destilados ligeros» (McBeth, 2015: 76).

Según Barberii, para 1990, la capacidad de refinación instalada con la que contaba PDVSA en sus refinerías del exterior era de 833 220 b/d. Para este año la casa matriz contaba con 16 refinerías: dos en Alemania, dos en Suecia, tres en los Estados Unidos y una en Curazao, más siete refinerías en Venezuela. Todas sobrepasaban la capacidad de algo más de dos millones de barriles diarios.

Todas estas compras de refinerías en el extranjero se inspiraron en la política petrolera de buscar colocación segura del crudo venezolano en los mercados internacionales, además de que se esgrimía que eran buenos negocios para la casa matriz. Es evidente que esta política de internacionalización de PDVSA se profundizó enfáticamente en estos años que revisamos. Junto a ella, se avanzó en lo relativo a la explotación de la Faja del Orinoco y al diseño de un nuevo derivado de los hidrocarburos: la orimulsión, que presentaba la ventaja para Venezuela de tener unas características tales que no era considerado un hidrocarburo de los clasificables por la OPEP (era un bitumen), lo que dejaba su producción al margen de las cuotas de producción asignadas por la OPEP a Venezuela.

La orimulsión fue un producto diseñado en los laboratorios de Intevep a mediados de la década de los ochenta. Recordemos que, con la caída de los precios del crudo en 1986, se tomó la decisión de dejar en suspenso la explotación de la Faja Petrolífera del Orinoco, ya que con los precios de entonces era inviable la explotación, dados los costos que entonces tenía la explotación de crudos pesados. No obstante estos hechos, en Intevep no se detuvo la investigación hasta tanto se llegó a la fórmula de la orimulsión. Optamos por la definición que Emma Brossard ofrece en su libro. Afirma: «Orimulsión es el nombre de la marca registrada de una emulsión del bitumen Orinoco (bitumen natural) en agua, estabilizada con un paquete aditivo especialmente formulado. Después de producir el bitumen, éste pasa por un proceso de desgasificación, deshidratación y desalación, y esta materia prima está lista para el proceso de manufactura de formación de una emulsión del bitumen Orinoco (70%) en agua (30%)» (Brossard, 1994: 244).

La orimulsión estaba destinada para la industria pesada y para plantas generadoras de energía eléctrica, compitiendo con el carbón como fuente de energía en este tipo de plantas. El comienzo de la investigación que concluyó con la creación de la orimulsión comenzó en 1981, cuando se firmó un acuerdo de investigación entre Intevep y la British Petroleum para trabajar en el hallazgo de un método que permitiera transportar crudos pesados. El interés de la BP se enfocaba en los bitúmenes de Alberta, en Canadá, donde tenían intereses particulares. Para Venezuela, naturalmente, la investigación tenía por objeto la Faja Petrolífera del Orinoco. Para

1985, los resultados ya eran comprobables y se produjo la alianza entre Intevep y Lagoven, que condujo a las primeras pruebas de mercado para la orimulsión. En mayo de 1988, salió de un puerto venezolano el primer cargamento de orimulsión hacia Japón (31 000 barriles). Entonces fueron quemados en una planta eléctrica japonesa (Chubu Electric Company). En paralelo, PDVSA toma la decisión de crear una nueva filial que se encargaría del desarrollo y la comercialización de la nueva emulsión venezolana. Bitúmenes del Orinoco (Bitor) fue creada en octubre de 1988 y esta empresa, a su vez, creó BP Bitor para Europa, Bitor America Corp para América del Norte y el Caribe y Bitor International para el resto del mundo.

La doctora Brossard, entusiasta de la orimulsión, define otras cualidades. Afirma:

> Orimulsión es hoy día un combustible no convencional que puede ser quemado en plantas eléctricas, como una alternativa al carbón y a otros combustibles con un alto contenido de azufre. Puede ser despachado a mercados internacionales en tanqueros convencionales. Asimismo, se trata de un combustible con una alta eficiencia de combustión, que posee una llama limpia y muy estable. Por otra parte, la materia prima de Orimulsión es ilimitada —los miles de millones de barriles de crudo y bitumen del Orinoco (Brossard, 1994: 250-251).

Luego, nos informa la autora que se produjeron dos nuevas generaciones de la orimulsión en el Intevep, que supusieron avances importantes en el tratamiento del bitumen. En la segunda, en 1991, se concretó una composición distinta: 80% bitumen, 20% agua. Luego, en la tercera, anuncia la eliminación del azufre, haciendo de la emulsión un combustible más limpio. Concluye su trabajo la doctora Brossard colocando el acento en la importancia de Intevep en el mundo de las investigaciones petroleras en el planeta, y escribe con gran orgullo por lo que se logró en este centro de investigaciones venezolano. Volvamos a 1986.

En agosto de 1986, el presidente Lusinchi renovó la junta directiva de PDVSA y lo hizo en atención a la meritocracia petrolera. Apenas introdujo cambios en el directorio. Natera abandonó la presidencia y fue designado en su lugar Juan Chacín Guzmán. Pablo Reimpell ascendió a primer vicepresidente y Frank Alcock Pérez-Matos fue designado segundo vicepresidente. Julius Trinkunas pasó a director principal en sustitución de Remigio Fernández y Joaquín Tredinick ingresó como director suplente. En las filas profesionales y gerenciales de la industria se recibieron con satisfacción los nombramientos, ya que se respetaba el desempeño ascendente de las carreras profesionales.

No obstante ser provenientes de la meritocracia petrolera, no faltaron quienes adujeran que, antes que Natera y Chacín Guzmán, se contaba con hojas de vida más destacadas. Todo indica que esto es cierto, pero no deja de ser un tema discutible dentro de parámetros de trayectoria dentro de la industria. Dicho de otra manera: ni Natera ni Chacín Guzmán provenían de filas medias que supusieran pasar por encima de muchos gerentes; por lo contrario, provenían de estadios superiores. No se estaba violentando a fondo la meritocracia petrolera de la que tanto se hablaba dentro de la industria, y fuera también, ya que los otros posibles designados provenían de lugares similares en el escalafón.

Por otra parte, en estos años podemos ubicar un cambio de paradigma en la política petrolera que no podemos dejar de señalar. Hasta que se hizo viable la explotación de la Faja Petrolífera del Orinoco, la industria petrolera estuvo signada por un desiderátum: «El petróleo se va a acabar». «Hagamos lo que podamos con este producto» era el corolario de esta constatación; «defendamos los precios y resguardemos lo que nos queda», era la otra consecuencia lógica argumental. Con la orimulsión se fue abriendo un camino para los crudos pesados, que para esta fecha ya representaban el 70% de las reservas probadas, mientras los crudos livianos seguían su tendencia descendente y, además, fue cambiando el paradigma, ya que las reservas probadas venezolanas se sospechaba eran las más grandes del mundo, hecho que pocos años después se confirmó. La consigna *sotto voce* («el petróleo se va a acabar») perdía fuerza en la cantera de la política petrolera y se abrían otros caminos.

Lo anterior lo señalaba Ramón Espinasa, entonces economista jefe de PDVSA, en un trabajo publicado en 1998. Decía Espinasa:

> Las bases de sustentación de la política petrolera de orientación rentística se han revertido en las últimas décadas. La abundancia de reservas de petróleo y el grado de desarrollo del país hacen posible diseñar una estrategia de desarrollo de la producción de petróleo en el largo plazo, con importantes efectos multiplicadores domésticos. Para esto ha sido necesario adecuar el nivel de precios a fin de asegurar un mercado en expansión para nuestros crudos y productos. El petróleo, no sólo como primera fuente de ingresos fiscales, sino también como primera industria del país, será, de nuevo, la principal fuerza propulsora de un segundo impulso modernizador en las próximas décadas (Espinaza, 1998: 105).

En otras palabras, a partir de 1986 puede decirse que el énfasis de la política petrolera venezolana no estuvo exclusivamente en la defensa de los precios sino en el aumento de la producción y el aseguramiento de los mercados, a través de una agresiva política de internacionalización de PDVSA.

En 1987, la empresa Carbones del Zulia pasó a ser una filial de PDVSA con la denominación de Carbozulia. La compañía tenía a su cargo la explotación de las minas de carbón de Guasare, y se logró muy pronto la exportación de carbón venezolano hacia Norteamérica y el Caribe, así como Finlandia, Suecia, Dinamarca y Portugal. Además, se formalizaron dos empresas mixtas con Agip Carbone para la explotación de las minas de Guasare.

En febrero de 1988 vencía el período de dos años de la junta directiva de PDVSA presidida por Juan Chacín Guzmán. Recordemos que el período de 1984 a 1986, presidido por Natera, había comenzado en febrero de 1984, cuando Lusinchi destituyó a Calderón Berti y su directorio y designó a uno nuevo. De modo que los períodos bienales comenzaron a partir de entonces en febrero. Es por ello que el segundo período de Chacín Guzmán comenzó en febrero de 1998 y culminó en febrero de 1990, cuando el presidente Pérez tenía un año gobernando, ya que asumió la Presidencia de la República, por segunda vez, en febrero de 1989. Como vemos, Chacín Guzmán es ratificado por Lusinchi en febrero de un año electoral (1988) y continuó su gestión durante un año entero de otro gobierno, y con otro ministro de Energía y Minas: Celestino Armas.

Si bien es cierto que el gobierno de Lusinchi enfrentó enormes dificultades como consecuencia de la llamada «crisis de la deuda externa» y la caída de los precios del petróleo, no es menos cierto que en materia petrolera todas sus decisiones se ajustaron al respeto por la meritocracia, según lo aconsejaba el ministro Hernández Grisanti, y PDVSA pudo intensificar el programa de internacionalización comenzado en el quinquenio anterior, alcanzando para 1990 las cifras que reporta Barberii, citadas antes. Con el segundo gobierno de Pérez, volverán los cambios de criterios gerenciales, que veremos después de revisar el entorno internacional que imantó el quinquenio lusinchista.

La situación cambió

Los primeros años de la década de los setenta fueron dramáticos para los Estados Unidos: no solo se veían largas filas de carros para abastecerse de gasolina en las estaciones de servicio, consecuencia de políticas erradas de la administración del presidente Jimmy Carter, sino que la nación norteamericana tomó conciencia de su dependencia. Además, la producción petrolera estadounidense comenzó su declive y la dependencia del crudo extranjero se hizo patente.

Para 1985, la producción mundial ya era mayor que la demanda y los precios habían bajado, no a niveles de antes de 1973, pero sí en unas cotas digeribles para la economía mundial, en particular para la norteamericana, que venía en franca recuperación. Por su parte, la OPEP se debilitaba mientras la producción no OPEP crecía. Los ingresos para los países productores mermaban: las economías occidentales crecían. En diciembre de 1985 el precio del West Texas Intermediate (WTI) cayó a 10 dólares por barril, después de haber estado meses antes en 31,75. Para la OPEP la situación era inversa a los años anteriores: no solo intentaban proteger los precios y no lo lograban, sino que corrían para no perder los mercados: algo todavía peor.

Ronald Reagan buscaba su segundo mandato (gobernó entre 1981-1989); Margaret Thatcher gobernaba desde 1979 y Karol Wojtyla era Juan Pablo II desde 1978. Por su parte, para 1986 era evidente que el modelo económico soviético estaba en serios problemas; así lo reconocía el secretario general del Partido Comunista en funciones: Mijail Gorbachov. Entonces, para colmo, sucedió la tragedia en la planta nuclear de Chernobyl, Ucrania, lo que colocó el dedo en la llaga de la ecología: nuevo punto central de la agenda mundial.

El tema ambiental sobre la mesa

En abril de 1986, el reactor nuclear de Chernobyl escapó del control de los operadores y se consumió a sí mismo, produciendo una ola radiactiva que se extendió más allá de Ucrania y afectó parte del continente europeo. La manera como Gorbachov reconoció el accidente nuclear era acorde con sus propias políticas: la *glasnost* y la *perestroika*: transparencia y reestructuración.

Tres años después, el 24 de marzo de 1989, el carguero de petróleo Exxon Valdez encalló en la barrera de coral de Alaska y derramó 240 000 barriles de crudo en las aguas impolutas cercanas al polo norte. La mesa estaba servida para los ambientalistas y para el gas natural, fuente de energía de menor impacto ambiental. La presión ecologista condujo a la elaboración de gasolinas «verdes» y al estímulo del uso de combustibles derivados de alcoholes, así como a la aceleración del desarrollo de la tecnología para el automóvil eléctrico. El gas, por su parte, comenzó su camino preferencial para la producción de electricidad.

A la dupla que se formó en la década de los setenta: energía-seguridad, ahora se sumaba otra: energía-medio ambiente, dándose así otra vuelta de tuerca en los temas consustanciales con la producción energética. Por otra parte, la caída de los precios hasta niveles de un dígito no convenía a los productores de EE. UU. De allí que el vicepresidente George Bush (padre) buscara un aumento afanosamente en giras por el Medio Oriente. Para 1986, los precios comenzaron a subir. Luego, entre 1992 y 1994, también abogó por ello el ministro de Energía y Minas venezolano, Alirio Parra, muy activo en la OPEP, y los precios se estabilizaron en alrededor de 18 dólares por barril. Esta estabilidad en los precios, por cierto, se mantuvo hasta 1999, con la sola excepción del aumento de precios en el período 1990-1991, con motivo de la invasión de Kuwait por parte de Irak.

También en 1986 pasaba a retiro un personaje central de la escena petrolera mundial: Ahmed Zaki Yamani. Después de veinticuatro años como ministro de Petróleo de Arabia Saudita, el rey Fadh, hijo de Faisal, lo destituía del cargo a través de una escueta noticia en televisión. Pagaba así el precio de sus desacuerdos con la política petrolera del monarca. En 1988, la guerra de Irán e Irak cesaba después de ocho años de conflicto. Parecía que el mundo iba hacia una paz duradera, pero pronto veremos que se trataba de un espejismo.

El segundo gobierno de Carlos Andrés Pérez (1989-1993) y el interregno de Ramón J. Velásquez (1993-1994)

Una vez asume la Presidencia de la República por segunda vez Carlos Andrés Pérez, designa a Celestino Armas como ministro de Energía y Minas. Armas se había venido especializando dentro de su partido (AD) en el tema petrolero y la designación resultó lógica de acuerdo con el círculo de allegados de Pérez. Estuvo al frente del ministerio entre febrero de 1989 y febrero de 1992, cuando fue sustituido por Alirio Parra, quien a su vez estuvo desempeñando el cargo hasta febrero de 1994, cuando Caldera, en el inicio de su segundo gobierno, lo sustituyó. Durante el interregno de ocho meses del doctor Ramón J. Velásquez en la Presidencia de la República, este mantuvo en el cargo a Parra, al igual que a Roosen al frente de PDVSA.

Para la designación del presidente de PDVSA, Pérez tuvo que esperar un año a que se venciera el bienio del directorio presidido por Juan Chacín Guzmán. En febrero de 1990, pasó Pérez a buscar presidente para la casa matriz. Él mismo refiere en sus *Memorias proscritas* que al primero a quien le ofreció el cargo fue a Henrique Machado Zuloaga, entonces presidente de Sivensa, la más grande siderúrgica privada del país (Hernández-Giusti, 2006: 230). Machado declinó la oferta alegando algo que lo enaltece: «él sabía de acero, no de petróleo». Refiere Pérez que le ofreció el cargo al empresario zuliano Jorge Pérez Amado y este también declinó por motivos similares a los de Machado. Recordemos que Pérez sostenía el criterio no meritocrático según el cual el presidente de PDVSA no debía provenir de la industria. De allí que buscara gerentes de fuera, como hizo en su primer gobierno, cuando designó al general Alfonzo Ravard. Finalmente, dio con Andrés Sosa Pietri, a quien el propio Pérez le había encargado resolver un caso pendiente con la Occidental Petroleum meses antes de su nombramiento. Así fue como un hombre proveniente de la industria petrolera privada, conexa con la estatal, alcanzó la presidencia de la casa matriz. Antes de examinar su bienio al frente de la empresa, veamos qué ocurrió durante 1989 en el laberinto petrolero venezolano.

Responde Luis Giusti, inquirido por el periodista José Enrique Arrioja en el libro *Clientes negros* que, a principios de 1989, días después de la asunción de Celestino Armas del ministerio, este le pidió que se reuniera con Rafael Guevara, luego designado viceministro, con el objeto de diseñar una nueva política petrolera. ¿Por qué Giusti fue escogido para ese trabajo, siendo un gerente de segunda línea entonces, vicepresidente de Maraven? Al parecer, ya se distinguía por las cualidades que lo identificaron después, particularmente por su notable elocuencia en la expresión de sus ideas.

La invitación a participar en aquellos grupos de discusión sobre el tema petrolero con miras a la elaboración de una nueva política no era pública, aunque tampoco podía evitarse alguna filtración, ya que participaban alrededor de ocho personas. En todo caso, era evidente que se había articulado un grupo decisivo para el futuro de la industria y no formaban parte de él los más altos personeros de la trama petrolera. Por ello la discreción. Finalmente, le asegura Giusti a Arrioja:

> Yo le dije a Guevara que escribiría el papel de trabajo final, y así se hizo: preparé un documento central que se presentó a finales del año 1989. Allí esencialmente se insistía en la necesidad de planificar un crecimiento sostenido de la industria, de rescatar nuevamente el petróleo. La apertura en aquel momento no estaba muy bien definida, ni tampoco si lo permitía la ley, etc. Pero, cuando se revisa el documento, en él se plantea el cambio de rumbo de lo que debía ser la estrategia petrolera de Venezuela (Arrioja, 1998: 21).

En verdad, esa estrategia ya había comenzado en 1986 con la aceleración de la internacionalización y el cambio de énfasis de los precios por la producción, advertida por Espinasa en ensayo citado antes. Pero no se trata de una incongruencia: Espinasa y Ronald Pantin formaban parte del grupo de profesionales calificados, allegados a Giusti, que discutían con fruición sobre el futuro de la industria petrolera. Lo interesante es que coinciden los datos y se van juntando las causas: un representante destacadísimo de este grupo, acaso el que más, es ubicado por Celestino Armas e invitado a dejar por escrito un plan de crecimiento para la industria petrolera. Ese plan, que es entregado a finales de 1989, es el que el ministro Armas le envía en febrero de 1990 al recién nombrado presidente de PDVSA: Andrés Sosa Pietri. Pero hay más: Sosa Pietri está, en lo fundamental, de acuerdo con el proyecto; tanto, que designa a Giusti en la Coordinación de Planificación Estratégica de PDVSA inmediatamente, cerrándose el círculo y aportando de su propia iniciativa al plan de la empresa. En el fondo, el mismo plan que venía en marcha desde hace años: la internacionalización, el aseguramiento de los mercados y el acento en la producción petrolera. Esta última se acogió sin titubeos porque era evidente que la demanda petrolera mundial era creciente; así se advertía desde varios años atrás, ya que era un hecho que las economías china e india se comenzaban a incorporar al mundo occidental liberal en su faceta económica y, en consecuencia, demandarían mayores cantidades de crudo. De modo que, para 1990, colocar el acento en el aumento de la producción era obvio ya que, lejos de decrecer la demanda, venía subiendo ostensiblemente.

Esta política (internacionalización, aseguramiento de los mercados y mayor producción) se enfatiza entonces por la necesidad de inversión extranjera, dados los problemas que presentaba PDVSA en su flujo de caja, lo que le hacía imposible acometer sola las inversiones necesarias para el aumento de la producción petrolera. Entre otros factores porque los precios del crudo no eran suficientemente altos como para permitírselo.

Recordemos el entorno político-económico donde estamos: Lusinchi ha entregado el gobierno a Pérez en febrero de 1989 con las reservas internacionales en su nivel histórico más bajo y al gobierno se le ha hecho necesario solicitar créditos al Fondo Monetario Internacional y al Banco Mundial para poder equilibrar su economía; estos organismos han condicionado su crédito a una política de ajustes que impone la eliminación de los subsidios, la apertura de los mercados derribando las barreras arancelarias a los productos extranjeros y la privatización de las empresas públicas que produzcan pérdidas y se conviertan en un peso para el presupuesto del Estado.

Recordemos que estamos en un punto de inflexión principal de la historia mundial: ha caído el muro de Berlín, la Unión Soviética de Gorbachov inicia la *perestroika* y la *glasnost*, las economías socialistas se han derrumbado y el liberalismo económico occidental está cobrando la victoria. Toda América Latina asume las llamadas políticas «neoliberales» y abren sus economías. Venezuela no fue la excepción. En 1990, el gobierno de Pérez promulga una nueva Ley de Inversiones Extranjeras que garantiza las inversiones; esta ley fue un paso significativo en la apertura petrolera que se venía dando inevitablemente, si se quería aumentar la producción nacional de hidrocarburos.

Este plan que venimos refiriendo, por otra parte, evidentemente se enfrentaba a la tendencia de los «opepcistas» en la industria petrolera, que no concebían la conciliación de las dos líneas a contravía: aumentar la producción y no vulnerar las cuotas asignadas por la OPEP. En esta línea va a estar el ministro Armas, enfrentado a Sosa Pietri y, además, haciendo valer la preeminencia de la política petrolera diseñada en su ministerio por encima de PDVSA. En suma: dos fuerzas en tensión: Sosa Pietri y PDVSA buscando ganar cuotas de autonomía de gestión y financiera y Armas «metiendo en cintura» a la empresa. Evidentemente, no podía esperarse un equilibrio de semejante juego. Por lo demás, el «antiopepcismo» de Sosa Pietri era manifiesto; por ello, no deja de sorprender que el presidente Pérez lo haya nombrado, si en la encrucijada iba a apoyar a Celestino Armas en defensa de la tradicional política de AD respecto al petróleo, la de Pérez Alfonzo: defensa de los precios en detrimento de la producción. Esta tensión será la que signe los dos años de la presidencia de Sosa Pietri en PDVSA. En el directorio designado por Pérez acompañaban a su presidente los vicepresidentes Pablo Reimpell D'Empaire y Frank Alcock Pérez-Matos, mientras los directores principales eran Eglé Iturbe de Blanco, Edgard A. Leal,

Mario A. Rodríguez, Arévalo Guzmán Reyes, Jesús A. Lauría Lesseur, César A. Pieve Duarte, Arnold Volkenborn y Arístides Bermúdez; y como directores suplentes: Arnaldo Salazar Raffalli, Héctor Riquezes, Juan Mendoza Pimentel y Carlos Ortega.

Al vencerse el período de dos años de Sosa Pietri, este no fue ratificado por Pérez para un bienio más. A los pocos meses de su separación del cargo, publicó un libro valioso sobre su experiencia. Se titula *Petróleo y poder* y, más allá de los aspectos anecdóticos inevitables, insiste en el Plan 1990-1995, aprobado por la asamblea de accionistas en 1989 y aderezado con la impronta personal de Sosa Pietri que, es evidente, colidió con la personalidad de Armas y creó un ruido que llevó al presidente Pérez a buscar a un relevo discreto: su hasta entonces ministro de Educación: Gustavo Roosen.

En verdad, Roosen sigue adelantando el mismo plan de apertura petrolera diseñado por Giusti, como vimos antes, pero con un estilo personal menos atractivo para los medios de comunicación. Incluso la junta directiva que lo acompaña es, en esencia, igual a la anterior: jubilan a Pablo Reimpell, lo sustituye Mario Rodríguez y cambian apenas dos nombres entre los directores principales: Néstor Ramírez y César Rojas Vivas en sustitución del propio Rodríguez, que asciende, y de Eglé Iturbe, que pasa a otro destino dentro de la misma empresa. En la nómina de directores suplentes Luis Giusti sustituye a Arnaldo Salazar Raffalli.

Por otra parte, imposible olvidar que el 4 de febrero de 1992 tuvo lugar un intento de golpe de Estado por parte de un grupo de tenientes coroneles comandados por Hugo Chávez y que esto ocurre, precisamente, entre el vencimiento del período de Sosa Pietri y el nombramiento de Roosen por parte de Pérez, designación hecha siguiendo su mismo criterio de no nombrar para la presidencia de PDVSA a un miembro de la carrera meritocrática de la empresa. Insistimos: en lo esencial, la política de apertura petrolera tuvo que seguir implementándose con Roosen y, como veremos, también con Giusti (1994-1999), dados los precios internacionales del crudo.

Es el momento de recordar los precios y la producción del crudo venezolano. Nos basamos en las cifras oficiales de la OPEP (Manzano, 2009: 52-51), para una producción promedio de barriles diarios, y en las cifras de Baptista para los precios.

1989	1 750 000	**1989**	16,87
1990	2 140 000	**1990**	20,33
1991	2 290 000	**1991**	15,92
1992	2 350 000	**1992**	14,91
1993	2 310 000	**1993**	13,34
1994	2 370 000	**1994**	13,23
1995	2 380 000	**1995**	14,84
1996	2 380 000	**1996**	18,39
1997	2 410 000	**1997**	16,39
1998	3 120 000	**1998**	10,57
1999	2 800 000	**1999**	16,04

De estas cifras se desprenden varias conclusiones preliminares: la política de aumentar la producción comienza a verse entre 1989 y 1990, cuando el aumento entre un año y otro es de 390 000 barriles diarios y sigue creciendo hasta 1999; por otra parte, los precios decrecen a partir de 1990, lo que justifica sobradamente el énfasis en el aumento de la producción. Si no se hubiera desarrollado esta política de incentivo a la producción, con la caída de los precios habría habido una reducción mayor de los ingresos, lo que se compensó medianamente con el aumento de la producción.

La política de aumento de la producción tuvo que articularse a través de las llamadas «asociaciones estratégicas» y los «convenios operativos de servicios», previstos en el artículo 5 de la ley de 1975, e implementados (en esta oportunidad) a partir de 1992. Entonces, los precios del crudo (1992: 14,91 dólares por barril) le hacían improbable a PDVSA invertir en exploración y producción. La única manera posible era abriéndose a la inversión extranjera. Estas asociaciones estratégicas condujeron a la formación de empresas mixtas, que se basaron en un esquema accionario en el que PDVSA mantenía una participación del 35% mientras las empresas extranjeras poseían el 65%, siempre acotadas al espacio geográfico de la Faja Petrolífera del Orinoco, mientras que los convenios operativos se materializaban a través del desarrollo de los campos marginales, ubicados en cualquier lugar del territorio nacional.

Con base en este esquema, en 1992, PDVSA y el Ministerio de Energía y Minas licitaron setenta y tres campos marginales reunidos en nueve áreas en el oriente del país y en el estado Falcón. De las nueve áreas se presentaron postores a cinco y se alcanzaron diecinueve licitaciones. Esta primera ronda no fue un éxito, como se esperaba. La segunda ronda de licitación para convenios operativos de servicios, en 1993, sí satisfizo las expectativas. Se firmaron treinta y tres contratos con algunas de las empresas globales más grandes del mundo: ChevronTexaco, Shell y BP. En el cuadro siguiente, con fuente de la US SEC (2006), se ven claramente las adjudicaciones:

Primera y segunda ronda de licitaciones (1992-1993)

Campo	Compañía petrolera	Reservas de hidrocarburos (MMB)
Boscán	Chevron	1620 60
Urdaneta/Oeste	Shell	856,4
DZO	BP	363,8
Oritupano/Leona	Petrobras	277
Colón Tecpetrol	Vzla	124,2
Quiamare/La Ceiba	Repsol-Exxon-Tecpetrol	90,4
Quiriquire	Repsol	58
Pedernales	Perenco	114
Monagas Sur	Benton-Vincler	145,1
Sanvi/Güere	Teikoku	83,8
Guarico East	Teikoku	66
Jusepín	Total-BP	121,3
Guarico West	Repsol	42,1
Falcon East	Vincler	16,6
Falcon West	Wets Falcon Samson	3,5
		Total 3982,80

En junio de 1993, el Congreso Nacional aprobó, para tener efecto a partir de 1996, la eliminación del impuesto del 20% sobre el valor tributable de las exportaciones de petróleo. Esta medida se tomó con el objeto de hacer más atractiva la inversión extranjera en el petróleo venezolano. Como vemos, las políticas que comenzaron a diseñarse a principios del gobierno de Pérez, durante la presidencia de PDVSA de Sosa Pietri y tendentes a hacer atractiva la inversión en Venezuela para las empresas internacionales, seguían avanzando. Incluso ahora con mayor urgencia, ya que los precios internacionales del crudo seguían cayendo y el solo flujo de caja de PDVSA era imposible que fuese suficiente para la magnitud de las inversiones que se necesitaba hacer, siempre y cuando se quisiera continuar con la exploración y explotación petrolera en Venezuela.

El 20 de mayo de 1993, Carlos Andrés Pérez fue separado del cargo de Presidente de la República por decisión de la Corte Suprema de Justicia, al admitir esta un antejuicio de mérito. Entre el 20 de mayo y el 5 de junio, asumió la Presidencia el presidente del Congreso Nacional, Octavio Lepage, hasta tanto se escogiera el sucesor de Pérez, hecho que ocurrió por votación dentro del seno del Congreso Nacional y donde fue escogido Ramón J. Velásquez. Lepage le entregó la banda presidencial a Ramón J. Velásquez el 5 de junio para que terminara el período presidencial de Pérez, que concluía en febrero de 1994. Ocho meses de mandato. En este breve período, Velásquez ratificó a Alirio Parra como ministro de Energía y Minas, como señalamos antes, y respetó la junta directiva de PDVSA presidida por Roosen, cuyo mandato concluiría en marzo de 1994, cuando fue sustituida, como veremos luego.

El 10 de agosto de ese año, 1993, el Congreso Nacional aprobó el proyecto Cristóbal Colón para la explotación de gas natural en la región del norte de la península de Paria, en los campos denominados cuenca de Margarita, Patao y Río Caribe, Mejillones y Dragón. En enero de 1994, firmaron el convenio de asociación de este proyecto Colón las empresas Lagoven, Shell, Exxon y Mitsubishi, constituyéndose la empresa Sucre Gas. Este proyecto, como veremos luego, experimentó varios cambios.

Cayó el muro de Berlín

La caída de los precios del crudo a partir de 1985 afectó gravemente a la Unión Soviética, acelerando la caída de su economía centralizada. No había recursos para mantener un imperio férreo y cerrado. El 9 de noviembre de 1989, los ciudadanos tumbaron el muro de Berlín, el cual constituía una herida en el medio de Alemania, una afrenta a la libertad. Se iniciaba así el proceso de independencia de los países de la órbita soviética, quedando demostrada la ineficacia de la economía centralizada y la preeminencia del libre mercado. El petróleo fue protagonista de estos hechos: la caída de los precios condujo a agravar la crisis económica de la URSS, cantando su derrumbamiento. Sobre este tema han corrido ríos de tinta y sentimos la tentación de profundizar más sobre el asunto, pero nos abstenemos. De hacerlo con cada tema atractivo, esta historia llegaría a tener una extensión mayor que la prevista.

Irak invade Kuwait

En 1990 el cuadro global había vuelto a cambiar: la producción norteamericana había caído en dos millones de barriles diarios, no se habían hallado nuevos yacimientos grandes en el mundo y la demanda estaba muy cerca de superar a la producción. De nuevo el mundo occidental dependía del golfo Pérsico y de Venezuela. Entonces, ocurrió lo peor y lo inesperado: Saddam Hussein, autócrata iraquí, invade Kuwait el 2 de agosto de 1990. Cerca de 100 000 soldados ocuparon el pequeño país. Hussein, al anexionarse Kuwait, buscaba ser el protagonista central del petróleo en el mundo.

El riesgo era demasiado grande como para que los Estados Unidos no intervinieran en el conflicto. Los precios del crudo llegaron hasta a 40 dólares por barril una vez que salieron del mercado 4 millones de barriles de producción kuwaití-irakí. Hussein amenazaba con destruir las instalaciones petroleras sauditas, vecinas de Kuwait. El 17 de enero de 1991, previa autorización de la ONU, las fuerzas aliadas, encabezadas por los EE. UU., lanzaron un ataque aéreo letal sobre las fuerzas de Irak. La operación se llamó «Tormenta del desierto».

Antes de retirar sus fuerzas de Kuwait, Irak incendió cerca de 600 pozos. Había perdido la guerra, pero le prendió fuego a lo que quedaba. El 28 de febrero de 1991 terminó la pesadilla y los precios regresaron a su nivel de alrededor de 20 dólares por barril, para bajar luego y mantenerse alrededor de los 16 dólares por barril, descendiendo a 10 en los peores momentos y subiendo a 20 en los mejores. Se confirmaba lo que había sido hasta entonces una regla: los conflictos bélicos en el Medio Oriente sacaban grandes cantidades de crudo del mercado internacional y la demanda se hacía muy superior a la oferta, lo que traía como consecuencia la subida de los precios.

Nuevas realidades

En 1993, China pasa de ser exportador a importador de petróleo y, además, llega a ser el segundo consumidor de crudo en el mundo, después de los Estados Unidos. En 1998, los EE. UU. pasaron la barrera del 50%. Es decir, comenzaron a importar más de la mitad del petróleo que consumían. Ya para entonces, PDVSA había iniciado la política de apertura petrolera, ya que ella sola no podría afrontar los costos de la explotación de la Faja Petrolífera del Orinoco: la reserva de crudo extrapesado más grande del planeta.

Por otra parte, British Petroleum (BP) se fusiona con Amoco en 1998 y compran Arco. Exxon y Mobil se fusionan en 1999. Chevron y Texaco al año siguiente se fusionan y luego compran

Unocal. En el 2001, se fusionan Conoco y Philips. Las antiguas repúblicas satélites de la URSS inician su camino independiente, con Azerbaiyán (Bakú), Kazajistán, Uzbekistán y Turkmenistán a la cabeza. Nigeria pasa a ser el sexto productor de petróleo del mundo, en 1998.

¿Las fusiones qué nos indican? ¿Debilidad o fortaleza? La verdad es que para esta década de los años noventa ya habían dejado de descubrirse grandes yacimientos y, además, cerca del 90% del petróleo del mundo estaba en manos de los Estados y no de las empresas petroleras transnacionales, lo que era una situación muy distinta a la primera mitad y un poco más del siglo XX. De modo que las fusiones respondieron a una nueva situación petrolera en la que ya se veía venir lo que hoy en día es una realidad: el crecimiento de China bajo el modelo occidental. Es decir, mayor consumo de petróleo. A la voracidad consumidora estadounidense le había llegado compañía.

El segundo gobierno de Rafael Caldera (1994-1999) y la apertura petrolera

La elección de Rafael Caldera el 5 de diciembre de 1993 presentó un nuevo cuadro electoral en Venezuela. El bipartidismo había concluido. Los dos grandes partidos que lo sostuvieron (AD y Copei) sumaron el 46,87% de los votos en esta oportunidad. Era evidente que la antipolítica había dado su primer gran zarpazo. Comenzaba una nueva etapa para el país. Caldera designa a Erwin Arrieta Valera como ministro de Energía y Minas y a Luis Giusti como presidente de PDVSA. El nombramiento de Giusti sorprendió a muchos, ya que el ingeniero se había sumado a la campaña electoral como coordinador del área petrolera en el programa de gobierno que presentó Oswaldo Álvarez Paz, el candidato de Copei, de modo que su designación supuso dos conclusiones, por lo menos: que era Giusti la persona indicada y que a Caldera no le importó que no lo hubiera apoyado a él, cosa que habla muy bien tanto de Caldera como de Giusti. El primero por escoger por méritos y no por apoyos políticos, y el segundo por haberse ganado esta suerte de unanimidad.

La junta directiva que designa Caldera en 1994 en PDVSA tendrá a Luis Giusti en la presidencia y a Claus Graf y Luis Urdaneta en las vicepresidencias. Como directores principales estarán Hugo Brillembourg, Juan Mendoza Pimentel, Gustavo Nieto, Hugo Pérez La Salvia, Edison Perozo, Joaquín Tredinick, Alonso Velasco y Arístides Bermúdez. Como directores suplentes, José Rafael Domínguez, Gustavo Inciarte, Manuel Pulido y Carlos Ortega. Esta junta directiva estará en funciones durante dos años, hasta 1996. Ahora, es evidente que el proyecto elaborado por varios gerentes de la industria petrolera, encabezados por Giusti, podrá ser implementado desde la presidencia de la empresa matriz. Nos referimos a la política de aumento de la producción, la de continuar la internacionalización de la empresa y, naturalmente, la de apertura petrolera.

Comencemos por ofrecer las cifras petroleras del quinquenio presidencial 1994-1999 de Rafael Caldera, establecidas por la OPEP en producción (Manzano, 2009, 52-51) y por Baptista en precio promedio anual.

1994 2 370 000   **1994** 13,23
1995 2 380 000   **1995** 14,84
1996 2 380 000   **1996** 18,39
1997 2 410 000   **1997** 16,39
1998 3 120 000   **1998** 10,57

Lo primero que hacen evidente estos números es que la política de aumento de la producción tuvo efectos y muy particularmente entre 1997 y 1998, cuando la producción subió de 2 410 000 barriles diarios a 3 120 000, justo cuando la caída de los precios se hizo notable, pasando de 16,39 dólares promedio anual a 10,57; de tal modo que los ingresos por concepto de exportaciones petroleras no cayeron más gracias al aumento de la producción. Por supuesto, este aumento fue consecuencia directa de la política de apertura petrolera, que permitió el ingreso al país de inversiones en divisas para la exploración y explotación, cosa que PDVSA sola no podía hacer, dados los precios del petróleo, que desde 1990 no alcanzaban los 20 dólares por barril.

En 1995, el Congreso Nacional aprobó los denominados «contratos de riesgo de exploración y de ganancias compartidas». PDVSA participaba a través de CVP con porcentajes no mayores del 35%, como dijimos antes. Entonces, de acuerdo con la US SEC de 2006, los contratos se materializaron de la siguiente manera:

Contratos de ganancias compartidas CVP y socios

Campo	Socios de CVP	Empresas mixtas
Golfo de Paria Occidente	Conoco Venezuela, ENI, OPIC	Compañía Agua Plana
Golfo de Paria Oriente	Ineparia, Conoco, ENI, OPIC	Administradora del Golfo de Paria Este
La Ceiba PetroCanadá San Carlos	Exxon Mobil, Petrolera Petrobras Venezuela	Administradora La Ceiba Compañía Anónima Mixta San Carlos

Como vemos, el proceso de apertura petrolera a las inversiones y empresas extranjeras seguía su curso. Por otra parte, en lo relativo a la explotación de la Faja Petrolífera del Orinoco, en estos años continuó la producción de orimulsión que, además, no entraba dentro de las cuotas que Venezuela tenía que cumplir por pertenecer a la OPEP, dada su naturaleza bituminosa y no de hidrocarburo. A esta situación se añadió el proyecto de invitar a empresas extranjeras que se sumaran a la explotación de crudo extrapesado, a través de plantas de mejoramiento establecidas en el país para producir petróleo sintético.

En esta línea de trabajo, en 1993 y 1997 el Congreso Nacional aprobó los proyectos Petrozuata y Sincor. El primero entre PDVSA (49,9%) y ConocoPhillips (50,1%). El segundo entre Total (47%), PDVSA (38%) y Statoil (15%). La producción comenzó en 2001 y la planta de mejoramiento en 2002. En 1997 se autorizaron el proyecto Hamaca y Cerro Negro. En el primero participaron ConocoPhillips (40%), ChevronTexaco (30%) y PDVSA (30%), iniciándose la producción en 2002 y la planta de mejoramiento en 2004. En el segundo participaron ExxonMobil (41,67%), PDVSA (41,67%) y Veba Oel (16,67%). La producción comenzó en 1999 y la planta de mejoramiento en 2001.

De los cuatro proyectos se vislumbró que produjeran 610 millones de barriles diarios, que podrían reducirse a cerca de 543 millones de barriles mejorados. La cifra alcanzada fue de 500 millones de barriles por día. En cuanto a la orimulsión, la verdad es que tuvo adversarios desde sus inicios, así como defensores. Los adversarios eran de dos tenores: los que se oponían por razones ecológicas con consecuencias económicas, y los que se oponían por razones estrictamente económicas. Tanto unos como otros hacían sinergia para adversar el producto. Entre ellos, el experto petrolero Bernard Mommer (2004), quien señalaba que la orimulsión no desplaza al *fuel oil* como combustible, por el costo de producción y de transporte, y que, por el contrario, se desperdiciaba un bitumen que, al mejorarse, podía ser vendido como petróleo a precios mejores. La crítica no era despreciable, pero dejaba de lado un detalle importante: la orimulsión quedaba fuera de la cuota de la OPEP y eso era una ventaja significativa. En todo caso, sin abandonar la orimulsión, PDVSA, con los proyectos mencionados antes, estaba colocando el acento en la explotación de la Faja Petrolífera del Orinoco en su vertiente de crudo extrapesado.

En 1996, al cumplirse el bienio de la junta directiva de PDVSA, el presidente Caldera introduce algunos cambios en la junta directiva que presidiría Luis Giusti entre 1996 y 1998. En la presidencia y vicepresidencias no hubo cambios; sí los hubo en la nómina de directores, quedando como principales Simón Díaz Hernández, Gustavo Inciarte, Juan Mendoza Pimentel, Ángel Olmeta y Joaquín Tredinick. Aparece la figura de los directores externos, con José Toro Hardy y Pedro Mario Burelli.

Entonces, el número de filiales de PDVSA era de veinte. Conviene enumerarlas: Bariven, Biserca, Bitúmenes del Orinoco, Carbozulia, CIED, Citgo, Corpoven, CVP, Deltaven, Interven, Intevep, Lagoven, Maraven, Palmaven, PDV América, PDV Europa, PDV Marina, PDV UK, Pequiven, Refinería Isla. Varios de los presidentes de estas filiales formaban parte del directorio de la casa matriz.

En septiembre de 1997, el Ministerio de Energía y Minas ordena la reorganización de PDVSA en sus aspectos funcionales y se fija el 1 de enero de 1998 para tener listo el nuevo esquema. Desaparecen las filiales Maraven, Lagoven y Corpoven, y PDVSA asume la totalidad del negocio petrolero. Se adoptó el esquema de cinco grandes empresas funcionales. Estas fueron: PDVSA Petróleo y Gas; PDVSA Exploración y Producción; PDVSA Manufactura y Mercadeo; PDVSA Refinación y Comercio, y PDVSA Servicios. Además, el 15 de enero de 1998 se crea una nueva filial que completa el cuadro PDVSA-GAS, dándole mayor especificidad al tema gasífero. Señalemos que varias empresas filiales continuaron prestando sus servicios. Fue el caso de Bitor/Carbozulia, CVP, Deltaven, Interven, Citgo, Refinería Isla, Bariven, Biserca, CIED, Intevep, Palmaven, Pequiven, Proesca y Sofip, así como PDVSA Faja, PDV Marina, PDV América, PDV Europa, PDV UK, PDVSA Finance, LTD. En verdad, la reorganización trajo la desaparición de las filiales históricas y la concentración en PDVSA de todas las operaciones petroleras.

El corazón del negocio petrolero nacional estaba siendo manejado en sus aspectos esenciales por ingenieros venezolanos formados dentro del esquema de la meritocracia que, en líneas generales, se cumplía, aunque no dejaban de presentarse distorsiones aisladas. La empresa Exploración y Producción la presidía Claus Graf, con Ronald Pantin al frente de la Exploración y Juan Szabo en la Producción.

La de Refinación y Comercio la coordinaba Eduardo Blanco; la de Manufactura y Mercadeo, Luis Urdaneta; la empresa Administración y Servicios, John Viney. Este equipo tenía años formándose dentro de la industria petrolera nacional con altos criterios de profesionalismo.

En abril de 1998, al vencerse el período de la junta directiva, Caldera la ratificó, a sabiendas de que si el ganador de las elecciones de diciembre de aquel año era el teniente coronel retirado Hugo Chávez, vendrían cambios en su formación. Este fue un año que trajo una caída de los precios del petróleo de notables proporciones, lo que tuvo incidencia en la industria petrolera mundial y nacional y, también, en la política venezolana. ¿Por qué cayeron los precios? Por la severa crisis económica de los países del sureste asiático, que comenzó a manifestarse a finales de 1997 y afectó el mercado durante todo el año 1998. Esta crisis trajo consigo la disminución de la demanda petrolera mundial en 2 millones de barriles diarios, lo que naturalmente derrumbó los precios. En 1999 comenzaron a recuperarse, como veremos luego.

Veintitrés años al mando de la industria petrolera nacional (1976-1999)

Esta etapa de la industria petrolera venezolana que hemos historiado es decisiva en cuanto al proyecto nacional de estatización del petróleo. En sus inicios fue de gran importancia para la autoestima del venezolano comprobar que los nacionales podían gerenciar eficientemente el negocio petrolero, ya que no fueron pocas las aprehensiones que hubo sobre este particular antes de la estatización. Es evidente que la figura del general Rafael Alfonzo Ravard fue esencial para inspirar confianza, autoridad y honestidad en aquella etapa inicial de ocho años entre 1976 y 1983, cuando PDVSA daba sus primeros pasos. Entonces, la insistencia y la práctica de manejar la empresa con criterios gerenciales y no político-partidistas fue muy importante, y Alfonzo Ravard era la persona indicada para ese tránsito, escogido acertadamente por Carlos Andrés Pérez para la tarea. Los principios que el general enarboló para PDVSA se cumplieron hasta los meses finales de 1982, cuando el Gobierno Nacional, presidido por Luis Herrera Campíns, vulneró el principio de autonomía financiera de la empresa y parte del capital en divisas de la casa matriz pasó al Banco Central de Venezuela para paliar la crisis financiera que sacudía a la República. Era difícil que no ocurriera esto, ya que la estatización suponía este peligro, como algunos advirtieron antes de que la estatización tuviera lugar. El otro paso errado dado por Herrera Campíns, desde el punto de vista de la meritocracia petrolera, fue el de designar a Humberto Calderón Berti presidente de la empresa en agosto de 1983, ya que esta designación vulneraba la gerencia por méritos que era esencial para el manejo profesional de la industria.

El gobierno de Jaime Lusinchi le devolvió a PDVSA el principio de conducirse con base en la meritocracia petrolera y, además, dio luz verde a la empresa para acentuar el proceso de internacionalización que se había iniciado durante la presidencia de Alfonzo Ravard y el ministerio de Calderón Berti. En este quinquenio 1984-1989, la empresa adquirió activos de gran importancia en el exterior, que le aseguraron mercado a su petróleo y les dieron destino a los crudos extrapesados nacionales, que cada año eran porcentualmente más que los livianos. Por otra parte, los precios bajaron mucho entre 1985 (25,89 dólares) y 1986 (12,86 dólares), acentuando aún más la necesidad de la internacionalización y la reducción de la producción, de acuerdo con las pautas de la OPEP de bajar producción para recuperar precios.

A partir de 1989 y de la segunda presidencia de Pérez, notamos un cambio importante: el énfasis en el aumento de la producción más allá de la defensa de los precios. Este cambio de paradigma provino del seno de PDVSA, como vimos en su momento, y fue articulándose paulatinamente hasta alcanzar a dibujar el proyecto de la apertura petrolera. Esta comienza a implementarse durante el segundo gobierno de Pérez (1989-1993) y se profundiza todavía más durante el segundo gobierno de Caldera (1994-1999). Al diseño de esta política contribuyó decididamente la presidencia de PDVSA de Andrés Sosa Pietri (1990-1992), la de Gustavo Roosen (1992-1994) y, naturalmente, la de Luis Giusti (1994-1999).

Podemos afirmar que entre 1989 y 1999, durante diez años, Venezuela tuvo la misma política petrolera, fundamentalmente diseñada por PDVSA, independientemente de los tres gobiernos (Pérez, Velásquez y Caldera) que discurrieron en esa década. Esta política de apertura petrolera era, si se quería incrementar la producción, la correcta. El sentido común así lo indicaba, ya que los precios impedían que las nuevas inversiones pudieran ser afrontadas con el flujo de caja de PDVSA. Recordemos que el precio promedio entre 1989 y 1999 fue de 16,45 aproximadamente, teniendo momentos muy bajos, como el año 1998, cuyo promedio fue 10,57; y bajos, como fueron los años 1993 (13,34) y 1994 (13,23). De modo que la política de buscar socios extranjeros para la explotación petrolera nacional era no solo racional sino altamente deseable, si se quería seguir siendo una nación productora de petróleo. Esta política tuvo mucho éxito y logró incrementar la producción, hecho que en alguna medida mitigó el efecto de la caída de los precios. Basta un ejemplo: el precio promedio de 1998 de 10,57 se compensó relativamente con el incremento a 3 120 000 barriles diarios ese año, muy superior al del año anterior de 1997: 2 410 000 barriles diarios.

Recordemos que esta política pudo implementarse gracias al artículo 5 de la ley que, en 1975, produjo un debate intenso en el Congreso Nacional. Felizmente, entonces, el legislador dejó esta puerta abierta a la inversión extranjera y a la participación de empresas globales en la industria petrolera nacional. Hasta aquí nuestras observaciones sobre esta etapa crucial de la historia del petróleo en Venezuela. Vamos ahora a adentrarnos en el capítulo final de este devenir petrolero nacional.

De la apertura petrolera a nuestros días (1995-2016)

EL ÚLTIMO CAPÍTULO DE ESTA INVESTIGACIÓN es el más álgido de trabajar, no solo por lo reciente de los hechos que lo componen sino por lo complejo de estructurarlos historiográficamente. En todo caso, suma diecisiete años donde ocurrieron diversos hechos, tanto de política petrolera como de política nacional, con incidencia en el mundo de los hidrocarburos. La relación de la política venezolana con el crudo es tan intensa que no es posible trabajar una sin aludir a la otra. Incluso para algunos historiadores se trata de la misma historia. No en balde el libro clásico de Rómulo Betancourt se titula *Venezuela, política y petróleo*. No cabe duda alguna de que el petróleo ha sido el epicentro de la actividad económica nacional desde 1914 y hasta nuestros días; y los venezolanos hemos vivido el tema de la renta petrolera como una bendición y una condena a la vez. Tampoco cabe duda de que el proyecto político que se propuso Hugo Chávez desde la Presidencia de la República estuvo sustentado en los recursos de la renta petrolera.

Antes de entrar en lo específicamente petrolero, demos un sucinto panorama político del momento. En septiembre de 1997, justo antes de que comenzaran a bajar los precios del petróleo, la antipolítica tenía en la alcaldesa de Chacao, Irene Sáez, a una candidata que figuraba muy alto en las encuestas. Tan alto estaba el favor popular hacia ella que parecía imposible que perdiera las elecciones de 1998, ya que el apoyo rondaba el 70% del electorado. A partir de la caída de los precios del crudo, se desplomó su candidatura, mientras subían las de dos adalides de la antipolítica: Hugo Chávez y Henrique Salas Römer. El discurso en contra de los partidos políticos, que fue campaña permanente de algunos medios de comunicación, había tenido resultados. Con ello contribuyó decididamente la misma conducta de los partidos políticos: no era un invento enfebrecido el que muchos de sus dirigentes se habían distanciado de sus electores, que no estaban en sintonía con el pueblo. A Salas Römer lo respaldaba su gestión de gobernador en Carabobo y, a Chávez, la oferta de convocar una Asamblea Nacional Constituyente y de encabezar una revolución. El descalabro de AD y Copei en las elecciones fue abrumador, quedando así el bipartidismo en el olvido; no así la polarización electoral, ya que la mayoría de los votos se dividieron entre Chávez (56,20%) y Salas Römer (39,97%). Comenzaba una nueva etapa para Venezuela. La crisis del sistema de partidos políticos era severa. La abstención electoral frisó el 40% en esta oportunidad. Esta venía creciendo desde 1983, cuando el agotamiento del juego político bipartidista comenzaba a manifestarse.

Hugo Chávez Frías recibe la banda presidencial el 2 de febrero de 1999, de manos del recién electo presidente del Congreso Nacional, el coronel retirado Luis Alfonso Dávila, ya que el presidente Rafael Caldera no quiso colocársela él mismo, y esto fue interpretado como un símbolo. Chávez, por su parte, juró sobre la «Constitución moribunda» de 1961, haciendo alusión a que se iniciaba un proceso constituyente que conduciría hacia la redacción de una nueva Constitución, de acuerdo con lo que fue su oferta electoral básica. Se vislumbraban no pocos cambios en el panorama. Veamos resumidamente el entorno internacional, antes de colocar la lupa en Venezuela.

Los precios inician su escalada

En 1998 los países de la OPEP, en respuesta a la debilidad en los precios, acordaron una reducción de la producción y, en los primeros meses de 1999, se sumaron a esta política Noruega, Rusia, México y Omán. Entre todos sacaron del mercado 4 millones 700 000 barriles diarios y el precio comenzó su escalada. Un recorte de esta magnitud supuso una baja del 6% de la producción mundial. El año 2000, el precio promedio del barril estuvo alrededor de los 30 dólares. Desde entonces y hasta la crisis económica mundial de 2008, los precios subieron sostenidamente hasta alcanzar 147 dólares por barril en ese año caótico. Luego, se derrumbaron a 30 y 40 dólares para ir subiendo después hasta el promedio de 100 dólares por barril, que imperó a lo largo de buena parte del año 2013, para luego presentar un promedio de 88,42 dólares por barril diario en el año 2014, para luego bajar a 44,65 en el año 2015, e iniciar el 2016 con un promedio de 25,93 dólares por barril, de acuerdo con las cifras ofrecidas por PDVSA en su página oficial.

Todas las empresas petroleras del mundo experimentaron un aumento sustancial en sus ingresos en 1999, en comparación con los de 1998. Se iniciaba una nueva era del petróleo, pero entonces muchos analistas no vislumbraban que los precios llegarían hasta las cifras de 2008, como tampoco advirtieron la caída a los niveles de los años 2014, 2015 y 2016. Son tantos factores los que inciden en el precio del crudo como imponderables e impredecibles en algunos sentidos.

El primer gobierno de Hugo Chávez (1999-2000)

La primera junta directiva que designa Chávez en PDVSA estuvo compuesta de la siguiente manera: en la presidencia, Roberto Mandini; como directores (y vicepresidentes), Eduardo López Quevedo, Héctor Ciavaldini, Eduardo Praselj, Oswaldo Contreras Maza y Alfredo Carneiro Campos; como directores laborales, Bladimiro Blanco y Rafael Castellín Osuna. Si bien Mandini, López Quevedo, Ciavaldini y Praselj habían hecho carrera dentro de la industria petrolera, no así los coroneles Contreras Maza y Carneiro

Campos y, salvo el general Alfonzo Ravard, que no fue designado por su condición militar sino por sus habilidades gerenciales, en PDVSA no habían trabajado oficiales de las Fuerzas Armadas en cargos tan destacados, salvo alguna excepción durante el gobierno de Luis Herrera Campíns. A la distancia: ¿el hecho puede interpretarse como un primer mensaje de Chávez acerca de la importancia que iba a tener el componente castrense en sus gobiernos? A la luz de lo ocurrido después, sí.

Sobre la pertinencia de Mandini, hubo debate en el sector petrolero, ya que venía de desempeñarse como vicepresidente de Citgo desde 1995 y, según los entendidos en meritocracia petrolera, no le correspondía el ascenso. También extrañó la inclusión de Ciavaldini, quien había abandonado la industria petrolera venezolana en 1995, estando en un cargo menor en Bariven. En suma, puede afirmarse que las designaciones principales eran de funcionarios que provenían del universo del petrolero, pero a quienes no les correspondía el nombramiento de acuerdo con las pautas profesionales internas de PDVSA, salvo en los casos de López Quevedo y Praselj, de quienes se dijo que gozaban de pertinencia para la designación, dada su carrera dentro de la industria petrolera nacional. Ya entonces se hizo obvio que para Chávez la meritocracia no era un valor que debía respetarse. Tampoco creía en ella plenamente Carlos Andrés Pérez, quien durante sus dos presidencias designó presidentes de PDVSA a gerentes ajenos a la casa matriz y sus filiales. Pero el desconocimiento de la meritocracia por parte de Chávez no iba en el mismo sentido que el de Pérez, como es evidente.

El primer ministro de Energía y Minas que designó Chávez fue Alí Rodríguez Araque, quien para entonces tenía años ocupándose del tema petrolero en el Congreso Nacional, del que fue diputado en varias oportunidades en representación de los partidos de izquierda en los que militó (Causa R, PPT, MVR). Además, tenía obra escrita donde constaba su desacuerdo con la apertura petrolera implementada a partir de la segunda presidencia de Carlos Andrés Pérez (1989-1993).

El nombramiento, de acuerdo con la fuerza gobernante, era el esperado. Rodríguez Araque fue electo secretario general de la OPEP a partir del 1 de enero de 2001 y en ese cargo estuvo hasta el 30 de junio de 2002, cuando regresó a Caracas para desempeñar la presidencia de PDVSA, como veremos luego. No fue Rodríguez Araque el primer venezolano en desempeñar la Secretaría General de la OPEP; antes habían estado en esa tarea Francisco R. Parra (1 de enero al 31 de diciembre de 1968) y Arturo Hernández Grisanti (1 de enero al 30 de junio de 1986). A Rodríguez Araque lo sucede en la Secretaría General de la OPEP otro venezolano: Álvaro Silva Calderón, quien estuvo a la cabeza del organismo internacional entre el 1 de julio de 2002 y el 31 de diciembre de 2003.

La presidencia de Mandini fue fugaz (febrero a agosto de 1999), ya que permaneció siete meses en el cargo, para ser sustituido por Héctor Ciavaldini, quien se desempeñó como presidente de la empresa durante catorce meses, entre agosto de 1999 y octubre del año 2000. Estas dos presidencias breves no apuntalaban la estabilidad de la empresa. Por lo contrario, señalaban que la institución estaba atravesando una «zona de turbulencia». Es cierto que ambos presidentes (Mandini y Ciavaldini) provenían de las filas petroleras, pero era evidente que el nombramiento del segundo irrespetaba la meritocracia petrolera, valor en el que el presidente Chávez evidentemente no creía, sino que denostaba de él cuantas veces se le presentaba la oportunidad. Con la designación de Ciavaldini, PDVSA y el país se enteraron de que se pasaba de la retórica a la realidad. A Ciavaldini lo acompañaron en la junta directiva de la casa matriz, en las vicepresidencias: Aires Barreto, Domingo Marsicobetre, Carlos Jordá, Oswaldo Contreras Maza, Eduardo Praselj y Arnaldo Rodríguez Ochoa como director externo.

Hechos significativos en materia petrolera en el año 1999 hubo dos: la consagración en la Constitución Nacional (aprobada en diciembre de este año) de la imposibilidad de privatizar PDVSA y también la aprobación, el 23 de septiembre de 1999, de la Ley

Orgánica de Hidrocarburos Gaseosos. En esta ley se establece la posibilidad de participación de empresas privadas en la explotación y comercialización del gas natural. En concomitancia con estos hechos de 1999, los precios del crudo comenzaron a subir en el mercado internacional, como apuntamos antes. Esto trajo como consecuencia que las participaciones de PDVSA en el negocio petrolero nacional, en cuanto a las asociaciones estratégicas, fuese creciendo en su porcentaje. Los precios, de acuerdo con las cifras de Baptista (Baptista, 2001: 122-123), fueron creciendo así para el crudo venezolano, y la producción arrojó estas cifras, de acuerdo con la OPEP (Manzano, 2009: 32):

1999 2 800 000   **1999** 16,04
2000 2 890 000   **2000** 25,91
2001 2 790 000   **2001** 20,25
2002 2 780 000   **2002** 21,99
2003 2 640 000   **2003** 23,29
2004 3 000 000   **2004** 32,22
2005 3 060 000   **2005** 45,32
2006 3 030 000   **2006** 55,21
2007 2 940 000   **2007** 64,74

Al recordar que el precio promedio del crudo venezolano en 1998 fue de 10,57, advertimos que, en el primer año de su gobierno, Chávez ya gozaba de una recuperación de más del 60% del precio en relación con el año anterior. Ni hablar de años sucesivos, cuando el precio promedio llegó a 86,48 dólares diarios por barril en 2008. Es decir, un aumento de cerca del 800% en apenas diez años.

Estos aumentos del precio del crudo en el mercado internacional, en buena parte debidos a la demanda energética de China e India y otros países asiáticos, que se incorporaban a la dinámica del mundo capitalista occidental, trajo inimaginables ingresos para Venezuela y, en consecuencia, la posibilidad de acentuar la participación de PDVSA en el negocio petrolero venezolano y la reducción de la participación de las empresas extranjeras. Esto comenzará a ocurrir en el 2001, cuando en las asociaciones entre PDVSA y las empresas extranjeras (34 en total, entre las que se encontraban ExxonMobil, Chevron, BP, Total, ENI, Statoil, Repsol, entre otras) para la explotación del gas, la participación de la empresa estatal se incrementó de 33% a 60%, reduciendo en la misma magnitud el porcentaje para las transnacionales. Esto se irá acentuando a lo largo de la primera década del siglo XXI, en la misma medida en que los ingresos de PDVSA se vayan incrementando. Lo mismo ocurrirá con la deuda financiera de PDVSA: en los años de mayores ingresos, el aumento de su deuda se irá incrementando a través de la práctica de emisión de bonos en dólares para la compra en el mercado de valores.

El segundo gobierno de Hugo Chávez (2000-2006)

Durante el año 2000 tienen lugar nuevas elecciones presidenciales, de acuerdo con el nuevo marco constitucional instituido a partir de la aprobación de la Constitución Nacional de 1999. Hugo Chávez se impone sobre su adversario: Francisco Arias Cárdenas, en agosto de 2000. Un mes después tiene lugar una cumbre de los países de la OPEP en Caracas. La cumbre anterior había tenido lugar en Argel en 1975, de modo que habían pasado 25 años, y Chávez vio la oportunidad de buscar el liderazgo dentro de la organización internacional convocando la reunión en la capital de Venezuela. Era una jugada política con efectos internos y externos que, la verdad, dio resultados para los intereses del convocante. A su vez, en este año 2000 se firma el Acuerdo de Cooperación Energética de Caracas. Allí firman catorce países que se ven beneficiados. Muchos de estos países pasaron a formar parte del Acuerdo de Petrocaribe, en 2005, pero los que no siguen bajo sus parámetros, como es el caso de Bolivia, Paraguay y Uruguay, se mantuvieron bajo el marco del acuerdo del año 2000. El financiamiento establecido era no mayor de 15 años, con dos años de gracia y 2% de interés. Evidentemente, sumamente favorable para estos países, beneficiarios de la generosidad de las condiciones fijadas por PDVSA.

En octubre del año 2000, el presidente Chávez da otra vuelta de tuerca en su empeño por controlar los resortes de PDVSA al designar a un general como su presidente. Nos referimos a Guaicaipuro Lameda, quien estará al frente de la empresa desde este mes y hasta febrero de 2002. Lameda, aunque militar graduado, primer lugar de su promoción y dueño de un sólido prestigio gerencial en las Fuerzas Armadas, provenía de una cantera distinta a la petrolera. No obstante, sus dieciséis meses al frente de la casa matriz son recordados por su respeto por los profesionales y técnicos petroleros y por la sensatez, en medio de las presiones que recibía para desmontar toda la meritocracia petrolera.

Acompañaron a Lameda en la junta directiva de la casa matriz Jorge Kamkoff Miller, Karl Mazeika, Vincenzo Paglione y Eduardo Praselj; como director externo Arnoldo Rodríguez Ochoa. Será durante la presidencia del general Lameda cuando se apruebe la nueva Ley de Hidrocarburos, promulgada el 13 de noviembre de 2001. No obstante ser aprobada durante la presidencia de PDVSA por parte de Lameda, este abrigaba reservas con algunos aspectos de la nueva ley, lo que incidió en que fuese destituido por Chávez en febrero de 2002 y sustituido Gastón Parra Luzardo, quien durará poco a la cabeza de la empresa estatal, ya que será sustituido por Alí Rodríguez Araque en julio de 2002. Parra Luzardo asume la presidencia de la casa matriz el 25 de febrero de 2002, con una junta directiva que incluía a Jorge Kamkoff, Alfredo Riera, Carlos Mendoza Potellá, Luis Dávila, Argenis Rodríguez, Félix Rodríguez, Jesús Villanueva, Arnoldo Rodríguez Ochoa, Clara Coro y Rafael Ramírez.

En cuanto a la nueva ley, se hizo evidente que la política petrolera en curso limitaba la participación de las empresas extranjeras en el negocio petrolero venezolano, y que además se buscaba devolverle la preeminencia perdida al Ministerio de Energía y

Minas sobre PDVSA. La nueva ley colocaba a PDVSA en una posición de accionista mayoritaria en todos los contratos de exploración y producción, desmejorando las condiciones de las empresas extranjeras y, naturalmente, desestimulando sus inversiones en Venezuela. Aumentaba las regalías de 16,5% a 30%, pero bajaba el impuesto sobre la renta de 59% a 50% en el rubro de crudos convencionales y a 32% para los extrapesados. En suma, ninguna empresa privada petrolera podía tener una participación mayor al 49% en asociaciones estratégicas en el negocio petrolero venezolano. Todo este nuevo marco trajo una consecuencia inmediata: Venezuela perdió interés para las inversiones petroleras extranjeras, ya que las condiciones desmejoraron para ellas y se favoreció a PDVSA. Pero toda mejoría en este terreno accionario supone unas exigencias mayores de capital, lo que a mediano y largo plazo se tornó en un problema sensible para la casa matriz venezolana. Además, el nuevo marco regulatorio permitía que el Estado recibiera mayor cantidad de ingresos, en desmedro de PDVSA, lo que venía a comprometer, obviamente, las inversiones de la empresa. Cerca del 68% de los ingresos obtenidos por la casa matriz pasaban ahora a manos del Estado y este porcentaje representaba alrededor del 40% del presupuesto nacional. Se estima que, a partir de esta ley, PDVSA padeció de cerca de un 25% de recorte de su presupuesto. Evidentemente, esto iba a incidir en el negocio petrolero nacional en el futuro cercano, como en efecto ocurrió.

La Ley de Hidrocarburos de 2001, más la política petrolera implementada por Chávez, iban a contracorriente de la meritocracia petrolera, obviamente, lo que producía resistencias internas naturales por parte de gerentes y profesionales que se habían formado y crecido en un marco de valores distinto al que estaba implementándose. Todos ellos veían con angustia cómo se estaba debilitando la empresa estatal al extraerle parte de su presupuesto para ser dispuesto por el Ejecutivo Nacional, yendo esto en desmedro de las inversiones que era indispensables hacer si se quería mantener la calidad de la industria petrolera e incrementar la producción. Es evidente que no podían hacerse las dos tareas si no se disponía de los recursos. Fue en medio de esta tensión cuando ocurrió un despido masivo por televisión, por parte del presidente Chávez, el 7 de abril de 2002, cuando, sonando un pito como si fuera un árbitro de fútbol, despidió humillantemente a profesionales que le habían consagrado su vida a la empresa. Imposible no ver en estos hechos lamentables la antesala de los acontecimientos del 11 de abril de 2002, cuando tuvo lugar en Caracas la más nutrida marcha que ha habido en la historia de Venezuela en protesta contra el gobierno. Estos hechos, por lo demás, no forman parte de esta historia de manera directa; por ello solo los consignamos.

Alí Rodríguez Araque es acompañado en la junta directiva de PDVSA, designada en julio de 2002, por Jorge Kamkoff, José Rafael Paz, Ludovico Nicklas, Nelson Nava y los directores externos Arnoldo Rodríguez Ochoa, Clara Coro y Hugo Hernández Raffali. En la misma oportunidad de hacer estos cambios, el presidente Chávez designó a Rafael Ramírez Carreño ministro de Energía y Minas. Durante dos años permaneció en el cargo Rodríguez Araque, hasta que fue sustituido por Rafael Ramírez en noviembre de 2004. Durante su gestión, tuvo que enfrentar el llamado «paro petrolero» ocurrido en diciembre de 2002.

El paro petrolero

Los niveles de respaldo de Chávez bajaron todavía más después de los hechos de abril de 2002, y las políticas petroleras de su gobierno acentuaban el control político sobre PDVSA y el olvido de todas las prácticas de la meritocracia petrolera; de allí que el descontento en el seno de la industria petrolera fuese casi unánime. Por otra parte, un porcentaje muy alto del país no petrolero también se resistía a los cambios que venía implementando Chávez; de allí que el 2 de diciembre se iniciara una huelga general en Venezuela que incluía a la industria petrolera. El 9 de diciembre intervino la Guardia Nacional en PDVSA y se encargó de la distribución de combustible, pero el propósito de cesar actividades de refinación y exportación también se implementó, y a partir del 15 de diciembre de 2002 se suspendieron casi totalmente estas actividades. Decimos «casi», porque las cifras cotejadas de McBeth (2015: 129) señalan una caída en la producción de 3 444 000 barriles diarios en noviembre de 2002 a 626 000 barriles diarios en enero de 2003. Regresó a producir 3 000 000 diarios en junio de 2003. Según las cifras ofrecidas por el entonces presidente de PDVSA, Rodríguez Araque, las pérdidas que produjo el paro petrolero a la empresa estuvieron en el orden de los 7000 millones de dólares.

Como represalia por la materialización del paro petrolero, el presidente Chávez ordenó el despido de 18 756 trabajadores de la empresa, según la Asociación Civil Gente del Petróleo, en informaciones hechas públicas entonces. Los porcentajes varían, pero todos coinciden en que más del 50% de la fuerza laboral calificada de PDVSA fue despedida, perdiéndose así un capital humano que tomó años formar y que no podría recuperarse en poco tiempo (como en efecto ha ocurrido). Las consecuencias fueron devastadoras para PDVSA y, paradójicamente, condujeron a lo contrario de lo que se buscaba: el presidente Chávez tuvo manos libres, sin resistencia alguna, para lograr el control absoluto sobre la industria petrolera nacional. Por supuesto, tanto para los propósitos de Chávez como para los de la gerencia petrolera meritocrática, el resultado tuvo un costo muy alto: la pérdida de un personal que a Venezuela le tomó años formar y que todavía se echa de menos.

Por otra parte, si PDVSA se había mantenido acotada por los criterios de una gerencia profesional que impedía el crecimiento inútil de la nómina, a partir de 2003 el crecimiento del número de empleados se hizo ostensible. De acuerdo con el informe de la SEC de 2006, el número de trabajadores en 2003 era de 28 841; en 2004 fue de 33 281, y ya en 2005 era de 43 807. Las cifras siguieron subiendo, apuntalando un viejo vicio de las administraciones populistas: la burocracia, una práctica que nunca estuvo presente en PDVSA (desde su fundación en 1975), mientras se mantuvieron los criterios meritocráticos. Cuando estos fueron cambiados por otros, la nómina comenzó a crecer hasta los números actuales, reflejados en el informe de PDVSA de 2014 que citaremos de seguidas. Naturalmente, estos aumentos de nómina incidieron, junto con otros factores, en que el costo de producción del barril petrolero venezolano se incrementara ostensiblemente.

En el Informe Anual de PDVSA de 2014, citado por Eddie Ramírez y Rafael Gallegos en *Petróleo y gas: el caso Venezuela*, se obtienen estas cifras elocuentes:

> En el 2009 Pdvsa y filiales contaban con 103.775 trabajadores (86.796 propios, 6.184 no petroleros y 10.801 contratados). En el 2013 eran 151.875 (113.369 propios, 16.168 contratados y 22.338 que laboran en actividades no petroleras) estas cifras no incluyen 4.919 trabajadores que laboran en nuestras empresas en el exterior. En el Informe Pdvsa 2014, la empresa reportó 177.770 trabajadores, de ellos 25.698 contratistas, 30.320 que laboran en actividades no petroleras y 4.946 en el exterior (Ramírez y Gallegos, 2015: 105).

Como vemos, el incremento de personal ha sido muy grande, incidiendo en los costos de producción y elevando el costo unitario de producción por barril.

PDVSA cambia su naturaleza

El paro petrolero le ofreció al gobierno de Chávez la oportunidad de implementar una reorganización de PDVSA hacia el interior de la empresa y en lo que atañe a sus «gastos sociales». En lo interno, se optó en 2003 por organizar la corporación con base en la geografía: PDVSA Oriente y PDVSA Occidente. Luego, en 2004, hicieron otros cambios en la estructura de la organización, pero lo más importante en cuanto al futuro financiero de la empresa y su efectividad fue la decisión de hacer de PDVSA el brazo financiero de las «misiones», creadas por el gobierno de Chávez a partir de 2003. Nos referimos a las misiones Barrio Adentro (Servicios de salud, 16/4/2003), Robinson (alfabetización, 1/7/2003), Sucre (bachilleres sin cupo, 10/7/2003), Piar (desarrollo minero, 1/10/2003), Guaicaipuro (ayuda pueblos indígenas, 12/10/2003), Miranda (entrenamiento FAN, 19/10/2003), Robinson II (educación, 28/10/2003), Ribas (educación secundaria, 17/11/2003), Mercal (distribución de alimentos (10/1/2004), Vuelvan Caras (educación, 12/3/2004). Ya en la Memoria Anual de PDVSA de 2004, antes citada (US SEC, 2004), si el costo de las misiones para PDVSA fue, en 2003, de 249 millones de dólares, en 2004 alcanzaría a ser de 1242 millones de dólares. Un incremento enorme, evidentemente.

Recordemos que al paro petrolero y huelga general de 2002-2003 le siguió la convocatoria de un referéndum revocatorio para el 15 de agosto de 2004, y la estrategia de las misiones estuvo enmarcada por el presidente Chávez en el ámbito de sus acciones políticas para no ser revocado. De modo que el brazo financiero de la estrategia desarrollada fue PDVSA. Una vez obtenida la victoria en el referéndum, Chávez implementa nuevos cambios en la industria petrolera. En noviembre, sale de la presidencia de la casa matriz Alí Rodríguez Araque con destino al Ministerio de Relaciones Exteriores y Rafael Ramírez Carreño es designado presidente de la empresa. En ese cargo estará hasta el 1 de septiembre de 2014, durante diez años; de modo que el grueso de la política petrolera de los gobiernos de Chávez será implementada por Ramírez, como es evidente. Incluso estuvo encabezando la empresa durante un año y medio del gobierno de Nicolás Maduro Moros, como veremos luego. Además, recordemos que pasó a desempeñar la presidencia de PDVSA sin abandonar el Ministerio de Petróleo y Minería, cargo para el que había sido designado dos años antes, en julio de 2002, y allí estuvo (también) hasta septiembre de 2014, cuando Maduro lo destina a la Cancillería hasta diciembre de 2014. Toda esta relación de los cargos hace evidente que fue Ramírez el que implementó durante mayor tiempo la política petrolera de Chávez. También le correspondió el cambio de denominación de Ministerio de Energía y Minas a Ministerio de Petróleo y Minería.

La primera junta directiva que acompañó a Ramírez en el 2004 estuvo integrada por Iván Hernández, Félix Rodríguez, Dester Rodríguez, Luis Vierma, Rafael Rosales, Nelson Núñez, Nelson Martínez y Víctor Álvarez, pero al año siguiente (2005) hubo cambios y la instancia directora acompañante de Ramírez quedó así: vicepresidentes: Luis Vierma y Alejandro Granado; directores: Eudomario Carruyo, Asdrúbal Chávez, Eulogio del Pino, Dester Rodríguez, Jesús Villanueva, Iván Orellana, Bernard Mommer, Carlos E. Martínez Mendoza. Esta junta directiva estuvo en funciones hasta el año 2008, cuando se registraron otros cambios que veremos en su momento.

En cuanto a sus relaciones comerciales internacionales, los cambios en PDVSA comenzaron el año 2000, cuando se firmó un contrato de suministro con Cuba, denominado Convenio Integral de Cooperación entre Cuba y Venezuela. PDVSA se comprometía a enviar, entonces, 53 000 barriles diarios a la isla caribeña y esta a cambio enviaba médicos cubanos para programas sociales (todavía no se había creado Barrio Adentro), así como otros profesores e instructores para otras áreas educativas nacionales. Pago en especie, como vemos y, además, el convenio no prohíbe expresamente que el crudo sea revendido por Cuba, como sí se expresa claramente en los otros convenios. De tal modo que Cuba es una excepción a la regla general de estos instrumentos legales, que establecen que el petróleo solo puede ser destinado para el consumo interno de los países firmantes. Cuba no, Cuba puede revenderlo sin limitación alguna.

Modalidades similares comenzaron a implementarse con otros países caribeños dentro del marco del programa denominado

Petrocaribe: Acuerdo de Cooperación Energética de Petrocaribe, firmado en 2005. Este convenio establece financiamiento por 15 y 23 años, con dos años de gracia y 1% o 2% de interés, dependiendo del precio del barril de petróleo. Una parte de los montos adeudados puede pagarse en especie. Fue suscrito por Venezuela y 13 países e iniciado en paralelo con Petrosur y Petroamérica en el año 2004. Si con los países del Caribe y Centroamérica el convenio fue una puesta al día del Pacto de San José, firmado por el presidente Luis Herrera Campíns en 1980 conjuntamente con México, con los países del sur se buscaba articular asociaciones estratégicas, ya que Argentina y Brasil son productores de petróleo.

Todos estos convenios se enmarcaron dentro de la política internacional de Chávez, que se proponía hacer del petróleo el instrumento de las negociaciones y los respaldos. A su vez, se buscaba entonces diversificar los mercados, con miras a reducir la importancia de las ventas a los Estados Unidos, siempre por razones ideológicas, ya que es evidente que Chávez consideraba a este país su «enemigo histórico». Tanto es así que en marzo de 2004 amenazó al presidente George Bush con suspender el envío de crudo venezolano a los Estados Unidos en represalia por la política norteamericana hacia Venezuela. Esto no deja de ser curioso, ya que Citgo es una empresa de la casa matriz PDVSA y, si esta deja de refinar crudo y comercializar gasolina, no son los Estados Unidos los primeros perjudicados sino PDVSA, pues pierde su mercado más seguro, el único que paga la factura completa. Por otra parte, las amenazas de Chávez no pasaron de la retórica revolucionaria, pero sí señalaban un camino: el de buscar mercados al petróleo venezolano distintos al norteamericano.

En este sentido, los primeros pasos en la relación petrolera China-Venezuela se dieron en 2004. Ese año, en diciembre, cuando Alí Rodríguez Araque ya detentaba el cargo de canciller, dio unas declaraciones a la periodista Gioconda Soto, del diario *El Nacional*, donde apuntaba:

La tarea no es disminuir el abastecimiento de petróleo a clientes tradicionalmente importantes con los que siempre ha existido y sigue existiendo una muy positiva relación, como es el caso de Estados Unidos, sino incrementar la capacidad de producción. Estados Unidos tiene un creciente déficit de petróleo y derivados, y existe un impetuoso aumento de la demanda en países como China, India y algunos de América Latina... Pdvsa prevé elevar la producción de los actuales 3 millones de barriles diarios a 5 millones de barriles diarios en los próximos cinco años (Soto, 2004: A-5).

Al día de hoy (abril de 2016) la producción no llega a 3 millones de barriles diarios, de modo que no solo no se ha cumplido lo previsto hace doce años por Rodríguez Araque, sino que la producción descendió. Lo que sí se ha incrementado de entonces a nuestros días es el número de barriles de petróleo vendidos a China, mediante un convenio que supone una modalidad crediticia con el país asiático a través de una figura jurídica denominada el Fondo Chino.

El año 2004, PDVSA presentó un «Plan de Negocios de PDVSA 2004-2009». En él se preveía lo ya dicho por Rodríguez Araque en la entrevista citada: aumento de la producción para el 2006 a 5 millones ochocientos mil barriles diarios, gracias a una inversión de 37 000 millones de dólares. Ninguno de los dos aspectos previstos tuvo lugar, evidentemente, ya que de haberse hecho las inversiones es probable que la producción estuviese en aquellas cotas previstas. Por otra parte, si en 1999 el precio promedio del crudo venezolano fue de 16,04 dólares por barril diario, en el 2006, año en que concluyó el segundo gobierno de Chávez, el precio promedio fue de 55,21 dólares por barril. Un incremento de casi el 200% en apenas seis años.

Con la nueva junta directiva de PDVSA, designada en el 2005, las posiciones del venezolano de origen alemán Bernard Mommer se fortalecieron, ya que él mismo integró el cuerpo directivo entre

2005 y 2008. De allí que en este tiempo se desechara la orimulsión con los argumentos de Mommer y de su compañero de tesis: el mexicano Juan Carlos Boué, colega, además, en The Oxford Institute for Energy Studies de la Universidad de Oxford. También, entonces, se hizo énfasis en el papel del Ministerio de Petróleo y Minería (antiguo ministerio de Minas e Hidrocarburos y de Energía y Minas) en lo que atañe a sus labores de fiscalización de PDVSA y las empresas extranjeras en asociaciones estratégicas. Esta prédica de muchos años del analista petrolero Mommer pudo hacerse realidad. Por supuesto, ayudada por el incremento en los precios del crudo. Esta nueva junta directiva elaboró el «Plan Siembra Petrolera 2006-2012», un plan que se proponía tal cantidad de cometidos que si revisamos cuál de los previstos se cumplió en el lapso fijado, comprobaremos que ninguno: la producción no llegó a 5 837 000 barriles diarios en el 2012; tampoco la producción de gas para ese año alcanzó los 11 500 millones de pies cúbicos por día; las refinerías de Cabruta, Caripito y Barinas no están listas y tampoco se incrementó la flota de buques de 21 a 58, como se anunciaba. Lo que sí se incrementó, y mucho, fue la nómina de la empresa.

Es importante señalar que en marzo de 2006 hubo un cambio significativo en la política petrolera, siempre dentro del marco de ideas de Mommer. Nos referimos al paso de los convenios operativos a las empresas mixtas, sancionado por la Asamblea Nacional. Es decir, los firmantes de los convenios operativos de los años noventa, en el marco de la apertura petrolera, pasaron a estar bajo otro esquema. Entre 2006 y 2008, se formaron 19 empresas mixtas con 21 empresas privadas de distintos lugares del mundo. En estas empresas mixtas se estableció que PDVSA tendría el 50% de las acciones y tiempo después el porcentaje subió a 60%. Hubo un cambio en la regalía, que pasó de 16,67% a 30%, y otro en el impuesto sobre la renta, que bajó de 66,67% a 50%. Este cambio se hizo enmarcado dentro de una retórica nacionalizadora, como si ahora se estuviera estatizando lo que se había privatizado con la apertura petrolera.

La mayoría de estas empresas mixtas trabajan en el oriente del país, ya que la proporción actual de crudo extrapesado en Venezuela es la más alta. De acuerdo con el Informe de PDVSA 2014, la proporción es la siguiente: en la cuenca Zulia-Falcón se produce el 26,84%; 1,29% en la cuenca Barinas-Apure y 71,86% en la cuenca oriental. Y, según el informe, se produjeron, en el año 2013: 416 000 b/d de crudo liviano; 619 000 b/d de crudos medianos y 1 640 000 b/d de pesados y extrapesados. Estas cifras hacen evidente que el grueso de la producción petrolera venezolana actual es de crudos pesados y extrapesados.

Por otra parte, en el entorno internacional en estos años se fue haciendo tendencia perfeccionar la eficiencia en el consumo, siempre dentro de la lógica que señalaba al petróleo como un bien escaso y finito. Igualmente, en estos años se profundizó la investigación científica y tecnológica tendiente a perfeccionar otras fuentes de energía. Demos ahora un vistazo a estas tendencias en el ámbito internacional, antes de volver sobre nuestra historia.

La eficiencia en el consumo: una tendencia mundial

Las necesidades energéticas norteamericanas y europeas, junto con las alarmas ambientalistas, condujeron a medidas de racionalización del consumo que fueron paulatinamente imponiéndose. En el caso de EE. UU., el paso de la barrera del 50% de petróleo fue la voz definitiva de partida. De allí que el presidente de los Estados Unidos, George Bush, en 2001, creara la National Energy Policy Development Group (NEPDG). Este organismo diseñó la Política Energética Nacional, anunciada por Bush, diciendo: «Reduce la demanda y promueve la innovación y la tecnología que harán de nosotros los líderes mundiales en eficiencia y conservación». El cambio de políticas era evidente, y el resultado a mediano plazo fue exitoso: se redujo el crecimiento del consumo e, incluso, bajó el número de barriles diarios que requiere la *American way of life* para funcionar.

Si bien es cierto que la energía eólica y la solar no suman un porcentaje significativo en el consumo del mundo para los primeros años del nuevo siglo, sí lo es que los vehículos híbridos (gasolina y eléctricos) aportan un ahorro de energía, así como la mejora sistemática en la eficiencia de los motores para funcionar con menor combustible y mayor rendimiento. No podemos afirmar que la brecha entre la producción y el consumo se cerró entonces, pero sí que hubo una mayor evidencia de las bondades de tomar medidas de ahorro energético. Por supuesto, el petróleo de esquisto no había entrado en escena, hecho que cambiaría todo el panorama, como veremos en su momento. Será en este contexto en el que se estimule notablemente el desarrollo de las fuentes alternativas de energía, como revisaremos de inmediato.

Fuentes alternativas de energía

Al crecimiento de la energía hidráulica, aprovechada desde hace ya muchos años, se han ido sumando la energía eólica, la solar, la geotérmica, la biomasa y la mareomotriz. Sobre la hidráulica es poco lo que podemos agregar a lo ya dicho, salvo que los ambientalistas se pronuncian por construir represas pequeñas para minimizar el daño ambiental. Sobre la eólica debemos señalar que su crecimiento ha sido sostenido, sobre todo con los avances tecnológicos relativos a la capacidad generadora de las turbinas. Desde su aparición en 1980 a la fecha, ha duplicado varias veces su capacidad. Sin embargo, está lejos de representar una fuente que le discuta a los combustibles fósiles su primacía. No obstante, en países como Dinamarca ya representa el 22% (2012) de la energía utilizada para la producción de electricidad, y en China se han construido varios parques eólicos de gran envergadura. Parece obvio que es una energía que llegó para quedarse.

La energía solar ha crecido poco en relación con otras fuentes de energía. Sin embargo, ha crecido, sobre todo en países como

Alemania, donde las alertas ambientalistas son pronunciadas. Las proyecciones son auspiciosas, fundamentadas en los avances tecnológicos que se esperan. Siempre tiene una dificultad en las zonas con estaciones: en invierno su efectividad se reduce a 20% por causa de los cielos oscuros, y en verano asciende a 50% con el despeje de las nubes. Las zonas desérticas son las más prometedoras para el futuro de esta fuente energética.

La energía proveniente de la biomasa presenta una tradición considerable. No solo todavía se usa leña y carbón vegetal para cocinar en muchos lugares de la Tierra, sino que los desechos agrícolas son fuente de electricidad en muchos lugares del mundo. De esta misma especie natural son el biodiésel y el etanol. El primero se extrae del aceite de palma o de la soya, entre otros, y se mezcla con el diésel hasta en un 20% sin que afecte el funcionamiento de los motores, contribuyendo con una rebaja en el consumo de diésel. El segundo se obtiene al procesar la caña de azúcar o el maíz y sirve para reemplazar la gasolina en la mezcla hasta en un 25%. Tanto los Estados Unidos (con el maíz) como Brasil (con el azúcar) han avanzado mucho en el aprovechamiento del etanol. En Brasil hasta el 90% de la gasolina consumida es mezclada con etanol, lográndose así una rebaja sustancial en el consumo de petróleo. Dados los costos de producción del etanol, solo es rentable si los precios del crudo están por encima de los 75 dólares por barril. Sin embargo, no se proyecta que los biocombustibles sean una amenaza de reemplazo significativo de la gasolina, sobre todo dados los temas alrededor del uso de la tierra de cultivo: alimentación *versus* energía.

Por último, la energía geotérmica y la mareomotriz, aunque existentes, tienen una incidencia ínfima. La primera aprovecha el calor que emerge de las profundidades de la tierra para mover turbinas; la segunda aprovecha las mareas para mover turbinas también, pero la incidencia ecológica de esta última ha sido muy señalada, ya que cambia la naturaleza de los ríos y los estuarios.

La energía nuclear comenzó a utilizarse de una manera significativa a partir de la década de los setenta, cuando la OPEP produjo un alza pronunciada en los precios del petróleo y los países industrializados buscaron otras fuentes de energía. Se trataba de hacer realidad la promesa de la posguerra, de energía barata y abundante. Una treintena de países construyeron plantas nucleares entre 1970 y 1990. El auge se detuvo por algunos años cuando el accidente de Chernobyl (1986) hizo evidente su peligrosidad. Luego retomó tímidamente su ascenso, hasta que en 2007 el maremoto en Japón dañó siete reactores nucleares de la planta de Kashiwazaki-Kariwa, dejando de nuevo en entredicho la conveniencia de esta fuente de energía. Toda esta situación llevó a la Agencia de Energía Internacional (AEI) a pronosticar un leve crecimiento de la energía nuclear hasta el 2030. Sin embargo, en los 30 países donde se utiliza llega a significar la fuente de energía del 14% de la electricidad que se consume en ellos. No es poca cosa.

Los efectos del terremoto de marzo del 2011 en las costas nororientales del Japón y su efecto devastador en la central nuclear de Fukushima redundaron no solo en el cierre de la central, sino en un cambio paradigmático en la política nuclear de Japón y varios otros países, que pone un dudas, por los momentos, el futuro de la energía nuclear. Volvamos a nuestro ámbito nacional.

El tercer gobierno de Hugo Chávez (2006-2012)

La resistencia al proyecto político de Hugo Chávez se expresó insistentemente en muchos órdenes de la vida nacional, llegando incluso a niveles de exasperación para quienes no compartían su proyecto. Así fue como se aproximaron las elecciones presidenciales de 2006 y la oposición dirimió la escogencia del candidato entre Teodoro Petkoff, Julio Borges y Manuel Rosales, decidiéndose la candidatura a favor del gobernador del Zulia. El candidato-presidente Chávez ganó los comicios con cerca del 62,89% de los votos, mientras Rosales obtuvo 36,85%, cifras muy parecidas a las arrojadas por las elecciones presidenciales de 1998 y de 2000, lo que indicaba la partición del electorado en dos toletes casi inamovibles. El período presidencial a ejercer por el presidente Chávez se inició en 2007 y concluiría en 2013, de acuerdo con lo pautado por la Constitución Nacional de 1999. Antes de penetrar en el bosque nacional, veamos de nuevo someramente lo que venía ocurriendo en el ámbito foráneo.

Si nos detenemos en las perspectivas del mercado petrolero mundial en estos años, advertiremos que la curva de crecimiento de los precios sube indeteniblemente hasta el año 2008, cuando bajaron brusca pero momentáneamente por la crisis financiera global. Entonces, los precios estuvieron cerca de los 150 dólares por barril en su cota más alta, para luego desplomarse a los 30 dólares. Luego, superado el parpadeo inmobiliario (que estremeció el sistema financiero norteamericano y mundial) remontaron la cuesta y se estabilizaron alrededor de los 100 dólares por barril, para luego bajar a niveles por debajo de los 30 dólares por barril en el 2016. Esta curva ascendente y descendente fue acompañada por la lectura de unas líneas cruzadas; nos referimos a la línea de la demanda y la de la producción. La incorporación de China e India a la mesa de los grandes consumidores de petróleo cambió las piezas en el tablero. Si a ello le sumamos la producción declinante de los Estados Unidos y la falta de inversión en la industria como consecuencia de la debilidad de los precios de los años anteriores, naturalmente, tendremos una primera década del siglo XXI con precios muy altos y una búsqueda acelerada de fuentes alternativas de energía. Más adelante veremos cómo este panorama cambió con el petróleo de esquisto.

A manera de ejemplo, tenemos que el precio promedio del crudo West Texas Intermediate (WTI) en el año 2004 fue 41,42; el año 2005, de 56,58; el año 2006, de 66,30; el año 2007, de 72,24, pero en diciembre de ese año ya cifraba los 91,36 y el 2008 alcanzó las cotas antes mencionadas, lo que evidencia un crecimiento sostenido que ha estimulado la investigación en fuentes alternativas de energía (señaladas antes) y ha provocado cambios en los patrones de consumo. Naturalmente, el petróleo venezolano siguió estas curvas ascendentes y descendentes del crudo y hubo cambios significativos cuando los precios estaban en alza. Esos son los que veremos en este tercer gobierno de Chávez, entre 2007 y 2012.

La junta directiva que fue designada en 2005 cambió en 2008. Siguió presidiendo Ramírez y ascendieron a vicepresidentes Asdrúbal Chávez y Eulogio del Pino. Como directores internos estaban Eudomario Carruyo, Hercilio Rivas, Carlos Vallejo, Ricardo Coronado, Luis Pulido y Fadi Kabboul; como directores externos, Iván Orellana y Aref Eduardo Richany. Esta junta directiva se mantendrá así en la cúpula hasta el año 2011, cuando entren como directores externos Jorge Giordani, Nicolás Maduro y Wills Rangel; mientras, entre los directores internos, ocupen posiciones Víctor Aular, Jesús Luongo, Orlando Chacín y Ower Manrique. El año 2013, antes de los cambios que instrumentaría Nicolás Maduro ya como presidente de la República, la junta directiva permanecía casi igual, salvo que Víctor Aular fue ascendido a vicepresidente y Nelson Merentes, presidente del Banco Central de Venezuela, sustituyó a Maduro como director externo. Estas fueron las últimas juntas directivas designadas por Chávez.

En este tercer gobierno del teniente coronel retirado, la voracidad fiscal del Estado lejos de disminuir se incrementó, sobre todo en el año 2008, cuando cayeron los precios del crudo. Fue entonces cuando la política de vender activos de PDVSA en el exterior se acentuó. Hablaba entonces Ramírez de vender Citgo, pero al día de hoy esto no ha ocurrido. La argumentación esgrimida se basaba en que no era un negocio que le proporcionara a la casa matriz mayores ingresos. Eso declaraba Ramírez al diario *El Universal* el 27 de septiembre de 2011: «Citgo es muy atractivo para un refinador, pero para una empresa cuyo objetivo fundamental es producir petróleo, no tanto» (Ramírez y Gallegos, 2015: 115). En otras declaraciones fue más allá, afirmando que Citgo era «un pésimo negocio». Esta política de venta de activos en el exterior también se expresó cuando, en el año 2010, PDVSA vendió su participación en la Ruhr Oel a la empresa rusa Rosneft en 1500 millones de dólares. No exagera quien afirme que estas ventas se debían más a necesidades de flujo de caja del Leviatán que era y es el Estado venezolano que a argumentos propiamente empresariales. Mientras todo esto ocurría, en los Estados Unidos venía gestándose un cambio tecnológico importante que permitiría extraer petróleo de formaciones rocosas de las que no era posible obtenerlo.

Nuevo mapa de producción: el petróleo de esquisto

Si examinamos literatura petrolera de 2003-2004 e, incluso, hasta el 2007, constataremos que las predicciones eran catastróficas en cuanto a la producción petrolera. La hipótesis del llamado *peak oil* estaba en boga y adelantándose en el tiempo. Muchos pensaban que para el 2010 la situación sería esta: una producción insuficiente para una demanda creciente. La geopolítica se movía con base en esta premisa pesimista. No obstante, comenzaron a darse dos señales que negaban este panorama y la proyección cambió a tal punto que todos los analistas consideran, hoy en día (2016), que el petróleo será la principal fuente energética, por lo menos, durante los próximos cincuenta años. Como es evidente, esta nueva situación ha hecho del mundo petrolero otro muy distinto al de hace seis años. Ahora es más complejo y competido, pero también más auspicioso e interesante.

La primera señal: la producción aumentó notablemente en países que no formaban parte del mapa petrolero mundial. Citemos dos ejemplos solamente: Brasil y Colombia. Entre 1995 y 2010, la producción petrolera brasilera pasó de 724 000 barriles diarios a 2 millones 137 000; en Colombia ascendió de cerca de 500 000 barriles diarios a un poco más de 1 millón y las perspectivas de crecimiento no se han detenido. Ambos países se autoabastecen y exportan.

La segunda señal fue tecnológica y nos referimos al *shale oil* y al *shale gas*. Petróleo y gas de esquisto, como se conoce en español. Es decir, una nueva tecnología que permite extraer petróleo de formaciones donde antes no era posible extraerlo. Esta nueva tecnología, impulsada por los precios altos del crudo y los desafíos de las nuevas fuentes de energía, está cambiando el mapa petrolero mundial. Ya en 2008, el subsecretario de Defensa de Estados Unidos, Teodoro Barna, declaró que «Nosotros podemos ser el próximo Medio Oriente». Luego, varias autoridades norteamericanas han señalado que su país se acerca a autoabastecerse y a retomar la capacidad de exportación que perdió hace muchos años. Nada menos y nada más. Cabe la pregunta: ¿afectará a los productores que han servido al mercado norteamericano tradicionalmente? No necesariamente, ya que no podemos olvidar la incorporación de dos gigantes consumidores relativamente nuevos: China e India, así como el consumo creciente de las otras economías emergentes. Es decir, hay mercados en crecimiento demandando grandes cantidades de petróleo.

A estas nuevas tecnologías se sumó otra circunstancia: los precios altos hacen rentable la explotación de crudos pesados, incorporándose al mercado una fuente energética poco atractiva en circunstancias de precios bajos o medianos. Si sumamos la demanda ascendente de las economías emergentes, la creciente percepción de inestabilidad en los países productores tradicionales del Medio Oriente y los resultantes altos precios, la ecuación inesperada se ha resuelto hacia un avance tecnológico notable en la extracción y explotación, lo que le ha dado un nuevo aire al petróleo en el mundo, junto con la viabilidad económica del crudo pesado, siempre que los precios se mantengan por encima de los 60 dólares por barril. Con precios menores, la viabilidad del petróleo de esquisto se compromete severamente. De hecho, con los precios actuales del crudo WTI en 40 dólares por barril (2016), no son pocas las empresas norteamericanas que explotan petróleo de esquisto que han cerrado sus puertas.

Cambios en las legislaciones, nuevas alianzas en el ámbito mundial

En años recientes hemos visto flexibilizarse el esquema de los años setenta, cuando la mayoría de los Estados productores estatizaron sus industrias. Ahora son posibles alianzas entre empresas estatales y transnacionales privadas (o locales) en distintas modalidades, de acuerdo con las legislaciones internas. Esto ha hecho del mapa petrolero un tablero más complejo donde las empresas tienen un esquema en un país y otro distinto en el país vecino. En líneas generales, los espacios de participación en el negocio petrolero para el sector privado se han abierto en países donde estuvieron cerrados, y en una minoría se han cerrado, produciéndose así una caída en la producción. En donde se ha abierto espacio a las empresas privadas, la producción ha subido; es el caso de Brasil y Colombia. Además, la cooperación energética está a la orden del día entre los Estados Unidos y China, por ejemplo, dejando de lado los factores ideológicos del pasado y concentrándose en el interés de aumentar la producción (esté donde esté) para satisfacer sus necesidades internas.

El origen de estos cambios en las legislaciones internas tiene su fundamento en la necesidad de atraer inversiones extranjeras y tecnologías avanzadas. Los logros han sido inmediatos: Colombia es un buen ejemplo de lo que puede lograrse con la sinergia, ya sea por la vía de la concesión o por la de la asociación entre la empresa estatal y la privada, como también ha ocurrido en Brasil. Volvamos al ámbito nacional.

Los venezolanos fuimos convocados a votar en octubre de 2012. Entonces se vencía el sexenio que había comenzado en 2006. Las elecciones las ganó Hugo Chávez (padeciendo un cáncer avanzado) a Henrique Capriles Radonski. En diciembre de ese año, en su última alocución pública antes de irse a Cuba a operarse, Chávez dijo que Nicolás Maduro sería su sucesor en caso de que lo peor pasara... y lo peor, para él, pasó. La información oficial señala el 5 de marzo de 2013 como la fecha de su deceso, pero sus condiciones personales comenzaron a ser muy exiguas a partir del 28 de diciembre de 2012. El 14 de abril de 2013 se enfrentaron las opciones de Nicolás Maduro y Henrique Capriles Radonski, con una victoria por un margen ínfimo a favor de Maduro (menos del 2%). Al nuevo presidente, que ya fungía como vicepresidente encargado mientras Chávez convalecía en manos de la medicina cubana, le tomó tiempo implementar cambios en la titularidad de la industria petrolera. Veamos lo esencial de su gobierno en curso.

El gobierno de Nicolás Maduro (2013-2016)

Todo el año 2013 y el 2014 transcurrieron sin cambios en la cúpula gerencial de PDVSA, hasta que el 30 de diciembre de 2014 fue firmado el Decreto 1582, que designaba al sucesor de Ramírez, después de diez años al frente de la casa matriz. Eulogio del Pino fue designado presidente, acompañado por los directores internos Orlando Chacín, Jesús Luongo, Aracelis Suez de Vallejo, Antón Castillo Bastardo y Carlos Erick Malpica Flores; y los directores externos Rodolfo Marco Torres, Ricardo Menéndez y Wills Rangel. A esta nueva junta directiva, designada a finales de 2014, le tocó contabilizar un precio promedio ese año de 88,42 dólares por barril, y al año siguiente (2015) los guarismos fueron la mitad: 44,65 dólares por barril y, como se advierte en la tabla siguiente, tomada de la página oficial de PDVSA, las cifras siguieron cayendo.

Evolución de Precios 2014 - 2015
(Dólares/Barril)

	Precio Venezuela	Cesta OPEP	W.T.I.	Brent
Año 2014*	88,42	96,30	93,06	99,61
Año 2015*	44,65	49,53	48,86	53,66
I Trimestre*	44,96	50,21	48,73	55,10
Enero*	40,30	44,74	47,63	49,99
Febrero*	47,77	53,46	50,78	58,32
Marzo*	47,09	52,74	47,99	57,30
II Trimestre*	54,37	59,67	57,70	63,32
Abril*	50,50	56,58	53,89	60,46
Mayo*	56,35	62,24	59,39	65,67
Junio*	56,35	60,29	59,87	63,90
III Trimestre*	43,59	48,41	46,75	51,43
Julio*	49,38	54,52	51,73	57,23
Agosto*	40,22	45,63	42,80	48,12
Septiembre*	41,10	44,98	45,68	48,85
IV Trimestre*	35,74	39,91	42,34	44,89
Octubre*	40,39	45,02	46,26	49,29
Noviembre*	36,53	40,72	43,24	46,21
Diciembre*	30,33	34,01	37,55	39,21
Año 2016*	25,40	28,92	32,45	34,13
Enero*	24,33	26,37	31,65	31,77
Febrero*	24,25	28,67	30,65	33,53
Marzo*	29,08	33,72	36,75	39,16
07 al 11	29,60	34,42	37,29	40,07
14 al 18	30,53	34,98	38,14	40,11

Por supuesto, la crisis económica venezolana ha sido inimaginable, y la de PDVSA no lo es menos, ya que todo el modelo político de Chávez estuvo sustentado en los altos precios del crudo. Estos permitieron un esquema de importaciones de alimentos al tiempo que se hostigaba a los productores nacionales a quienes, por razones ideológicas, se les consideraba «enemigos históricos». Las importaciones se hicieron a través de una de las empresas no petroleras de PDVSA, denominada PDVAL, pero cuando los ingresos cayeron de forma estrepitosa no hubo los recursos para importar y emergió la escasez. Ahora el presidente Maduro habla de estimular la producción nacional, cuando se llegó a esta situación por haber estimulado exactamente lo contrario. En todo caso, es evidente que los precios actuales del crudo venezolano si acaso alcanzan para cubrir los costos de producción, pero en ningún caso para satisfacer el modelo importador de la economía de puertos que se instauró en Venezuela. De allí que hayamos presenciado cambios en el área de la minería que controla el Ministerio del Poder Popular de Petróleo y Minería, abriéndose a la inversión extranjera y llegando a nuevos acuerdos con viejos socios a quienes se expulsó del negocio del oro. Es de esperarse que estos primeros nuevos acuerdos en el área de minería se extiendan en su espíritu y naturaleza hacia el área de petróleo. Ya hay indicios de que será así en caso de que los precios no llegaran a recuperarse a niveles suficientes como para sostener el esquema del Gobierno Nacional.

Por otra parte, sobre PDVSA pesa en su balance y flujo de caja una deuda financiera de significativa proporción, ya que la emisión de bonos durante varios años condujo a consolidar una deuda importante que, con los precios bajos, al ser cancelada, deja muy poco margen de maniobra para otros efectos. Ni hablar de nuevas inversiones significativas en las condiciones de los años 2015 y 2016. En verdad, la política petrolera del gobierno de Maduro no presenta ninguna diferencia con lo hecho en los gobiernos de Chávez, salvo la señal de invitar a regresar al negocio del oro a las empresas canadienses que fueron expulsadas del mismo.

Por otra parte, Eulogio del Pino es un gerente petrolero de larga data en PDVSA; incluso ocupó cargos de significación durante la era meritocrática de la empresa, lo que lleva a pensar que conoce el negocio y es menos vulnerable a las simplificaciones ideológicas con que se ha conducido hasta ahora. No obstante, solo la realidad podrá señalar el sentido de su trabajo y este está muy cercano en el tiempo como para poder evaluarlo. Lo mismo ocurre con el gobierno de Maduro, aún en pleno desarrollo. Intentemos ahora, como hemos hecho al final de cada capítulo de esta historia, un resumen de lo esencial ocurrido en estos diecisiete años de la industria petrolera venezolana en manos de la izquierda radical.

El petróleo venezolano en manos de la izquierda (1999-2016)

Muchos años le tomó a la izquierda venezolana llegar al poder, y lo hizo por la vía electoral en brazos de un líder carismático proveniente de las Fuerzas Armadas, después de haber intentado la ruta de las armas (las guerrillas de la década de los años sesenta) y las intentonas de golpes de Estado de 1992. Desde el comienzo de su mandato, Hugo Chávez sabía que su proyecto político dependía de tomar el control de la fuente de recursos esencial del Estado: PDVSA. Lograr este objetivo le llevó tiempo y esfuerzo, y finalmente lo logró después del paro petrolero de 2002-2003, cuando despidió a cerca de veinte mil trabajadores de la empresa y se quedó con sus seguidores manifiestos. Si observamos bien los hechos, desde 1999, Chávez estuvo intentando apoderarse de la empresa y, por su parte, la estructura gerencial, profesional y meritocrática se resistía, hasta que finalmente fue vencida en un encontronazo final: el paro petrolero.

Además de querer tener el control por el control mismo, acto reflejo típico de la formación militar, Chávez buscaba varios objetivos. Primero, lograr que PDVSA le entregara al Estado una mayor cantidad de recursos de los que entregaba. Segundo, emplear a la casa matriz en tareas para las que no estaba preparada, dentro del espíritu «social» de su gobierno. Tercero, a través del músculo financiero de PDVSA, colocar deuda en papeles en el mercado internacional para obtener más recursos por la vía del crédito financiero. ¿Todos estos objetivos los tenía claros Chávez desde el comienzo? No lo creo. El único que tenía claro era el de tomar el control de la empresa; los otros se le fueron presentando por el camino, de acuerdo con el incremento de los precios. Cuando este incremento tuvo lugar, las tesis de Mommer pudieron implementarse. Es decir, incremento de las regalías y limitación de la inversión extranjera. Todo aparentemente sobre la base de una ecuación: mientras más altos los precios y mayor el ingreso para PDVSA, menor la participación extranjera en el negocio petrolero venezolano. Bajan los precios: se llama a las empresas de nuevo a incrementar su participación. Obviamente, esta política depende exclusivamente de los precios del petróleo que, como sabemos, son inestables por diversos factores y causas.

Lo anterior se hizo acompañar (y todavía se hace) de una retórica revolucionaria según la cual el petróleo antes estaba en manos extranjeras y ahora se ejerce plena soberanía sobre él. Como toda mitología, poco de verdad y mucho de falsedad. Lo cierto es que la «soberanía» se articula con los precios altos; con los precios bajos, hay que llamar a la inversión extranjera porque los números no dan para hacer viable el negocio.

En estos diecisiete años (1999-2016) hemos visto romper con un paradigma clásico del buen manejo de una empresa: foco en lo que hace. Por lo contrario, PDVSA se ha destinado a tareas distintas a las que prescribe su expertiza. PDVAL (la distribuidora de alimentos), PDVSA Agrícola, PDVSA Desarrollos Urbanos, PDVSA Industrial y los programas asistencialistas del Estado venezolano que se nutren de las arcas de la casa matriz. Naturalmente, con semejante carga presupuestaria es imposible que la empresa cumpla eficazmente con su tarea principal: extraer crudo, refinarlo y comercializarlo. Tampoco ha sido posible cumplir con el Plan Siembra Petrolera 2006-2012, que aspiraba a producir 5 837 000 barriles diarios en el 2012. Tampoco ha ayudado a este cometido el aumento enorme de la nómina de PDVSA, burocratismo típico de las empresas manejadas sin criterio empresarial.

Todo lo anterior ha conducido a que la deuda financiera de PDVSA sea muy grande, que la deuda nacional con proveedores también sea de importancia, que la deuda por las expropiaciones tanto de empresas nacionales como internacionales sea significativa y a este cuadro se suma un pasivo laboral de grandes proporciones. Las cifras varían constantemente dependiendo de la fuente, pero lo que sí es evidente es que la suma de todas estas deudas es mayor que el capital de la empresa. Esto no preocupó demasiado al Gobierno Nacional mientras los precios del crudo estaban en niveles altos, pero a partir de la baja de 2014, que se ha profundizado en el 2016, las luces de alarma están encendidas. En un reportaje del diario *El Universal* del 27 de enero de 2015, se ofrecen cifras basadas en informes oficiales. Se lee:

> En seis años la deuda financiera de Petróleos de Venezuela ha crecido 187,5%. En 2007 las obligaciones de la industria estaban en 16 millardos de dólares ahora superan los 46 millardos de dólares, según el informe financiero de la estatal al cierre de 2014. Este monto no incluye el financiamiento que ha gestionado la industria en el Banco Central de Venezuela ni los compromisos con los proveedores. El informe de deuda de la estatal revela que por medio de una emisión privada de papeles y la solicitud de préstamos la petrolera aceleró su endeudamiento, y el año pasado subió 6,7%, para sumar 46,1 millardos de dólares.

Es evidente que, de acuerdo con las metas que se estableció la empresa en 2006, está muy lejos de haberlas cumplido. Sumémosle a este conjunto de circunstancias que PDVSA forma parte de un organigrama muy grande del Ministerio del Poder Popular de Petróleo y Minería, denominado y organizado en estos términos desde el 20 de enero del año 2005, cuando se publicó en *Gaceta Oficial* esta reestructuración. De modo que no solo se ha incrementado la nómina de PDVSA sino en semejante proporción las instituciones creadas y adscritas a este ministerio. Por supuesto, con cargo a los ingresos que recibe PDVSA por la venta de petróleo. Todo este cuadro hace evidente que, si la meta era incrementar la producción petrolera, se dieron todos los pasos necesarios para no lograrla. En otras palabras, todo este entramado de fundaciones y misiones facilitó un sistema asistencialista de transferencia de recursos de PDVSA a diversos sectores de la nación que funcionó en lo esencial (transferir recursos) mientras estos fueron abundantes; cuando los precios bajaron, el entramado entró en crisis, como es evidente. Los costos de producción de un barril de petróleo por parte de PDVSA subieron mucho y, según declaraciones de su presidente, Eulogio del Pino, en rueda de prensa del 22 de enero de 2016, se ubican en 13 dólares por barril. Otros analistas, menos entusiastas, lo ubican en 20 dólares por barril. En cualquier caso, con precios bajos es muy alto el costo de producción de 13 dólares por barril de crudo venezolano.

Estos problemas son idénticos a los que padeció el mundo de economía centralizada que desapareció con la caída del Muro de Berlín y, en líneas generales, todos los sistemas que desprecian las prácticas gerenciales ortodoxas. Nos referimos a que lo básico es producir riqueza e invertir para que se siga generando. Si lo producido se reparte en su totalidad, se pierde. Sin acumulación de excedentes no hay manera de crecer. Esta es una verdad de Perogrullo. PDVSA es un caso de manual: si hubiera destinado recursos suficientes a exploración, si hubiera destinado recursos a mantenimiento de los pozos, se habría incrementado la producción, hecho que no solo no ocurrió, sino que, por lo contrario, la producción petrolera venezolana descendió entre 1998 y 2016. Las causas que condujeron a la industria petrolera venezolana a esta situación son varias pero, sin duda, lo que Octavio Paz llamaba «ceguera ideológica» es la principal. Esta ceguera es peor que la física: nos impide ver la realidad completamente y nos aleja del sentido común y del pragmatismo, herramientas esenciales de la prosperidad. Hasta aquí este intento de síntesis acerca de los últimos años. Intentemos ahora unas consideraciones finales sobre este devenir histórico del petróleo en Venezuela.

Consideraciones finales

SI BIEN ES CIERTO QUE A partir de 1914, con el pozo Zumaque I, el petróleo asomó como una fuente de riqueza para el país, fue con Los Barrosos 2 cuando se confirmó la presencia de grandes yacimientos en la cuenca de Maracaibo. Para 1928, la exportación de petróleo superó a la de café, señalándose así un hito de importancia: Venezuela dejaba atrás su vocación agrícola y el crudo se adueñaba de su futuro. No obstante, hasta 1943 el ingreso del Estado venezolano por la actividad petrolera se constreñía al 12% o 15% por la vía de las regalías. Será en 1942, con la Ley de Impuesto sobre la Renta, y en 1943, con la Ley de Hidrocarburos, cuando el Estado pase a devengar un porcentaje de 46,5% por cada barril de petróleo exportado por las concesionarias. Este sí es un hecho crucial, ya que será a partir de entonces cuando comience la carrera indetenible del Estado venezolano hacia la conversión en eje y epicentro de la vida económica y política nacional.

Los efectos culturales, económicos y políticos de este aumento sideral de los ingresos del Estado todavía los estamos metabolizando. Recordemos que aquella ley de 1943 le fijó una fecha de muerte a las concesionarias: 1983. No se tuvo ningún indicio de que esto fuera a cambiar, de modo que las concesionarias operaban con fecha de caducidad. Aquella montaña de ingresos que comenzó a percibir el Estado sin mover un dedo fue abonando una manera de ser y una conducta: la de un Estado que percibe una renta, como quien vive sin trabajar porque cobra el alquiler de centenares de apartamentos arrendados. Esto, además, fue sembrando en la población la idea de que el Estado era deudor y la sociedad acreedora de la renta petrolera. Por supuesto, nada bueno se extrae de percepciones que apuntan a que la riqueza no es fruto del trabajo, sino de una afortunada circunstancia geológica.

No obstante lo anterior, lo cierto es que el Estado venezolano adoptó, cuatro años antes que la Cepal, el modelo de la ISI (Industrialización Sustitutiva de Importaciones), cuando se crea la CVF (Corporación Venezolana de Fomento) en 1946, una institución diseñada para estimular la creación de un parque industrial nacional mediante la adjudicación de la renta petrolera a través de financiamientos a empresarios privados dispuestos a la aventura. Era la «siembra del petróleo» de la que habló Úslar Pietri en 1936. Betancourt le tomó la propuesta. Pero, recordemos, se trataba del financiamiento de empresas privadas para que produjeran los bienes que la sociedad necesitaba, con fuentes de financiamiento estatal. Ese esquema, con altibajos que no es posible advertir en esta historia (remito a otros trabajos míos sobre el tema), se mantuvo hasta 1989, cuando a Carlos Andrés Pérez le tocó la tarea de desmontar todo el Estado asistencialista, con sus barreras arancelarias y sus subsidios.

En el intermedio de este período que va de 1946 a 1989 (43 años) a finales de 1973, comienza la escalada de los precios del petróleo de 2,5 a 14 dólares, y luego a 36 dólares. Esta escalada se experimentó en apenas nueve años, etapa en la que, además, se incurrió en un incremento descomunal del endeudamiento externo. Pero este aumento del crudo fue otra vuelta de tuerca en los propósitos omnipresentes del Estado, ya que ahora no solo se incrementaban los recursos para financiar la pequeña, la mediana y la gran industria privada, sino que el Estado podía incursionar en su faceta empresarial. ¿Para qué referirles la magnitud de las consecuencias si todos sabemos de qué estoy hablando? Tan solo apunto que el mismo Pérez, diez años después, en 1989, cuando los precios habían caído y era imposible sostener el Estado asistencialista, vendió las empresas del Estado, improductivas y corruptas, a la empresa privada nacional e internacional. El sueño del Estado empresario terminaba en pesadilla.

Lo anterior no se aplica con exactitud a los primeros años de PDVSA, cuando el país nacional tuvo conciencia de que si se administraba como empresa pública la industria petrolera, el desastre estaba a la vuelta de la esquina. Las decisiones de Pérez en este sentido fueron las correctas: designar a uno de los más probos y eficientes gerentes públicos que ha tenido Venezuela en toda su historia: el general Rafael Alfonzo Ravard. Los primeros ocho años de PDVSA a su mando (1976-1983) fueron correctísimos y la verdad es que después también lo fueron, a partir de que Jaime Lusinchi restaurara la meritocracia violentada por Luis Herrera Campíns con la designación del sustituto de Alfonzo Ravard. La eficiencia de PDVSA, cotejada en cifras, es evidente hasta 1999, cuando comienzan los cambios implementados por Hugo Chávez. No voy a redundar en lo ya dicho en el último capítulo de esta historia sobre ese particular.

No cabe la menor duda de que toda la vida política venezolana está condicionada por los precios del petróleo. Cuando son altos, salimos de compras y a regalar dinero; cuando son bajos, llamamos a las transnacionales a que nos ayuden con el negocio. Cuando son altos, imaginamos una quimera: «el socialismo». Es decir, en nuestro caso, la repartición de la renta petrolera sin estimular la producción nacional sino, por lo contrario, estimulando las importaciones y persiguiendo a los empresarios locales.

Por otra parte, en este siglo de industria petrolera nacional, se invirtió la proporción poblacional radicalmente. Hoy en día somos un país urbano, con una población rural reducida a cerca del 14% nacional. No es menos cierto que durante este siglo pudieron construirse con la renta petrolera, bien administrada, obras de infraestructura permanente de gran envergadura, cosa que para los países hermanos de Hispanoamérica ha sido tarea casi imposible.

De allí que el petróleo suela considerarse como una bendición y una maldición a la vez.

También es necesario señalar que el estamento político venezolano, en su casi totalidad, compartió un proyecto: incrementar la renta petrolera por la vía impositiva cuando la industria la manejaban las concesionarias, y extremar el proyecto hasta llegar a la estatización. Este camino lo compartieron la socialdemocracia, el socialcristianismo, el comunismo y hasta el gobierno nacionalista de Isaías Medina Angarita. La excepción fue la dictadura de Pérez Jiménez, que otorgó más concesiones a las transnacionales, dejando en claro con este hecho que no estaba en pro de la estatización. Ya después, cuando recomenzó el juego democrático en 1958, la estatización sería cuestión de tiempo, ya que las fuerzas políticas dominantes estaban de acuerdo con ella. La única discusión se planteó con el artículo 5 de la Ley Orgánica que reserva al Estado la Industria y el Comercio de los Hidrocarburos, venciendo la tesis más sensata: permitir la participación del capital privado internacional y nacional en determinadas áreas de la industria. Algunos, en el colmo del fundamentalismo estatista, se oponían.

Todo el párrafo anterior nos lleva a señalar que sobre la estatización del petróleo se tejió una suerte de unanimidad que hoy en día, a la luz de las experiencias noruega y colombiana, podría darse con otros matices. Nos referimos al esquema de las agencias de energía, que arbitran el potencial petrolero y lo ofrecen al mejor postor (entre ellos a la empresa estatal de petróleo), dándose así una competencia que beneficia a todos los factores y concentrándose el Estado en sus tareas de fiscalización y arbitraje a través de la agencia, pero también como parte actora con sus empresas estatales. Cuando ocurrió la estatización en Venezuela, no se advertía esta posibilidad y la tendencia en los países productores era la estatización; ahora en varios de estos países la tendencia es abrirles las puertas a asociaciones con empresas extranjeras o la venta de parte de su capital accionario, sin perder el control del negocio.

Hacia el futuro se va a acentuar lo que ya viene ocurriendo: que las energías alternativas al petróleo irán creciendo gracias a los avances científicos y tecnológicos que contribuyen a su perfeccionamiento y, en consecuencia, la participación del crudo en el círculo porcentual de la energía en el planeta se seguirá reduciendo. Es cierto que más lentamente de lo que querrían los ecologistas, pero viene sucediendo. Paradójicamente, en años recientes se desarrolló tecnología para extraer petróleo de esquisto y las reservas probadas del mundo se han incrementado de manera insospechada, así como la producción, de modo que se da esta circunstancia: hay más energía alternativa y hay más petróleo. Algo que nadie advertía hace diez años. Por lo pronto, la caída de los precios es la primera consecuencia.

También es cierto que Venezuela cuenta con las reservas de petróleo más grandes del planeta en la Faja Petrolífera del Orinoco, pero se trata de crudo extrapesado, lo que supone unos costos distintos a los que genera la extracción de crudo liviano, el cual ha ido mermando en el territorio nacional. Para que pueda extraerse este crudo orinoquense, el modelo de negocios de PDVSA en la faja tiene que modificarse para hacerse suficientemente atractivo a las transnacionales, además de que la seguridad jurídica debe ser sólida y no sujeta a cambios por el incremento de los precios o cualquier otra circunstancia. Los desafíos para Venezuela en materia petrolera son muchos, pero ojalá que quienes los enfrenten no consideren como única solución el aumento de los precios, sino que se busquen soluciones estructurales que dejen de lado la tentación coyuntural, actuando con madurez.

Lo afirmado en el párrafo anterior permitió un cambio de paradigma. El que había instaurado Pérez Alfonzo era producir poco petróleo y subir los precios. Esa era la lógica cuando las reservas eran escasas. Ahora que son las más grandes de la Tierra, la balanza se ha inclinado hacia otro paradigma: colocar el acento en la producción más que en los precios. Este nuevo desiderátum, además, se hace inevitable porque, con las nuevas tecnologías para extraer petróleo de esquisto, el epicentro del mercado petrolero internacional no está signado por la insuficiencia sino por la abundancia. Por ello el acento tiene que desplazarse de los precios a la producción.

Por último, es evidente que, al perfilarse Venezuela como un petro-Estado, su actividad económica se enmarcó dentro de un proceso global, ya que tanto la tecnología como la comercialización del crudo fueron un asunto netamente internacional. De allí que, quiéralo o no, Venezuela ha sido un actor importante dentro de la economía energética del mundo. Esto, naturalmente, ha tenido también consecuencias culturales y políticas de primer orden.

Bogotá, 2011 - Caracas, 2016

Bibliohemerografía

ABREU, Ovidio. *Tratado de geología práctica de minas y petróleo de Venezuela*. Caracas, Ediciones Efofac, s/f.

ACEDO PAYARES, Germán. *Veintisiete años de jurisprudencia petrolera*. Caracas, Compañía Shell de Venezuela, 1970.

ACEVEDO MILANO, Nurys. *Un vistazo al pasado. José Giacopini Zárraga*. Caracas, PDVSA-CIED, 2000.

ACOSTA HERMOSO, Eduardo. *Este petróleo es venezolano*. Caracas, Editorial Arte, 1964.

_____. *Fundamentos de una política petrolera racional para Venezuela*. Mérida, Facultad de Economía de la ULA, 1967.

_____. *Aquí la OPEP*. Caracas, Imprenta Nacional, 1979.

_____. *Análisis histórico de la OPEP*. Mérida, Universidad de Los Andes, 1969.

AGUERREVERE, Ángel Demetrio. *Elementos de Derecho Minero*. Caracas, Editorial Ragón, 1954.

AGUIAR ARANGUREN, Asdrúbal. *De la Revolución Restauradora a la Revolución Bolivariana*. Caracas, El Universal y UCAB, 2010.

ALFONZO RAVARD, Rafael. *Cinco años de normalidad operativa. Discursos del general Rafael Alfonzo Ravard, 1975-1980*. Caracas, Petróleos de Venezuela, 1981.

_____. *35 años de la infraestructura de producción y consumo de energía en Venezuela*. Trabajo de Incorporación a la Academia de Ciencias Físicas, Matemáticas y Naturales de Venezuela. Caracas, 1981.

AL-CHALABI, F. J., *La OPEP y el precio internacional del petróleo: el cambio estructural*. México, Siglo Veintiuno Editores, 1984.

AL-SHEREIDAH, Mazhar. *Medio Oriente, la OPEP y la política petrolera internacional*. Caracas, Universidad Central de Venezuela, 1973.

AMORER R., E. *El régimen de la explotación minera en la legislación venezolana*. Colección Estudios Jurídicos, Caracas, Editorial Jurídica Venezolana, N° 45, 1991.

ANGELI L., Marco A. *El orden económico internacional y los precios del petróleo*. Caracas, Ifedec, 1988.

ANZOLA JIMÉNEZ, Hernán. *La crisis energética, sus orígenes y su desarrollo*. Caracas, OCI, 1975.

ARCAYA, Pedro Manuel. *Memorias*. Caracas, Talleres del Instituto Geográfico y Catastral, 1963.

_____. *Venezuela y su actual régimen*. Washington, The Sun Printing Office, 1935.

ARCAYA URRUTIA, Pedro Manuel. *Pedro Manuel Arcaya*. Caracas, Biblioteca Biográfica Venezolana, El Nacional y Banco del Caribe, 2006.

ARCILA FARÍAS, Eduardo. *Centenario del Ministerio de Obras Públicas (MOP)*. Caracas, Italgráfica, 1974.

_____. «Evolución de la economía en Venezuela» en *Venezuela independiente 1810-1960*. Caracas, Fundación Eugenio Mendoza, 1962.

ARELLANO MORENO, Antonio. *Relaciones geográficas de Venezuela*. Caracas, Academia Nacional de la Historia, 1964.

ARMAS ACOSTA, Virgilio. «El (primer) padre de la OPEP» en *El desafío de la Historia*. Caracas, N° 30, año 4, 2011.

ARNOLD, Ralph. *Venezuela petrolera: primeros pasos, 1911-1916*. Caracas, Trilobita Fundación Editorial, 2008.

ARRÁIZ LUCCA, Rafael. *Arturo Úslar Pietri*. Caracas, Biblioteca Biográfica Venezolana, El Nacional y Banco del Caribe, 2006.

_____. *Raúl Leoni*. Caracas, Biblioteca Biográfica Venezolana, El Nacional y Banco del Caribe, 2005.

_____. *Arturo Úslar Pietri o la hipérbole del equilibrio*. Caracas, Fundación para la Cultura Urbana, 2006.

_____. *Venezuela: 1498-1728. Conquista y urbanización*. Caracas, Editorial Alfa, Biblioteca Rafael Arráiz Lucca, 2013.

_____. *Arturo Úslar Pietri: ajuste de cuentas*. Caracas, Los Libros de El Nacional, 2001.

_____. *Venezuela: 1830 a nuestros días. Breve historia política*. Caracas, Editorial Alfa, 2007.

ARRIOJA, José Enrique. *Clientes negros. Petróleos de Venezuela bajo la generación Shell*. Caracas, Los Libros de El Nacional, 1998.

AVELEDO, Ramón Guillermo. *Luis Herrera Campíns (1925-2007)*. Caracas, Biblioteca Biográfica Venezolana, El Nacional y Banco del Caribe, 2011.

AVENDAÑO LUGO, José Ramón. *El militarismo en Venezuela. La dictadura de Pérez Jiménez*. Caracas, Ediciones Centauro, 1982.

AYAPE AMIGOT, Fernando. *La crisis económica mundial y el petróleo*. Madrid, Editorial Fundamentos, 1977.

BALESTRINI, César. *La industria petrolera en América Latina*. Caracas, Universidad Central de Venezuela, 1971.

_____. *La industria petrolera en Venezuela y el Cuatricentenario de Caracas*. Caracas, Ediciones del Cuatricentenario de Caracas, 1966.

_____. «Política petrolera del régimen democrático» en *Veinticinco años de pensamiento económico venezolano*. Caracas, Academia Nacional de Ciencias Económicas, 2008.

BAPTISTA, Asdrúbal y Bernard Mommer. *El petróleo en el pensamiento económico venezolano: un ensayo*. Caracas, Ediciones IESA, 1987.

BAPTISTA, Asdrúbal. *1830-2008. Bases cuantitativas de la economía venezolana*. Caracas, Fundación Artesano Group, 2011.

_____. *Teoría económica del capitalismo rentístico*. Caracas, Ediciones IESA, 1997.

_____. «Riqueza minera y petrolera: comparaciones de cinco siglos» en *Veinticinco años de pensamiento económico venezolano*. Caracas, Academia Nacional de Ciencias Económicas, 2008.

BAPTISTA, Federico G. *Breve reseña histórica de la industria petrolera venezolana*. Caracas, Creole Petroleum Corporation, 1955.

BARBERII, Efraín. *De los pioneros a la empresa nacional 1921-1975*. Caracas, Lagoven, 1997.

_____. *La industria venezolana de los hidrocarburos*. Caracas, Cepet, 1989.

_____. *Petróleo: aquí y allá*. Caracas, Monte Ávila Editores, 1976.

_____. *El pozo ilustrado*. Caracas, Lagoven, 1985.

_____. «Historia de la educación, formación y desarrollo del petrolero venezolano» *en Asuntos,* PDVSA-CIED, N°1, año 1, marzo 1997.

_____. «Cinco etapas de la industria venezolana de los hidrocarburos» en *Veintenario 1978-1999. Cámara Petrolera de Venezuela*. Caracas, Ediciones Cámara Petrolera de Venezuela, 1998.

BATTAGLINI, Oscar. *El medinismo*. Caracas, Monte Ávila Editores Latinoamericana-UCV, 1997.

_____. *El betancourismo 1945-1948: rentismo petrolero, populismo y golpe de Estado*. Caracas, Monte Ávila Editores Latinoamericana, 2008.

BENDAHAN, Daniel. *Legislación venezolana de hidrocarburos*. Caracas, Ediciones de la Bolsa de Comercio de Caracas, 1969.

_____. «La contratación colectiva en la industria venezolana del petróleo» en *Revista del Colegio de Abogados del Distrito Federal,* N° 129, enero-junio 1965.

BERGIER, Jacques y Bernard Thomas. *La guerra secreta del petróleo*. Barcelona, Editorial Rotativa, 1969.

BERMÚDEZ ROMERO, Manuel. *PDVSA en carne propia. Testimonio del derrumbe de la primera empresa nacional*. Caracas, OME, Estudios de mercado y comunicación, 2004.

BETANCOURT, Rómulo. *Venezuela, política y petróleo*. Caracas, Monte Ávila Editores Latinoamericana, 2001.
_____. *El petróleo en Venezuela*. México, Fondo de Cultura Económica, 1976.
_____. *Leninismo, revolución y reforma*. México, Fondo de Cultura Económica, 1997.
_____. *Rómulo Betancourt. El saber de petróleo*. Caracas, El Centauro, 2003.
_____. *La nacionalización petrolera. 1976*. Caracas, Fundación Rómulo Betancourt, 2007.
BILBAO, Luis. Alí Rodríguez. *Petroamérica vs ALCA. Conversaciones con Luis Bilbao*. Buenos Aires, Le Monde Diplomátique, 2004.
BOCCO SAVERY, Miguel. «¿La siembra del petróleo?» en *Nuevas ideas para viejos problemas*. Caracas, Fundación Venezuela Positiva, 2013.
BORGES, Adolfo. *Edgar Sanabria*. Caracas, Biblioteca Biográfica Venezolana N° 102, El Nacional y Fundación Bancaribe, 2009.
BOSCÁN DE RUESTA, Isabel. «La apertura petrolera» en *I Jornadas de Derecho de Oriente*. Caracas, Fundación de Estudios de Derecho Administrativo, 1997.
_____. *La actividad petrolera y la nueva Ley Orgánica de Hidrocarburos*. Caracas, Fundación Estudios de Derecho Administrativo, 2002.
BOUÉ, Juan Carlos. *El síndrome de la Orimulsión*. Caracas, PDVSA, 2013.
BREWER-CARÍAS, Allan R. *Historia Constitucional de Venezuela*. Caracas, Editorial Alfa, 2008.
_____. *Las constituciones de Venezuela*. Caracas, Academia de Ciencias Políticas y Sociales, 2008.
BRIDGES, J.K. *Historia de las comunicaciones. Transportes terrestres*. Pamplona (España), Salvat Editores, 1969.
BROSSARD, Emma. *Intevep. Ruta y destino de la investigación petrolera en Venezuela*. Caracas, Artes Gráficas Intevep, 1994.

Bruni Celli, Blas. *José Vargas. El universo de un hombre justo.* Caracas, Ministerio de Educación, 1986.
_____. *Imagen y huella de José Vargas.* Caracas, Intevep-PDVSA, 1984.
Bustamante, Nora. *Isaías Medina Angarita. Aspectos históricos de su gobierno.* Caracas, Universidad Santa María, 1985.
Caballero, Manuel. *Gómez, el tirano liberal.* Caracas, Alfadil Ediciones, Biblioteca Manuel Caballero, 2007.
_____. *Rómulo Betancourt, político de nación.* Caracas, Editorial Alfa, Colección Manuel Caballero, 2004.
_____. *Las crisis de la Venezuela contemporánea (1903-1992),* Caracas, Alfadil Ediciones, Colección Manuel Caballero, *2003.*
_____. *El 18 de octubre de 1945.* Caracas, Libros de Hoy, El Diario de Caracas, 1979.
_____. «Cuatro notas sobre la historia venezolana en el siglo del petróleo» en *Testimonios de una realidad petrolera.* Caracas, Fundación Venezuela Positiva, 2002.
_____. *Las crisis de la Venezuela contemporánea (1903-1992).* Caracas, Alfadil Ediciones, Colección Manuel Caballero, 2003.
Cáceres, Alejandro E. «El petróleo en Venezuela: de los orígenes a la nacionalización» en *Todo lo que usted debe saber sobre el petróleo.* Caracas, Grupo Editorial Macpecri, s/f.
_____. «Mene Grande y el desarrollo de la industria petrolera en el oriente venezolano» en *Venezuela 1914-2014. Cien años de industria petrolera.* Caracas, UCAB y Konrad Adenauer Stiftung, 2014.
Caldera, Rafael. *La nacionalización del petróleo.* Caracas, Ediciones Nueva Política, 1975.
Calderón Berti, Humberto. *Venezuela y su política petrolera 1979-1983.* Caracas, Ediciones Centauro, 1986.
_____. *La nacionalización petrolera: visión de un proceso.* Caracas, Gráficas Armitano, 1978.

CAMBRA, Fernando P de. *La aventura del petróleo*. Barcelona, Editorial Bruguera, 1972.

CAPRILES AYALA, Carlos. *Pérez Jiménez y su tiempo*. Caracas, Ediciones Capriles, 1987.

CARRERA DAMAS, Germán. *Petróleo, modernidad y democracia*. Caracas, Fundación Rómulo Betancourt, 2006.

CARRERO, Manuel E. *Petrolia del Táchira (1878-1934). Pionera de la industria petrolera en Venezuela*. Caracas, Fondo Editorial de la UPEL, 2003.

CASTELLANOS, Juan de. *Elegías de varones ilustres de indias*. Bogotá, Gerardo Rivas Moreno Editor, 1997.

CASTILLO D'IMPERIO, Ocarina. *Carlos Delgado Chalbaud*. Caracas, Biblioteca Biográfica Venezolana N° 33, El Nacional y Banco del Caribe, 2006.

_____. *Un hombre, un dilema, un magnicidio*. Carlos Delgado Chalbaud. Caracas, UCV, 2011.

CASTRO LEIVA, Luis. *El dilema octubrista. 1945-1987*. Caracas, Cuadernos Lagoven, 1988.

CATALÁ, José Agustín. *Nacionalización del petróleo en Venezuela. Tesis y documentos fundamentales*. Caracas, Editorial Centauro, 1982.

CENTENO, Roberto. *El petróleo y la crisis mundial: génesis, evolución y consecuencias del nuevo orden petrolero internacional*. Madrid, Alianza Editorial, 1982.

CILENTO SARLI, Alfredo. «Infraestructura petrolera en Venezuela 1917-1975 (Conquista del territorio, poblamiento e innovación tecnológica)» en *Petróleo nuestro y ajeno. La ilusión de modernidad*. Caracas, UCV, 2005.

CODAZZI, Agustín. *Resumen de la geografía de Venezuela*. París, Imprenta de H. Fournier y Compañía, 1841.

COHEN BOLET, Clemente. *Juan Pablo Pérez Alfonzo: el guerrillero caballeroso*. Caracas, edición de autor, 1990.

COLLIER, Peter y David Horowitz. *The Ford and American Epic*. New York, Summit, 1987.

CONDE TUDANCA, Rodrigo. «Los inicios de la industria petrolera en Venezuela a través de la visión particular de una figura clave: Gumersindo Torres, ministro de Fomento (1917-1922; 1929-1932)» en *Venezuela 1914-2014. Cien años de industria petrolera*. Caracas, UCAB y Konrad Adenauer Stiftung, 2014.

CONSALVI, Simón Alberto. *Juan Vicente Gómez*. Caracas, Biblioteca Biográfica Venezolana, El Nacional y Banco del Caribe, 2007.

_____. *El petróleo en Venezuela*. Caracas, Fundación Bigott, 2004.

_____. *El petróleo en Venezuela*. Caracas, Academia Nacional de la Historia, El Libro menor, 2013.

_____. «La relación Venezuela-Estados Unidos durante la primera mitad del siglo XIX» en *Venezuela y Estados Unidos a través de dos siglos*. Caracas, VenAmCham, 2000.

_____. *Rómulo Gallegos*. Caracas, Biblioteca Biográfica Venezolana N° 41, El Nacional y Bancaribe, 2006.

_____. *Auge y caída de Rómulo Gallegos*. Caracas, Monte Ávila Editores, 1991.

CORONEL, Gustavo. *El petróleo viene de la luna. Una novela del petróleo venezolano*. Edición de autor, Amado González y Cía., s/f.

CORONIL, Fernando. *El Estado mágico. Naturaleza, dinero y modernidad en Venezuela*. Caracas, Editorial Nueva Sociedad, 2002.

CORRALES, Javier y Michael Penfold. *Un dragón en el trópico*. Caracas, Editorial La Hoja del Norte, 2012.

CRAZUT, Rafael. «Manuel R. Egaña. Obra y pensamiento» en *Manuel R. Egaña. Obras y ensayos seleccionados*. Caracas, Banco Central de Venezuela, 1990.

CUPOLO, Marco. *Petróleo y política en México y Venezuela*. Caracas, Equinoccio, Universidad Simón Bolívar, 1997.

CHIOSSONE, Tulio. *El decenio democrático inconcluso, 1935-1945*. Caracas, Editorial Ex Libris, 1989.

DALTON, Leonard V. *Venezuela*. Caracas, Fundación de Promoción Cultural de Venezuela, 1990.

DAUXION LAVAYSSE, J. J. *Viaje a las islas de Trinidad, Tobago, Margarita y a diversas partes de la América Meridional.* Caracas, Universidad Central de Venezuela, 1967.

DE CHENE, Andrés. *Petróleo, gran emperador del subsuelo venezolano.* Caracas, Tipografía Vargas, 1966.

DEPONS, François. *Viaje a la parte oriental de Tierra Firme en la América Meridional.* Caracas, Banco Central de Venezuela, 1960.

DÍAZ SÁNCHEZ, Ramón. *Mene.* Caracas, Monte Ávila Editores, 1973.

DIEZ, Julio. *Historia y política.* Caracas, Tipografía Vargas, 1963.

_____. *Notas y notables.* Caracas, edición de autor, 1972.

DUPRAY, Norman H. *Aves de rapiña sobre Venezuela.* Buenos Aires, Técnica Impresora, 1958.

DUQUE CORREDOR, Román José. *El derecho de la nacionalización petrolera.* Caracas, Editorial Jurídica Venezolana, 1978.

DUQUE SÁNCHEZ, José Román. *Manual de Derecho Minero Venezolano.* Caracas, Universidad Católica Andrés Bello, 1987.

EGAÑA, Manuel R. *Venezuela y sus minas.* Caracas, Banco Central de Venezuela, 1979.

_____. *Obras y ensayos seleccionados.* Tomos I, II y III. Caracas, Banco Central de Venezuela, 1990.

ELIZALDE, Rosa Miriam. *Alí Rodríguez Araque. Antes de que se me olvide. Conversación con Rosa Miriam Elizalde.* La Habana, Editora Política y PDVSA, 2012.

ESPAÑA, Luis Pedro. *Democracia y renta petrolera.* Caracas, Universidad Católica Andrés Bello, 1989.

ESPINASA V, Ramón. *Democracia y renta petrolera.* «Ensayo introductorio» de Luis Pedro España. Caracas, UCAB, 1989.

_____. «Evolución de la política petrolera nacional» en *Asuntos,* PDVSA-CIED, N° 3, año 2, mayo 1998.

FARACO, Francisco. *Reversión petrolera en Venezuela. Selección y prólogo Francisco Faraco.* Caracas, Ediciones Centauro, 1975.

FARMANFARMAIAN, Manucher. *Blood and Oil.* New York, Random House, 1997.

FERNÁNDEZ, Amparo. *El petróleo en México y en el mundo*. México, Consejo Nacional de Ciencia y Tecnología, 1979.
FERNÁNDEZ DE OVIEDO Y VALDÉS, Gonzalo. *Los viajes de Colón*. Madrid, Ediciones Atlas, colección Cisneros, 1944.
_____. *Historia general y natural de las indias*. Caracas, Fundación de Promoción Cultural de Venezuela, 1986.
FRANKEL, P. H. *La economía petrolera*. Caracas, Empresa El Cojo, 1963.
FREITES, Yajaira. «El descubrimiento científico del petróleo: José María Vargas» en *Venezuela 1914-2014. Cien años de industria petrolera*. Caracas, UCAB y Konrad Adenauer Stiftung, 2014.
GALAN, J. *El petróleo*. Barcelona, Editorial Bruguera, 1975.
GALBRAITH, John Kenneth. *Un viaje por la economía de nuestro tiempo*. Barcelona, Ariel Sociedad Económica Editores, 1994.
GALVE DE MARTÍN, María Dolores. *La dictadura de Pérez Jiménez: testimonio y ficción*. Caracas, Universidad Central de Venezuela, 2001.
GARCÍA PONCE, Antonio. *Victorino Márquez Bustillos*. Caracas, Biblioteca Biográfica Venezolana, El Nacional/Fundación Bancaribe, 2008.
_____. *Cipriano Castro*. Caracas, Biblioteca Biográfica Venezolana, El Nacional/Banco del Caribe, 2006.
_____. *Isaías Medina Angarita*. Caracas, Biblioteca Biográfica Venezolana, El Nacional/ Banco del Caribe, 2005.
GIACOPINI ZÁRRAGA, José, Guillermo Rodríguez Eraso, Julio César Arreaza Arreaza, Pedro Palma Carrillo y Carlos Lander Márquez. *1976-1985. Diez años de la industria petrolera nacional*. Caracas, PDVSA, 1986.
GILGAMESH. *Poema de Gilgamesh*. Madrid, Editorial Tecnos, 1997.
GÓMEZ, Carlos Alarico. *Eugenio Mendoza*. Caracas, Biblioteca Biográfica Venezolana, El Nacional y Banco del Caribe, 2006.
_____. *Marcos Pérez Jiménez. El último dictador*. Caracas, Los Libros de El Nacional, 2007.

_____. *El origen del Estado democrático en Venezuela (1941-1948)*. Caracas, Biblioteca de Autores y Temas Tachirenses, 2004.
GÓMEZ NÚÑEZ, Florencio. *Mis apuntes sobre la aviación venezolana*. Caracas, edición de autor, 1970.
GONZÁLEZ, Francisco Alonso. *Historia y petróleo. México: el problema del petróleo*. Madrid, Editorial Ayuso, 1972.
GONZÁLEZ, Tomás. «La danza de las concesiones: Valladares, Aranguren y Vigas (estudio de casos)» en *Venezuela 1914-2014. Cien años de industria petrolera*. Caracas, UCAB y Konrad Adenauer Stiftung, 2014.
GONZÁLEZ BERTI, Luis. *Compendio de Derecho Minero Venezolano*. Mérida, Universidad de Los Andes, 1969.
_____. *La nacionalización de la industria petrolera venezolana*. Caracas, Editorial Jurídica Venezolana, 1982.
GONZÁLEZ CRUZ, Diego. «La OPEP» en *Nuevas ideas para viejos problemas*. Caracas, Fundación Venezuela Positiva, 2013.
_____. «Perspectivas energéticas en materia de hidrocarburos en América Latina para 2014» en *Pizarrón Latinoamericano*. Celaup, Unimet, vol. 6, año 3, julio 2014.
_____. «Lo petrolero: ¿realidad o ficción?» en *Venezuela: ilusión, realidad o ficción*. Caracas, Fundación Venezuela Positiva, 2015.
GONZÁLEZ DELUCA, María Elena. *Venezuela: la construcción de un país... una historia que continúa*. Caracas, Cámara Venezolana de la Construcción, 2013.
GONZÁLEZ MIRANDA, Rufino. *Estudios acerca del régimen legal del petróleo en Venezuela*. Caracas, UCV, 1958.
GRAU, María Amparo. *Régimen jurídico de la actividad petrolera venezolana*. Caracas, Badell & Grau Editores, 2007.
GRISANTI, Luis Xavier. *Manuel R. Egaña*. Caracas, Biblioteca Biográfica Venezolana, El Nacional y Banco del Caribe, 2007.
_____. «El petróleo y el nacionalismo prudente de Venezuela» en *Todo lo que usted debe saber sobre el petróleo*. Caracas, Grupo Editorial Macpecri, s/f.

_____. *Alberto Adriani*. Caracas, Biblioteca Biográfica Venezolana, El Nacional y Banco del Caribe, 2008.

_____. «Petróleo, desarrollo y capital nacional» en *Nuevas ideas para viejos problemas*. Caracas, Fundación Venezuela Positiva, 2013.

_____. «Nuevo paradigma energético» en *Venezuela: ilusión, realidad o ficción*. Caracas, Fundación Venezuela Positiva, 2015.

GUMILLA, José. *El Orinoco ilustrado y defendido*. Caracas, Academia Nacional de la Historia, 1963.

HAMILTON, Adrián. *Petróleo, el precio del poder*. Barcelona, Editorial Planeta, 1987.

HARWICH VALLENILLA, Nikita. «New York and Bermúdez Company» en *Diccionario de Historia de Venezuela de la Fundación Polar, Caracas, Fundación Polar, 1997*.

_____. *Asfalto y revolución: la New York and Bermúdez Company*. Caracas, Monte Ávila Editores, 1992.

_____. *Inversiones extranjeras en Venezuela. Siglo XIX*. Nikita Harwich Vallenilla, coordinador. Caracas, Academia Nacional de Ciencias Económicas, 1992.

_____. *Inversiones extranjeras en Venezuela. Siglo XIX*. Nikita Harwich Vallenilla, coordinador. Caracas, Academia Nacional de Ciencias Económicas, 1994.

HERMANO NECTARIO MARÍA. «Petróleo de Cubagua para su majestad la reina» en *El farol*, Caracas, XX (176), 24-25, 1958.

HERNÁNDEZ, Ramón. *Carlos Andrés Pérez*. Caracas, Biblioteca Biográfica Venezolana, El Nacional y Banco del Caribe, 2012.

_____ y Roberto Giusti. *Carlos Andrés Pérez: memorias proscritas*. Caracas, Los Libros de El Nacional, 2006.

HERNÁNDEZ, José Ignacio. «Cauces de intervención de la iniciativa económica pública y privada en la nueva Ley Orgánica de Hidrocarburos» en *Derecho y Sociedad. Revista de estudiantes de Derecho de la Universidad Monteávila*. Caracas, N° 3, abril 2002.

HERODOTO. *Historia*. Barcelona (España), Biblioteca Básica Gredos, N°10, 11, 12, 13 y 14, 2001.

HERRERA ORELLANA, Luis Alfonso. «Aspectos del régimen jurídico del petróleo en Venezuela (especial referencia al rol actual de Petróleos de Venezuela, S.A.)» en *Revista de Derecho Administrativo*, N° 19, julio/diciembre 2004.

HEXNER, Harvey. *Carteles internacionales*. México, Fondo de Cultura Económica, 1950.

HIDALGO R, Arturo. *Concesiones petroleras*. Caracas, Tipografía La Nación, 1953.

HOMERO. *La Ilíada*. Barcelona (España), Biblioteca Básica Gredos, N° 1, 2001.

HOWARD, Harrison Sabin. *Rómulo Gallegos y la revolución burguesa en Venezuela*. Caracas, Monte Ávila Editores, 1984.

HUMBOLDT, Alejandro de. *Viaje a las regiones equinocciales del Nuevo Continente*. Caracas, Monte Ávila Editores, 1991.

JUSAYÚ, M.A. y Jesús Olza, s.j. *Diccionario de la lengua guajira. Castellano-Guajiro*. Caracas, Universidad Católica Andrés Bello, 1981.

KARSTEN, Hermann. *Geognosticischen Bemerkungen über die Ungebungen von Maracaybo und über die Nordküste von Neu-Granada*. Berlín, vol. 25, N° 2, pp. 567-573, 1853.

KLARE, Michael T. *Sangre y petróleo. Peligros y consecuencias de la dependencia del crudo*. Barcelona, Tendencias Editores, 2006.

KORNBLITH, Miriam. *La participación del Estado en los orígenes de la industria petrolera en Venezuela (1860-1910)*. Maracaibo, edición multigrafiada, 1978.

LAHOUD, Daniel. «El empresario y el estadista: la visión del petróleo en Henrique Pérez Dupuy y en Rómulo Betancourt» en *Venezuela 1914-2014. Cien años de industria petrolera*. Caracas, UCAB y Konrad Adenauer Stiftung, 2014.

LANDER, Luis E. *Poder y petróleo en Venezuela*. Caracas, Faces, Universidad Central de Venezuela, PDVSA, 2003.

LANDES, David S. *Dinastías*. Barcelona, Editorial Crítica, 2006.
LARTEGUY, Jean. *El oro del diablo: guerra petróleo y terrorismo en el Cercano Oriente*. Barcelona, Plaza y Janés Editores, 1975, 2007.
LIEUWEN, Edwin. *Petróleo en Venezuela. Una historia*. Caracas, Cruz del Sur Ediciones, 1964.
_____. *Venezuela*. Buenos Aires, Editorial Sudamericana, 1964.
LOMBARDI, John. *Venezuela. La búsqueda del orden, el sueño del progreso*. Barcelona, Editorial Crítica, 1985.
LÓPEZ, José Eliseo. «Censos Nacionales» en *Diccionario de Historia de Venezuela*. Caracas, Fundación Polar, 1997.
LÓPEZ CONTRERAS, Eleazar. *Gobierno y administración, 1936-1941*. Caracas, Editorial Arte, 1966.
_____. *El triunfo de la verdad*. México, Ediciones Genio Latino, 1949.
LÓPEZ DE GÓMARA, Francisco. *Historia general de las indias*. Barcelona, Obras Maestras, 1954.
LÓPEZ MAYA, Margarita. *EE. UU. en Venezuela: 1945-1948 (Revelaciones de los archivos estadounidenses)*. Caracas, UCV, 1996.
LÓPEZ-ORIHUELA, Alcides. *Venezuela democrática: política, educación y petróleo*. Caracas, Espasande Editores, 1985.
LOSADA ALDANA, Ramón. *Nación, universidad, petróleo*. Caracas, Academia de Ciencias Económicas y Sociales, 1988.
LUCENA SALMORAL, Manuel. *Piratas, bucaneros, filibusteros y corsarios en América*. Caracas, Editorial Grijalbo, 1994.
LUGO, Luis. *La singular historia de la OPEP*. Caracas, Ediciones Cepet, 1994.
LUNDBERG, Ferdinand. *Nelson y los otros Rockefeller*. Barcelona, 1977.
LUONGO CABELLO, Edmundo. *Hidrocarburos: el proceso de otorgamiento de las concesiones del ciclo 1956-1957*. Caracas, edición de autor, 1993.
MAC-QUHAE LA GRECA, Rafael. «Petróleo criollo al inicio del siglo XXI» en *Anales*, Universidad Metropolitana, Caracas, 2013.

MACHADO DE ACEDO, Clemy. *Eleazar López Contreras*. Caracas, Biblioteca Biográfica Venezolana, El Nacional/Banco del Caribe, 2005.

_____ y Marisela Padrón Quero. *Diplomacia de López Contreras y el tratado de reciprocidad comercial con Estados Unidos 1936-1939*. Caracas, Ministerio de Relaciones Exteriores, 1987.

_____. *La reforma de la Ley de Hidrocarburos de 1943: un impulso hacia la modernización*. Caracas, Impresos Ya, 1990.

MAKÓN, Andrea, Carolina Espinoza y Valeria Wainer. *El petróleo en la estrategia hegemónica de Estados Unidos*. Caracas, Monte Ávila Editores Latinoamericana, 2006.

MALAVÉ MATA, Héctor. *La trama estéril del petróleo*. Caracas, Rayuela, Taller de Ediciones, 2006.

_____. *Petróleo y desarrollo económico de Venezuela*. Caracas, Universidad Central de Venezuela, 1962.

MALLET-PREVOST, Severo. *Consulta para The Caribbean Petroleum Company*. Caracas, Tipografía Americana, 1932.

MANZANO, Osmel. *Venezuela y su petróleo. El origen de la renta*. Caracas, UCAB, Colección temas de formación sociopolítica N° 10, 2009.

_____. *Venezuela y su petróleo. El destino de la renta*. Caracas, UCAB, Colección de temas de formación sociopolítica, N° 11, 2009.

MARTÍN FRECHILLA, Juan José y Yolanda Texera Arnal. *Petróleo nuestro y ajeno. La ilusión de modernidad*. Caracas, Universidad Central de Venezuela, 2005.

_____. *Planes, planos y proyectos para Venezuela: 1908-1958. (Apuntes para una historia de la construcción del país)*. Caracas, Universidad Central de Venezuela, 1994.

MARTÍNEZ, Aníbal R. *Cronología del petróleo venezolano*. Caracas, PDVSA-CIED, 2000.

_____. *Diccionario del petróleo venezolano*. Caracas, Los Libros de El Nacional, 1997.

_____. *La exacta comprensión. Gumersindo Torres y el petróleo venezolano*. Caracas, Edreca Editores, 1977.

_____. «Petróleo crudo» en *Diccionario de Historia de Venezuela*. Caracas, Fundación Polar, 1997.

_____. *El camino de Petrolia*. Caracas, Fundación Banco del Caribe, 1979.

_____. *Historia petrolera en 20 jornadas*. Caracas, Edreca Editores, 1973.

_____. *El servicio técnico de hidrocarburos*. Caracas, Ministerio de Energía y Minas y Cepet, 1990.

MATA GARCÍA, Luis. *El petróleo en la toponimia americana*. Anzoátegui, Fondo Editorial del Caribe, 2009.

MAYOBRE, Eduardo. *La nacionalización petrolera. 1976. Culminación de una política*. Caracas, Fundación Rómulo Betancourt, 2007.

_____. *Juan Pablo Pérez Alfonzo*. Caracas, Biblioteca Biográfica Venezolana, El Nacional y Banco del Caribe, 2005.

_____. *Gumersindo Torres*. Caracas, Biblioteca Biográfica Venezolana, El Nacional y Banco del Caribe, 2007.

MAYOBRE, José Antonio. *Obras escogidas*. Caracas, Banco Central de Venezuela, 1982.

_____ y Benito Raúl Losada. *La desulfuración en Venezuela*. Caracas, Editorial Arte, 1970.

MCBETH, Brian S. *Juan Vicente Gomez and the Oil Companies in Venezuela, 1908-1935*. Cambridge University Press, 1983.

_____. «Los concesionarios petroleros durante la época de Juan Vicente Gómez» en *El Desafío de la Historia*. Caracas, N° 30, año 4, 2011.

_____. *La política petrolera venezolana: una perspectiva histórica 1922/2005*. Caracas, Universidad Metropolitana, Celaup, 2015.

MEDINA ANGARITA, Isaías. *Cuatro años de democracia*. Caracas, Pensamiento Vivo Editores, 1963.

MEJÍA ALARCÓN, Pedro Elías. *Monopolio y precios del petróleo*. Caracas, UCV, 1964.

_____. *La industria del petróleo en Venezuela*. Caracas, UCV, 1972.

MÉNDEZ-AROCHA, Alberto. *Bases para una política energética venezolana*. Caracas, Banco Central de Venezuela, 1974.

MIERES, Francisco. *El petróleo y la problemática estructural venezolana*. Caracas, BCV, 2012.

_____. *Hacia la Venezuela postpetrolera*. Caracas, Academia Nacional de Ciencias Económicas, 1989.

_____. «El mercado intramonopolista del petróleo crudo» en *Veinticinco años de petróleo venezolano*. Caracas, Academia Nacional de Ciencias Económicas, 2008.

MOLEIRO, Rodolfo. *De la dictadura a la democracia, Eleazar López Contreras, lindero y puente entre dos épocas*. Caracas, Consorcio Credicard, 1992.

MOLINA MARTÍNEZ, Miguel. «Legislación minera colonial en tiempos de Felipe II» en *XII Coloquio de Historia Canario-Americana y VIII Congreso Internacional de Historia de América*. Cabildo de Gran Canarias, 2000.

MOMMER, Bernard. *La cuestión petrolera*. Caracas, Ediplus, 2008.

_____. *La cuestión petrolera*. Caracas, Asociación de Profesores UCV y Tropykos, 1987.

_____. *La cuestión petrolera*. Caracas, PDVSA, 2013.

_____. *Petróleo global y Estado nacional*. Caracas, Editorial Comala, 2003.

_____. *El mito de la Orimulsión: la valoración del crudo extra-pesado en la Faja Petrolífera del Orinoco*. Caracas, Ministerio de Energía y Minas, 2004.

MONDOLFI GUDAT, Edgardo. «La relación Venezuela- Estados Unidos durante el último medio siglo (1950-2000)» en *Venezuela y Estados Unidos a través de dos siglos*. Caracas, VenAmCham, 2000.

MONSALVE CASADO, Ezequiel. *Dominemos nuestro petróleo*. Caracas, edición de autor, 1966.

MORENO LEÓN, José Ignacio. *Profundización de la nacionalización petrolera venezolana*. Caracas, ediciones Centauro, 1981.

MOSLEY, Leonard. *El peligroso juego del petróleo*. Barcelona, España, Editorial Noguer, 1975.

MULLER, Juan Antonio. «Análisis comparativo: régimen de Concesiones/Nacionalización» en *Venezuela 1914-2014. Cien años de industria petrolera*. Caracas, UCAB y Konrad Adenauer Stiftung, 2014.

NATERA, Brígido R. «Los recursos petroleros venezolanos». Conferencia dictada en la Academia de Ciencias Políticas y Jurídicas. Caracas, PDVSA, 1986.

_____. «Petróleo y desarrollo». Conferencia dictada en el Palacio Legislativo del estado Bolívar. Caracas, PDVSA, 1986

NAVARRO RODRÍGUEZ, Sebastián. *Venezuela petrolera. El asentamiento en el oriente, 1938-1958*. Estados Unidos, *Trafford Publishing*, 2010.

NWEIHED, Kaldone. «Asia central: petróleo y política» en *Humania del Sur. Revista de Estudios latinoamericanos, africanos y asiáticos*, N° 14, enero-junio 2013. Mérida, Universidad de Los Andes, Venezuela.

O'CONNOR, Harvey. *La crisis mundial del petróleo*. Caracas, Ediciones y Distribuidores Aurora, 1962.

ODELL, Peter R. *Petróleo y poder mundial*. Caracas, Editorial Tiempo Nuevo, 1971.

OLIVIERI, Giannina. *Manuel Pérez Guerrero*. Caracas, Biblioteca Biográfica Venezolana, El Nacional y Banco del Caribe, 2012.

ORDAZ, Ramón. *Piedra de aceite. Recepción del tema petrolero en la poesía venezolana* (antología). Anzoátegui, Fondo Editorial del Caribe, 2012.

ORTUÑO ALZATE, Salvador. *El mundo del petróleo: origen, usos y escenarios*. México, Fondo de Cultura Económica, SEP, Conacyt, 2009.

OTERO SILVA, Miguel. *Oficina N °1*. Buenos Aires, Editorial Losada, 1961.

PACANÍNS, Guillermo. *La aviación comercial en Venezuela. De la carreta al camión*. Caracas, Gráficas Armitano, 1985.

_____. *Nuestra aviación (1920-1970)*. Caracas, edición de autor, 1970.

PACHECO, Emilio. *De Castro a López Contreras*. Caracas, Domingo Fuentes editor, 1984.

PALMA CARRILLO, Pedro. *Aspectos económicos y financieros de la industria petrolera nacional, 1976-1985*. Caracas, Ediciones Amón, 1985.

PARDO, Isaac J. *Juan de Castellanos (1522-1607)*. Caracas, Ediciones de la Fundación Eugenio Mendoza, 1959.

PARRA LUZARDO, Gastón. *De la nacionalización a la apertura petrolera*. Caracas, BCV, 2012.

_____. *La nacionalización petrolera: ¿para quién y para qué?* Maracaibo, Universidad del Zulia, 1974.

PEÑALOZA, Humberto. «Origen y destino de la OPEP» en *Asuntos*, Año 2, N° 4, octubre de 1998.

PÉREZ, Omar. *Wolfgang Larrazábal*. Caracas, Biblioteca Biográfica Venezolana N° 87, El Nacional y Fundación Bancaribe, 2008.

PÉREZ ALFONZO, Juan Pablo. *Introducción a la Memoria del Ministerio de Fomento, 1947*. Caracas, Editorial Arte, 1979.

_____. *Venezuela y su petróleo. Elementos de una política*. Caracas, Imprenta Nacional, 1960.

_____. *Petróleo y dependencia*. Caracas, Editorial Síntesis Dos Mil, 1971.

_____. *Petróleo. Jugo de la tierra*. Caracas, Editorial Arte, 1961.

PÉREZ CASTILLO, Oscar. «El fundador de la OPEP. Facetas de una vida» en *Testimonios de una realidad petrolera*. Caracas, Fundación Venezuela Positiva, 2002.

PÉREZ GUERRERO, Manuel. *Petróleo: hechos y consideraciones*. Caracas, Oficina Central de Información OCI, 1965.

PÉREZ MÁRQUEZ, Antonio. *Implosión corporativa. Lecciones de una cultura organizacional.* Caracas, Invermark Ediciones, 2005.

PÉREZ SCHAEL, María Sol. *Petróleo, cultura y poder en Venezuela.* Caracas, Monte Ávila Editores Latinoamericana, 1993.

PETRAS, James F, Morris Morley y Steven Smith. *The nationalization of Venezuelan Oil.* New York, London, Praeger Publishers, 1977.

PICÓN SALAS, Mariano. *Los días de Cipriano Castro.* Caracas, Editorial Garrido, 1953.

PINEDA, José Gregorio y Francisco Sáez. *Crecimiento económico en Venezuela: bajo el signo del petróleo.* Caracas, Banco Central de Venezuela, colección Economía y Finanzas, 2006.

PINO ITURRIETA, Elías. *Guillermo Zuloaga. Esbozo biográfico.* Caracas, Editorial Arte, 2007.

PITTIER, Henri. *Trabajos escogidos.* Caracas, Ministerio de Agricultura y Cría, 1948.

PLANCHART BURGUILLOS, Antonio. *Estudio de la legislación venezolana de hidrocarburos. Desenvolvimiento histórico de ella.* Caracas, Tipografía Americana, 1939.

PLAZA, Salvador de la. *Breve historia del petróleo y su legislación en Venezuela.* Caracas, Grafiúnica, 1973.

PLINIO, Cayo Segundo (Plinio el Viejo). *Obra completa,* Editorial Gredos, Barcelona (España), 2010.

PLUTARCO. *Vidas paralelas.* Barcelona (España), Biblioteca Básica Gredos, tomos 84 y 85, 2001.

POGUE, Joseph. *El petróleo y las Américas.* Edición de Autor, s/f.

POLANCO ALCÁNTARA, Tomás. *Juan Vicente Gómez. Aproximación a una biografía.* Caracas, Ediciones Ge, 1995.

_____. *Eugenio Mendoza. Un destino venezolano.* Caracas, Fundación Eugenio Mendoza, Caracas, 1993.

_____. *Eleazar López Contreras.* Caracas, Ediciones Ge, 1995.

PRIETO FIGUEROA, Luis Beltrán. *Por qué los venezolanos defendemos nuestro petróleo*. Discurso pronunciado en el Congreso Nacional, Caracas, OCI, 1966.
PRIETO SOTO, Jesús. *Conformación ideológica petrolera venezolana*. Barranquilla, Editorial Mejoras, 1974.
PRIMERA GARCÉS, Maye. *Diógenes Escalante*. Caracas, Biblioteca Biográfica Venezolana N° 58, El Nacional y Bancaribe, 2007.
QUEVEDO, Numa. *El gobierno provisorio 1958*. Caracas, Pensamiento Vivo, 1963.
QUIROS CORRADI, Alberto. «Colonia, petro-Estado y la verdadera nacionalización» en *Testimonios de una realidad petrolera*. Caracas, Fundación Venezuela Positiva, 2002.
_____. «Futuro de la OPEP». Conferencia dictada en el Colegio de Ingenieros de Venezuela, Paraguaná, 1981.
_____. «Los precios del petróleo y la planificación del desarrollo» en revista *SIC*, Centro Gumilla, Año XLVI, N° 451, enero 1983.
_____. «Ingeniería, petróleo y desarrollo nacional» Conferencia dictada en las III Jornadas de Ingeniería de Consulta, Caracas, 1982.
_____. «Se vende petróleo». Conferencia dictada en el Rotary Club de Chacao, Caracas, 1966.
_____. «Análisis de la nacionalización del petróleo en Venezuela». Conferencia dictada en el Rotary Club del Lago, Maracaibo, 1975.
_____. «El petróleo como motor del desarrollo regional». Maracaibo, Costa Oriental, 1982.
_____. *Réquiem para un proceso*. Caracas, edición de autor, 1996.
_____. *El diagnóstico de lo imposible*. Caracas, Editorial Ateneo de Caracas, 1986.
_____. *La nacionalización del Estado*. Caracas, edición de autor, 1997.

QUIROZ SERRANO, Rafael. *Marchas y contramarchas del petróleo en Venezuela, 1989-2001*. Caracas, Editorial Panapo, 2011.

RAMÍREZ, Eddie y Rafael Gallegos. *Petróleo y gas: el caso Venezuela*. Caracas, Editorial Lector Cómplice, 2015.

RANGEL, Domingo Alberto. *Gómez, el amo del poder*. Caracas, Vadell Hermanos, 1975.

RIVAS AGUILAR, Ramón. *Venezuela, apertura petrolera y geopolítica, 1948-1958*. Mérida, Universidad de los Andes, 1999.

_____. *Estado y desarrollo capitalista en Venezuela (1941-1945)*. Mérida, Universidad de Los Andes, 2000.

RODRÍGUEZ ARAQUE, Alí. *El proceso de privatización petrolera en Venezuela*. Caracas, Fondo Editorial Asamblea Legislativa del Estado Miranda, 1997.

_____. *Opep, petróleo y universidad*. Caracas, Ministerio de Energía y Minas, 2000.

RODRÍGUEZ GALLAD, Irene. *El petróleo en la historiografía Venezolana*. Caracas, Universidad Central de Venezuela, 1974.

_____. y Francisco Yánez. *Cronología ideológica de la nacionalización petrolera venezolana*. Caracas, Universidad Central de Venezuela, 1977.

RODRÍGUEZ, Policarpo A. *Petróleo en Venezuela ayer, hoy y mañana: cinco décadas de historia económica venezolana*. Caracas, Los Libros de El Nacional, 2006.

_____. *Petróleo en Venezuela hoy*. Caracas, Monte Ávila Editores, 1973.

RODRÍGUEZ, Ricardo. *El petróleo en Colombia: 50 años*. Bogotá, Empresa Colombiana de Petróleos – Ecopetrol, 2001.

RODRÍGUEZ CERRUTI, Otto, Armando Izquierdo Rodríguez y Jonás Marín Gil. «Transformación de Intevep» en *Asuntos*, PDVSA-CIED, año 2, N° 3, mayo 1998.

RODRÍGUEZ ERASO, Guillermo. «Apertura petrolera» en *Veintenario 1978-1999*. Cámara Petrolera de Venezuela. Caracas, Ediciones Cámara Petrolera de Venezuela, 1998.

_____.«Contratos de servicio en el mundo». Conferencia dictada ante la Sociedad Venezolana de Petróelo y Profesiones Afines, Lagunillas, 1965.

RODRÍGUEZ SOSA, Pedro Luis y Luis Roberto Rodríguez Pardo. *El petróleo como instrumento de progreso. Una nueva relación ciudadano-Estado-petróleo*. Caracas, Ediciones IESA, 2012.

RÖHL, Eduardo. *Exploradores famosos de la naturaleza venezolana*. Caracas, Tipografía «El Compás», 1948.

ROMERO, María Teresa. *Rómulo Betancourt*. Caracas, Biblioteca Biográfica Venezolana N° 13, El Nacional y Banco del Caribe, 2005.

_____. *Política exterior venezolana. El proyecto democrático, 1959-1999*. Caracas, Los Libros de El Nacional, 2010.

RONDÓN DE SANSÓ, Hildegard. *El régimen jurídico de los hidrocarburos*. Caracas, Epsilón Libros, 2008.

ROSALES, Rafael María. *El mensaje de Petrolia*. Caracas, Ediciones de la Presidencia de la República, 1976.

ROSSI GUERRERO, Félix. *Temas políticos petroleros*. Caracas, CIED, 1995.

ROUSSEAU, Isabelle. «El peso de la nacionalización en la construcción y evolución de la industria petrolera: un estudio comparativo Pemex/PDVSA» en *Venezuela 1914-2014. Cien años de industria petrolera*. Caracas, UCAB y Konrad Adenauer Stiftung, 2014.

SADER PÉREZ, Rubén. *Explotación de hidrocarburos del Estado*. Caracas, Oficina Central de Información (OCI), 1966.

_____. *Problemas del crecimiento de una empresa petrolera del Estado*. Caracas, Monte Ávila Editores, 1969.

_____. *La empresa petrolera nacional y nuestro desarrollo independiente*. Caracas, Corporación Venezolana del Petróleo, 1968.

_____. *Hacia la nacionalización petrolera*. Caracas, Síntesis Dos Mil, 1972.

_____. *Petróleo polémico y otros temas*. Caracas, Síntesis Dos Mil, 1974.

_____. *La empresa estatal y los contratos de servicio*. Caracas, Tipografía Vargas, 1967.

SALAS, Guillermo José. *Petróleo*. Caracas, Monte Ávila Editores Latinoamericana, 1990.

SALMERÓN, Víctor. *Petróleo y desmadre. De la Gran Venezuela a la Revolución Bolivariana*. Caracas, Editorial Alfa, 2013.

SAMPSON, Anthony. *Las siete hermanas. Las grandes compañías petroleras y el mundo que han creado*. Barcelona, Grijalbo, 1975.

SÁNCHEZ, Rebeca. «La Organización de Países Exportadores de Petróleo (OPEP)» en *Venezuela y... los países hemisféricos, ibéricos e hispanohablantes*. Caracas, USB, 2000.

SÁNCHEZ GUERRERO, Gustavo. *La nacionalización del petróleo y sus consecuencias económicas*. Caracas, Monte Ávila Editores, 1990.

SÁNCHEZ OTERO, Germán. *La nube negra. Golpe petrolero en Venezuela*. Caracas, PDVSA, 2012.

SANDOVAL MENDOZA, A y José del Carmen Gómez. *El imperio de la Standard Oil en Colombia y tierras aledañas*. Bogotá, Editorial Colombia Nueva, 1963.

SCHAEL, Guillermo José. *Apuntes para la historia del automóvil en Venezuela*. Caracas, edición de autor, 1969.

SÉDILLOT, René. *Historia del petróleo*. Bogotá, Editorial Pluma, 1977.

SEGNINI, Yolanda. *Los hombres del benemérito*. Caracas, Universidad Central de Venezuela, 1985.

_____. *Las luces del gomecismo*. Caracas, Ediciones Alfadil, 1987.

_____. *La consolidación del régimen de Juan Vicente Gómez*. Caracas, Academia Nacional de la Historia, 1982.

SEIFERT, Thomas. *El libro negro del petróleo: una historia de codicia, guerra, poder y dinero*. Buenos Aires, Capital Intelectual, 2008.

SIERRA, Manuel Felipe. *Marcos Pérez Jiménez*. Caracas, Biblioteca Biográfica Venezolana N° 112, El Nacional y Fundación Bancaribe, 2009.

SILVA LUONGO, Luis José. «El petróleo en la vida económica y política de Venezuela» en *De la Revolución Restauradora a la Revolución Bolivariana*. Caracas, El Universal y UCAB, 2010.

SILVA MICHELENA, Héctor. «La crisis de los nuevos tiempos (y una larga mirada a las políticas públicas 96-97)» en *Historia mínima de la economía venezolana*. Caracas, Fundación de los Trabajadores de Lagoven, 1997.

_____. *El pensamiento económico venezolano en el siglo XX. Un postigo con nubes*. Caracas, Fundación para la Cultura Urbana, 2006.

SIVOLI G, Alberto. *Venezuela y sus riquezas minerales*. Caracas, Ediciones del Cuatricentenario de Caracas, 1967.

SOHR, Raúl. *Adiós, petróleo. El mundo y las energías del futuro*. Colombia, Editorial Debate, 2011.

SOLANO, José Ramón. *Petróleo y energía: una visión estratégica*. Caracas, Universidad Metropolitana, 2006.

_____. «Petróleo y electricidad: dos elementos de la evolución energética del siglo XX venezolano» en *Venezuela: balance del siglo XX*. Caracas, Universidad Metropolitana, 2000.

SOSA AZPÚRUA, Juan Carlos, Inés Röhl Soloviof y Martín Durán García. *ABC del petróleo y la energía*. Caracas, Grupo Petróleo YV, 2010.

SOSA PIETRI, Andrés. *Quo vadis Venezuela*. Caracas, edición de autor, 2000.

_____. *Petróleo y poder*. Caracas, Editorial Planeta, 1993.

_____. «Petróleos de Venezuela es una institución de la cual los venezolanos deben sentirse orgullosos». Conferencia dictada en la XXIV Cena de la Prensa, Caracas, PDVSA, 1991.

SOSA RODRÍGUEZ, Julio. *El petróleo venezolano y las importaciones petroleras de Estados Unidos*. Caracas, Publicaciones Mito Juan, 1971.

SOTO, Gioconda. «Entrevista con Alí Rodríguez Araque». Caracas, diario *El Nacional*, jueves 30 de diciembre de 2004, página A-5.

SULLIVAN, William y Winfield Burggraff. *El petróleo en Venezuela. Una bibliografía*. Caracas, Ediciones Centauro, 1977.

SULLIVAN, William y Brian S. McBeth. *Petroleum in Venezuela, a bibliography*. Boston, G.K. Hall & Co, 1985.

SULLIVAN, William y Brian McBeth. *Historia documental de la industria petrolera 1865-1908*. Caracas, Ediciones de Petróleos de Venezuela, s/f.

SULLIVAN, William. «Situación económica y política durante el período de Juan Vicente Gómez, 1908-1935» en *Política y Economía en Venezuela (1810-1991)*. Caracas, Fundación John Boulton, 1992.

_____. *El despotismo de Cipriano Castro*. Caracas, Academia Nacional de la Historia, Fundación Editorial Trilobita, 2013.

TABLADA, Carlos. *Petróleo, poder y civilización*. Madrid, Editorial Popular, 2004.

TAFUNELL, Xavier. «La economía internacional en los años de entreguerras (1914-1945)» en *Historia económica mundial. Siglos X-XX*. Barcelona, Editorial Crítica, 2005.

TARBELL, Ida M. *The history of the Standard Oil Company*. New York, McClue, Phillips, 1904.

TARRE BRICEÑO, Maruja. «Relaciones petroleras entre Estados Unidos y Venezuela» en *Venezuela y... los países hemisféricos, ibéricos e hispanohablantes*. Caracas, USB, 2000.

TARRE MURZI, Alfredo (Sanín). *López Contreras. De la tiranía a la libertad*. Caracas, Editorial Ateneo de Caracas, 1982.

_____. *Venezuela saudita*. Valencia, Vadell Hermanos, 1978.

_____. *Rómulo*. Valencia, Vadell Hermanos, 1984.

TEJERA, Miguel. *Venezuela pintoresca e ilustrada*. Caracas, Ediciones Centauro, 1987.

TERZIAN, Pierre. *La increíble historia de la OPEP*. Miami, Macrobit Corporation, 1988.

TEXERA ARNAL, Yolanda. «El Instituto de Geología y los inicios de la reforma de la educación superior en Venezuela» en *Petróleo nuestro y ajeno. La ilusión de modernidad*. Caracas, UCV, 2005.

TINKER SALAS, Miguel. *The enduring legacy. Oil, Culture and Society in Venezuela*. Durham, Duke University Press, 2009.

_____. «Nuevos valores y sociabilidades: campos petroleros y la construcción de ciudadanía en Venezuela» en *La tradición de lo moderno. Venezuela en diez enfoques*. Tomás Straka (compilador). Caracas, Fundación para la Cultura Urbana, 2006.

TINOCO (HIJO), Pedro R. *Análisis de la política petrolera*. Caracas, Fedecámaras, 1966.

TORO HARDY, José. *Venezuela y el petróleo del islam. El extraordinario futuro del petróleo venezolano*. Caracas, Editorial Panapo, 1991.

_____. «Venezuela y su petróleo» en *De la Revolución Restauradora a la Revolución Bolivariana*. Caracas, El Universal y UCAB, 2010.

_____. «P de política y de petróleo». Caracas, diario El Universal, 16 de diciembre de 2014.

TORRES, Gumersindo. *Memorias de Gumersindo Torres*. Caracas, edición especial de la Presidencia de la República, editor José Agustín Catalá, 1996.

TUGENDHAT, Christopher. *Petróleo: el mayor negocio del mundo*. Madrid, Alianza Editorial, 1969.

TUGWELL, Franklin. *La política del petróleo en Venezuela*. Caracas, Monte Ávila Editores, 1977.

URBANEJA, Diego Bautista. *La renta y el reclamo. Ensayo sobre petróleo y economía política en Venezuela*. Caracas, Editorial Alfa, 2013.

ÚSLAR PIETRI, Arturo. *Petróleo de vida o muerte*. Caracas, Editorial Arte, 1966.

_____. *Venezuela en el petróleo*. Caracas, Urbina y Fuentes editores asociados, 1984.

VALERO, Jorge. *¿Cómo llegó Acción Democrática al poder en 1945?* Caracas, Fondo Editorial Tropykos, 1993.
VALLENILLA, Luis. *Auge, declinación y porvenir del petróleo venezolano.* Caracas, Monte Ávila Editores, 1990.
VARGAS, José María. *Obras completas.* Caracas, Ministerio de Educación, 1958.
_____. *El orden sobre el caos.* Selección Blas Bruni Celli. Caracas, Monte Ávila Editores, 1991.
_____. *El universo de un hombre justo.* Introducción y selección Blas Bruni Celli. Caracas, Ministerio de Educación, 1986.
VARIOS AUTORES. *Temas petroleros.* Caracas, Creole Petroleum Corporation, 1966.
VARIOS AUTORES. *El petróleo. Su origen, historia general y desarrollo de la industria en Venezuela.* Caracas, Tipografía El Comercio, 1940.
VARIOS AUTORES. *Profundizar la nacionalización petrolera.* Caracas, Universidad Metropolitana, Celaup, 2012.
VARIOS AUTORES. *Evolución del transporte en Venezuela.* Caracas, Fundación Eugenio Mendoza, 1970.
VELARDE, Hugo. *Unificación de yacimientos petrolíferos de Venezuela.* Caracas, CVP, 1974.
_____. *La explotación unificada de los yacimientos de hidrocarburos y su proyección en América Latina.* Caracas, Corpoven, 1987.
VELÁSQUEZ, Ramón J. *Confidencias imaginarias de Juan Vicente Gómez.* Caracas, Ediciones Centauro, 1979.
_____. «Aspectos de la evolución política de Venezuela en el último medio siglo» en *Venezuela moderna. Medio siglo de historia 1926-1976.* Caracas, Fundación Eugenio Mendoza, 1976.
VESSURI, Hebe y María Victoria Canino. «Juegos de espejos: la investigación sobre petróleo en la industria petrolera y medio académico venezolanos» en *Petróleo nuestro y ajeno. La ilusión de modernidad.* Caracas, UCV, 2005.

VIELMA LOBO, Luis. «Transformación de Petróleos de Venezuela: una nueva corporación para enfrentar el futuro» en *Asuntos*, PDVSA-CIED, N° 6, noviembre 1999.

VILORIA VERA, Enrique. *Petróleos de Venezuela*. Caracas, Editorial Jurídica Venezolana, 1983.

_____. «La recuperación de PDVSA» en *Nuevas ideas para viejos problemas*. Caracas, Fundación Venezuela Positiva, 2013.

_____. «Historia de la empresa en Venezuela (período 1974/2008)» en *Libro homenaje al doctor Alfredo Morles Hernández*, Caracas, UCAB, 2012.

VOLSKI, Víctor. *América Latina, Petróleo e Independencia*. Buenos Aires, Editorial Cartago, 1966.

WALL, G.P. *On the Geology of a part of Venezuela and Trinidad*. London, Geol Soc, vol. 16, pp. 460-70, 1860.

YERGIN, Daniel. *La historia del petróleo: la lucha voraz por el dinero y el poder desde 1853 hasta la guerra del golfo*. Buenos Aires, Javier Vergara Editor, 1992.

ZABRODOTSKI, Yuri. *El mundo visto a través del petróleo*. Bogotá, Ediciones del Instituto de Intercambio Colombo –Soviético, 1987.

ZANONI, José Rafael. *El poder de la OPEP vs el poder del mercado*. Caracas, Gráficas Bolívar, 1983.

ZULOAGA, Guillermo. *Geografía petrolera de Venezuela*. Caracas, Graphos, 1958.

Fuentes documentales

Jurado de Responsabilidad Civil y Administrativa. *Sentencias*, 5 Tomos, Caracas, Imprenta Nacional, 1946.
Los Antecesores. *Relato de autor desconocido*. Caracas, Lagoven, Editorial Arte, 1989.
Petróleo y Otros Datos Estadísticos, 1969. Ministerio de Minas e Hidrocarburos, Oficina de Economía Petrolera, 1970.
Estadísticas Energéticas de América Latina. Organización Latinoamericana de Energía, Quito, 1981.
Veintenario 1978-1998. Cámara Petrolera de Venezuela, Caracas, 1998.
Nacionalización del Petróleo En Venezuela. Tesis y Documentos Fundamentales. Catalá-Centauro Editores, Caracas, 1975.
Gobierno y Época del Presidente Isaías Medina Angarita. El Pensamiento Oficial 1941-1945. Pensamiento Político Venezolano del siglo XX, tomos 33, 34, 38. Caracas, Congreso de la República, 1987.
Gobierno y Época del Presidente Eleazar López Contreras. Mensajes y Memorias, 1935-1941. Pensamiento Político Venezolano del siglo XX, tomo 17. Caracas, Congreso de la República, 1985.
Recopilación de Leyes y Reglamentos De Hidrocarburos y Demás Minerales Combustibles. Ministerio de Fomento, Caracas, 1937.

Archivo Histórico de Miraflores. Sección Cartas, 1942.
Gaceta Oficial N° 21 035. 23 de febrero de 1943.
Gobierno y Época de la Junta Revolucionaria, Pensamiento Oficial, 1945-1948. Pensamiento Político Venezolano del siglo XX, tomo 50, 53. Caracas, Congreso de la República, 1989.
Vigencia del Pensamiento de Juan Pablo Pérez Alfonzo. Academia Nacional de Ciencias Económicas. Caracas, 1990.
Foro Petrolero. La Dinámica del Petróleo en el Progreso De Venezuela. Universidad Central de Venezuela, Caracas, 1965.
Documentos Inéditos del Archivo Manuel R. Egaña. Facilitados por su nieto Fernando L. Egaña Benedetti.
Venezuela Bajo El Nuevo Ideal Nacional. Imprenta Nacional, Caracas, 1955.
Guía General de Venezuela.1929. F. Benet. Director y editor propietario. Caracas, 1929. Imprenta de Oscar Brandstetter, Leipzig.
Informe Anual 1998. PDVSA. Editorial Arte, Caracas, 1999.
Informe Anual 1990. PDVSA. Poligráfica Industrial, Caracas, 1991.
Informe Anual 1989. PDVSA. Editorial Arte, Caracas, 1990.
Informe Anual 1987. PDVSA. Refolit, Caracas, 1988.
Informe Anual 1986. PDVSA. Refolit, Caracas, 1987.
Informe Anual 1988. PDVSA. Refolit, Caracas, 1989.
Informe Anual 1985. PDVSA. Cromotip, Caracas, 1986.
Informe Anual 1984. PDVSA. Refolit, Caracas, 1985.
Informe Anual 1981. PDVSA. Intenso Offset, Caracas, 1982.
Informe Anual 1982. PDVSA. Gráficas Armitano, Caracas, 1983.
Informe Anual 1983. PDVSA. Refolit, Caracas, 1984.
Petróleo Y Otros Datos Estadísticos (Pode). Ministerio de Minas e Hidrocarburos. Oficina de Economía Petrolera. Años 1966, 1967, 1968, 1969, 1970, 1971, 1972, 1973, 1974, 1976, 1977, 1978, 1979, 1980, 1981, 1982, 1983, 1984, 1985, 1986, 1987, 1988, 1989.

Compilación Histórica Legislativa Sobre Hidrocarburos, 1829-1985. Caracas, Ministerio de Energía y Minas, 1988. Belén Pérez Chiriboga de Márquez.

Diario De Debates De La Cámara De Diputados. Marzo-Julio 1975 Y Julio-Diciembre De 1975. República de Venezuela, Imprenta del Congreso de la República, Caracas, 1976.

Informe De La Comisión Presidencial De La Reversión Petrolera. Caracas, 1974.

Datos Básicos Sobre La Industria Petrolera Y La Economía Venezolana. 1981. Caracas, Lagoven, 1981.

Selected Documents of the International Petroleum Industry. OPEC, Viena, 1967.

Opep. Diversos Documentos y Discursos Relacionados con los Antecedentes Y Creación de la Opep. Caracas, Imprenta Nacional, 1961.

Opep. 20 Años De Soberanía. Caracas, Ministerio de Energía y Minas, 1981.

Convención Nacional De Petróleo. Textos De Las Monografías Presentadas. Caracas, Ministerio de Minas e Hidrocarburos, 1951.

Us Securities & Exchange Comission (2004), Petróleos de Venezuela S.A, Form 20-F, 17.11.2006.

Deuda Financiera De Pdvsa Ha Crecido 187,5% En Seis Años. Diario *El Universal*, 27 de enero de 2015. Reportaje sin firma.

Rueda De Prensa De Eulogio Del Pino El 22 De Enero De 2016. Página web noticialdia.com.

Trabajos de grado

TRUJILLO DURÁN, María Clemencia. *Uso político del petróleo como recurso estratégico del gobierno de Hugo Chávez hacia Estados Unidos*. Bogotá, Universidad del Rosario, 2013.

MÉNDEZ, Vanessa. *Contexto histórico e instrumentos jurídicos que favorecieron el incremento de la renta petrolera por parte del Estado venezolano (1908-1976)*. Caracas, Universidad Metropolitana, 2015.

Entrevistas

Luis Pacheco: 15 de marzo de 2011; 20 abril de 2011; 10 de enero de 2012; 14 de mayo de 2014.

Armando Izquierdo: 20 de marzo de 2011; 7 de mayo de 2011.

Ronald Pantin: 5 de junio de 2011.

Víctor Guédez: 15 de septiembre de 2013.

Ernesto Fronjosa: 20 de noviembre de 2014.

Carlos Lee Blanco: 24 de noviembre de 2014.

Nelson Quintero Moros: 25 de noviembre de 2014.

Diego González Cruz: 26 de noviembre de 2014.

José Ignacio Moreno León: 28 de noviembre de 2014.

Enrique Viloria Vera: 29 de noviembre de 2014.

Sadio Garavini di Turno: 30 de noviembre de 2014.

Brian McBeth: 18 de enero de 2015.

Pedro Mario Burelli: 3 de abril de 2015.

Edgar Leal: 17 de abril de 2015.

Fernando Falcón Veloz: 25 de abril de 2015.

Gustavo Coronel: 29 de abril de 2015.

Héctor Pérez Marchelli: 6 de mayo de 2015.

Alfredo Coronil Hartmann: 8 de mayo de 2015.

Marcel Granier Haydon: 23 de junio de 2015.

Luis Xavier Grisanti: 14 de julio de 2015; 20 de septiembre de 2015.

Enrique Tejera París: 17 de julio de 2015.

Leopoldo Aguerrevere: 12 de enero de 2016.

Jorge Roig: 25 de enero de 2016.

Joaquín Marta Sosa: 25 de enero de 2016.

José Toro Hardy: 10 de febrero de 2016.

Índice onomástico

A

Acosta, Pedro Julián   57
Acosta Hermoso, Eduardo   228
Adriani, Alberto   132, 134
Aguerrevere, Ángel Demetrio   145
Aguerrevere, Enrique Jorge   172, 181
Aguerrevere, Pedro Ignacio   118, 145, 157, 180
Aguerrevere, Santiago   118, 157
Álamo, Antonio   103
Alcock Pérez-Matos, Frank   273, 281
Alejandro Magno   18-19
Alejandro VI, Borgia   30
Alfonso X   29
Alfonzo Ravard, Rafael   243, 248, 253-256, 258, 262-263, 278, 293-294, 300, 333
Álvarez, Ramón   56
Álvarez, Víctor   310
Álvarez Paz, Oswaldo   288
Andrade, Ignacio   49
Andrade, José   56
Andueza Palacio, Raimundo   49
Anzola, Edgar   66
Anzola, Hernán   252

Aranguren, Antonio   56, 85
Araque, Carlos Luis   199
Arcay, Luis Guillermo   251
Arcaya, Pedro Manuel   88, 90-92, 96, 121-122, 157
Archbold, John D.   70
Arcila Farías, Eduardo   67-68, 105, 116, 149
Arellano Moreno, Antonio   23
Argüelles, Rodrigo de   23
Arias Cárdenas, Francisco   303
Armas, Celestino   239, 275, 277-282
Arnold, Ralph   49, 55, 59, 80-83, 96, 121, 180
Arreaza, Julio César   214, 240-241, 243, 257-258, 263
Arria, Diego   237
Arrieta Valera, Erwin   288
Arrioja, José Enrique   278-279
Aular, Víctor   319

B

Baldó, José Antonio   50-53
Baldó Soulés, Lucio   105-107
Balestrini, César   189, 197
Baptista, Asdrúbal   105, 115-116, 132, 155, 190, 204, 216, 255, 269, 283, 289, 302
Barberii, Efraín   111, 116, 155-156, 158, 238, 263, 270, 275
Barna, Teodoro   321
Barreto, Aires   301
Barrington, Thomas   81
Barrios, Gonzalo   167, 238-239, 241
Benz, Karl   63-65
Benz, Mercedes   64
Bergius, Friedrich   162
Bermúdez, Arístides   263, 269, 282, 289
Berthelot, Marcellin   14

Betancourt, Rómulo   59, 94, 96, 112, 129-132, 135, 138, 147, 153, 165-170, 173, 177-178, 195-196, 199-206, 208, 211, 213-214, 218-221, 231, 237-242, 245, 297, 332
Biaggini, Ángel   167
Bissell, George   38-40
Blanco, Bladimiro   299
Blanco, Eduardo   293
Boland, Frank   73
Bolívar, Simón   27-28, 32-34
Bonpland, Aimé   25
Borges, Julio   201, 203, 317
Boué, Juan Carlos   313
Brandon, Steve   248
Brezhnev, Leonid   234
Brillembourg, Hugo   289
Brito Martínez, Andrés   263
Brossard, Emma   44, 114, 271-272
Brown, Clarence   53
Bueno, José Antonio   56
Bunge, A.   44
Burelli, Pedro Mario   11, 292
Burgh, N. G.   59-60
Burton, William   76-77, 163
Bush, George (hijo)   311, 314
Bush, George (padre)   277

C

Cadenas Delgado, Manuel   56
Caldera, Rafael   14, 192, 219, 223, 225, 227-230, 232, 239-241, 245, 262-263, 268, 278, 288, 289, 291-293, 295, 298
Calderón Berti, Humberto   230, 248, 256, 258-263, 275, 294
Canino, María Victoria   158
Capriles Radonski, Henrique   323

Cardano, Girolamo   64
Cárdenas, Lázaro   78, 133
Cárdenas, Román   66-67
Carlos I   30
Carlos III   31-32
Carlos V   22
Carneiro Campos, Alfredo   299-300
Carnevali, Alberto   172-173
Carrillo, José L.   251
Carruyo, Eudomario   310, 319
Carter, Jimmy   275
Casanova, José Domingo   243
Casanova, Pascual   46
Casanova, Roberto   199
Casas González, Antonio   257, 259, 263, 269
Castellanos, Juan de   22-23
Castellín Osuna, Rafael   299
Castillo, Carlos   251
Castillo Bastardo, Antón   323
Castro, Cipriano   49, 55-59, 65, 88, 91
Castro, Zoila Martínez de   65
Cayama Martínez, Rafael   120
Chacín, Orlando   319, 323
Chacín Guzmán, Juan   251, 269, 273-275, 278
Chapman, Oscar   189
Chávez, Asdrúbal   310, 319
Chávez, Hugo   132, 282, 293, 297-312, 317-319, 323-326, 333
Churchill, Winston   74-75, 164
Ciavaldini, Héctor   299-301
Citröen, André   65
Clark, Maurice   41
Codazzi, Agustín   26
Consalvi, Simón Alberto   138

Contreras Maza, Oswaldo   299, 301
Cook, Willis C.   108
Cornielles, Ramón   251
Coro, Clara   304, 306
Coronado, Ricardo   319
Coronel, Gustavo   243, 249
Corrigan, Frank   136, 144
Crespo, Joaquín   49, 55
Cullinam, Joseph   70
Curtice, Arthur   147

D

D'Arcy, William Knox   71-72, 74
Daboín, Enrique   259, 263
Dacovich, Cristóforo   56
Daimler, Gottlieb   63-65
Dauxion Lavaysse, Jean Joseph   24
Dávila, Luis   304
Dávila, Luis Alfonso   298
De Golyer, Everette Lee   164
Delgado Chalbaud, Carlos   135, 167-168, 175, 178-181, 184-185, 193
Depons, Francois   24
Deterding, Henry   62-63, 81-84, 121
Díaz, Porfirio   78, 84
Díaz Bruzual, Leopoldo (El Búfalo)   261
Díaz Hernández, Simón   292
Díaz Lyon, Bernardo   251
Díaz Sánchez, Ramón   17-18
Diez, Julio   200-202
Diodoro   18-19
Doheny, Edward   77-78, 101, 113
Domínguez, José Rafael   251, 289

Drake, Edwin   39-41, 45, 51, 70, 72
Duarte Vivas, Andrés   82
Dubini, Hermanos   37

E

Edison, Thomas Alva   63, 65
Egaña, Manuel R.   32, 128, 134, 135-138, 145, 157, 172, 178, 180-181, 184, 194, 197
Emir de Kuwait   139-140, 176-177
Escalante, Diógenes   156, 166-167
Espinasa, Ramón   191, 274, 279
Estrada, Pedro   198

F

Fadh, rey   277
Faisal, rey   235, 277
Falcón, Juan Crisóstomo   33-34
Fall, Albert   101
Farmanfarmaian, Manucher   182, 206
Farouk, rey de Egipto   186
Farrand, Camilo   45-46
Felipe II   30-31
Fernández de Oviedo y Valdés, Gonzalo   20-23
Fernández, Edmundo   167
Fernández, Lorenzo   231
Fernández, Remigio   263, 269, 273
Finol, Hugo   251, 257, 259
Fisher, Jacky   74-75
Flagler, Henry   42
Ford, Henry   64-66
Franchi, Antonio   251
Franco Vargas, Luis Emilio   244

G

Gabaldón, Arnoldo   185
Gabaldón, Gustavo   257, 259, 263
Gaddafi, Muammar el   212
Galavís, José Antonio   224
Galbraith, John Kenneth   87-88
Galey, John   69
Gallegos, Rafael   308, 319-320
Gallegos, Rómulo   151, 165, 168, 170, 175, 177-181, 209
García, Nicanor   251
García Ponce, Antonio   109
Gesner, Abraham   37-38
Getty, Jean Paul   177
Giacopini Zárraga, José   244-245
Gil, Julio César   268
Gil Fortoul, José   49, 91
Giordani, Jorge   319
Giusti, Luis   278-280, 282, 288-289, 291, 295
Gómez, Fernando   56
Gómez, Gonzalo   110
Gómez, Juan Vicente   49, 55, 57-59, 66, 68, 73, 80, 83-86, 88-91, 93-96, 105-111, 117, 119-121, 131, 134, 156-157
Gómez Ruiz, Luis Emilio   181, 189, 191-192
González, Agustín   252
González, Sixto   56
González Bona, Carlos   50-52, 106
González Rincones, Rafael   106-107
Gorbachov, Mijail   276, 281
Graf, Claus   289, 292
Grammont de la Mothe, Francois   24
Granado, Alejandro   310
Grisanti, Vicente   193
Grisanti Cano, Luis Xavier   137

Guédez, Francisco   251, 259
Guerra Marcano, Mateo   55
Guerrero, Miguel N.   50
Guevara, Rafael   279
Guffey, James   69
Guillermo III   60
Gulbenkian, Calouste   86, 102, 176
Guzmán Blanco, Antonio   46, 49, 53, 58
Guzmán Reyes, Arévalo   269, 282

H

Haight, Harold Warren   202-203
Hamilton, Horatio   54
Hammer, Armand   212
Harding, Warren   101
Harwich Vallenilla, Nikita   54-55
Hecker, Joseph   37
Henríquez, Raúl   257, 259, 263, 269
Hermano Nectario María   22
Hernández, Iván   310
Hernández, José Manuel (El Mocho)   57
Hernández Acosta, Valentín   237-238, 251, 253-254
Hernández Grisanti, Arturo   213-214, 237, 239-240, 268, 275, 301
Hernández López, Manuel   56
Hernández Raffali, Hugo   306
Herodoto de Halicarnaso   18
Herrera, Gustavo   145, 148, 181
Herrera, Miguel María   56
Herrera, Pedro Emilio   184
Herrera Campíns, Luis   248, 256-259, 261-263, 265, 268, 294, 300, 311, 333
Herrera Figueredo, Luis   120, 145

Hexner, Ervin   123-124
Hidalgo Hernández, Rafael   92
Higgins, Patillo   69
Holmes, Frank   127-128, 139
Homero   18
Hoover, Herbert   102
Hoover, Herbert (hijo)   147
Houdry, Eugene   163
Howard, Harrison Sabin   146
Humboldt, Alejandro de   25
Hussein, Saddam   265, 286-287

I

Ickes, Harold   126, 165
Inciarte, Gustavo   289, 292
Irving Jahn, Ricardo   251
Iturbe de Blanco, Eglé   281-282

J

Jablonski, Wanda   207
Jackson, William   24
Jahn, Alfredo   67
Jiménez Arráiz, Francisco   56, 85
Joiner, Columbus Marion   125
Jomeini, Ayatola   255-256, 265
Jordá, Carlos   301
Juana La Loca   22
Jusayú, Miguel Ángel   17

K

Kabboul, Fadi   319
Kamkoff Miller, Jorge   304, 306
Karsten, Hermann   26

Kennedy, John F. 219
Kessler, August 60, 62
Kissinger, Henry 234
Kitagbi, Antoine 71

L

Lamberti, Blas 199
Lameda, Guaicaipuro 304
Lander, Luis 149
Landes, David S. 43, 45
Larrazábal, Wolfgang 199-200
Lauría Lesseur, Carmelo 237
Lauría Lesseur, Jesús Alberto 282
Leal, Edgar 243, 257, 259, 282
Legros 37
Lenin, Vladimir Ilich 75-76
León Quintero, Manuel 67
Leoni, Raúl 135, 166-168, 173-174, 205, 208, 214-215, 218-226, 245
Lepage, Octavio 285
Lesseps, Ferdinand de 61-62
Lieuwen, Edwin 59, 85, 93, 108, 121, 137-138
Linares Alcántara, Francisco 49
Llovera Páez, Luis Felipe 179
López, Víctor 118
López Contreras, Eleazar 52, 73, 88-89, 118, 120, 128-131, 133-138, 140-141, 155, 157, 166-168, 190-191
López Maya, Margarita 144, 151, 169, 175
López Quevedo, Eduardo 299-300
Loreto, Luis 145
Losada, Benito Raúl 243
Lucas, Anthony 69-70
Luongo, Jesús 319, 323

Luongo Cabello, Edmundo   145, 181-182, 189, 193-194, 197
Lusinchi, Jaime   262-263, 268-269, 273, 275, 280, 294, 333

M

Machado de Acedo, Clemy   145-146
Machado Hernández, Alfredo   145
Machado Zuloaga, Henrique   278
Macías, Rafael   251
Macready, George   81
Maduro Moros, Nicolás   309-310, 319, 323, 325
Malaret, Heli   201, 203
Maldonado, Rafael María   51-52
Malpica Flores, Carlos Erick   323
Mandini, Roberto   299-301
Manrique, Ower   319
Manrique Pacaníns, Gustavo   142, 145-148, 181
Marco Torres, Rodolfo   323
Márquez Bustillos, Victorino   49, 94, 109-110, 119
Marshall, George   176
Marsicobetre, Domingo   301
Martín Frechilla, Juan José   158
Martínez, Aníbal   45-46, 89, 96, 104, 108, 120, 152, 224, 230
Martínez, Nelson   310
Martínez Mendoza, Carlos E.   310
Martorano, José   243
Matos, Manuel Antonio   55-58
Mattei, Enrico   186, 188
Maury, Carlos   114
Mavarez, José T.   252
Mayobre, Eduardo   89, 91, 96, 201
Mayobre, José Antonio   200-201, 214, 222-224, 231
Mazeika, Karl   304
McAdam, John Loudon   68

McBeth, Brian   11, 59, 96, 106-108, 110, 270, 307
McGoodwin, Preston Buford   93, 111
Medina Angarita, Isaías   88-89, 140-149, 152-153, 157, 165-168, 181, 194, 201, 245, 334
Medina Angarita, Julio   145-146
Mellon, William   69-70, 113
Mendeléiev, Dmitri I.   14
Mendoza Goiticoa, Eugenio   145-146, 148, 181, 199
Mendoza Pimentel, Juan   282, 289, 292
Mendoza Potellá, Carlos   304
Menéndez, Ricardo   323
Merentes, Nelson   319
Mommer, Bernard   200-201, 291, 310, 312-313, 327
Monagas, José Gregorio   33
Monroe, James   58
Monsalve Casado, Ezequiel   181
Monsanto, Luis Emilio   181
Monti, Lorenzo   251
Morgan, Henry   24
Morreo, Félix   251
Mossadegh, Mohammad   182, 185-186
Mozaffar ad-Din Shah Qajar (sha de Persia)   71

N

Naguib, Mohammed   186-187
Nasser, Gamal Abdel   186-187, 206, 226-227, 234
Natera, Brígido   269, 273, 275
Nau, Jean David   24
Nava, Nelson   306
Navarrete, Juan José   251
Nessim, S.   206
Nicklas, Ludovico   306
Nieto, Gustavo   289

Nixon, Richard   219, 234
Nobel, Alfred   43
Nobel, Immanuel   43
Nobel, Ludwig   43-44
Nobel, Robert   43
Núñez, Nelson   310

O

O' Connor, Harvey   123
Olavarría, Manuel   46, 56
Olivares, Luis   251
Olmeta, Ángel   292
Olza, Jesús   17
Ondegardo, Polo de   31
Orellana, Iván   319
Ortega, Carlos   282, 289
Ortuño Alzate, Salvador   14-15
Otero Silva, Miguel   18

P

Páez, José Antonio   28
Paglione, Vincenzo   304
Pahlevi, Mohammad Reza (sha de Persia)   127, 185
Palashkovsky, S.   44
Pantin, Ronald   279, 292-293
Pardo, Rafael   251
Parra, Alirio   243, 257, 259, 269, 277-278, 285
Parra, Francisco R.   301
Parra Luzardo, Gastón   304
Párraga, Gaspar de   23
Paz, José Rafael   306
Paz, Octavio   329
Pearson, Weetman (lord Cowdray)   77-78

Peña Nieto, Enrique   79
Peñaloza, Humberto   238, 257, 259, 263
Peñalver, Manuel   243, 257, 259
Peraza, Celestino   57
Pérez, Carlos Andrés   14, 231-232, 237-238, 240, 242-245, 251-254, 275, 277-278, 280-282, 285, 294-295, 300-301, 332-333
Pérez, Juan Bautista   49, 119
Pérez, Manuel Cipriano   67
Pérez Alfonzo, Juan Pablo   21, 147, 149, 150, 154, 165, 168-174, 180-181, 195-196, 205-207, 213-223, 225, 231, 237, 240-241, 268, 281, 335
Pérez Amado, Jorge   278
Pérez de la Cova, Carlos   145, 200
Pérez Guerrero, Manuel   206, 214, 221-222, 224-226
Pérez Jiménez, Marcos   153, 166, 175, 179, 184-185, 189, 193-194, 198-199, 228-229, 334
Pérez La Salvia, Hugo   214, 228, 231, 289
Pérez Luzardo, Néstor Luis   118, 128, 130-134, 157, 180
Pérez Marchelli, Héctor   82
Pérez Soto, Vicencio   110
Perozo, Edison   289
Petkoff, Teodoro   317
Petzall, Wolf   257-258, 263
Phelps, William H.   66
Philby, Harold   138
Philby, Harry St John Bridger   138-139
Phillips, Jorge   54
Pietri, Juan   57
Pietri, Luis Gerónimo   145
Pieve Duarte, César A.   282
Pimentel, Juan de   23
Pino, Eulogio del   310, 319, 323, 325, 329

Pittier, Henri   21, 103-104
Pizani, Rafael   145
Planas, Bernabé   56
Planchart Burguillos, Antonio   28-29
Plaz Bruzual, Luis   243, 257
Plinio   20
Plutarco   19
Pocaterra, José Rafael   182
Pogue, Joseph   181-183
Polanco Alcántara, Tomás   107-108
Porsche, Ferdinand   65
Prado, José Lorenzo   200
Praselj, Eduardo   299-301, 304
Prieto Figueroa, Luis Beltrán   167
Proudfit, Arthur   148, 178, 202
Pulido Rubio, Dolores   53
Pulido, Luis   319
Pulido, Manuel   257, 259, 263, 289
Pulido, Manuel Antonio   46, 50, 52, 106

Q

Quevedo, Pedro José   199
Quinlan, Patrick   55
Quintero Valera, Rómulo   252
Quirós Corradi, Alberto   251, 262

R

Ramírez, Néstor   251, 282
Ramírez, Roberto   106-107
Ramírez Carreño, Rafael   304, 306, 309-310, 319-320, 323
Ramírez S., Eddie A.   308, 320
Ramírez Sánchez, Carlos (El Chacal)   236
Rangel, Carlos   216

Rangel, Carlos Guillermo   243
Rangel, Wills   319, 323
Rangel Gárbiras, Carlos   57
Reagan, Ronald   276
Reimpell, Pablo   251, 257, 259, 263, 269, 273, 281-282
Reuter, Barón Julius de   71
Revenga, Manuel   56
Reynolds, George   72
Richany, Aref Eduardo   319
Riera, Alfredo   304
Rincones, Pedro Rafael   51-52, 106
Rincones, Soledad   106
Riquezes, Héctor   252, 269, 282
Rivas, Hercilio   319
Rivero, Héctor   251
Roche, Marcel   230
Rockefeller, John D.   41-43, 45, 65, 70, 79-80, 84, 101, 110
Rodríguez, Argenis   304
Rodríguez, Dester   310
Rodríguez, Félix   304, 310
Rodríguez, Gumersindo   237
Rodríguez, Mario   269, 282
Rodríguez Araque, Alí   300-301, 304, 306-307, 309, 311-312
Rodríguez Eraso, Guillermo   251, 253, 262
Rodríguez Ochoa, Arnaldo   301, 304, 306
Rojas, Arístides   27
Rojas Paúl, Juan Pablo   49
Rojas Vivas, César   282
Rolando, Nicolás   57
Romero Villate, Abel   199
Romero Zuloaga, Carlos   251
Rommel, Erwin   161-162
Rondón de Sansó, Hildegard   133

Roosen, Gustavo   243, 278, 282, 285, 295
Roosevelt, Franklin Delano   126, 142-144, 164-165
Roosevelt, Teodoro   59, 75, 79-80
Rosales, Manuel   317-318
Rosales, Rafael   53, 310
Rothschild, Barón Alphonse de   43-45, 61-62, 75
Ruiz, Miguel R.   110

S

Sadat, Anwar el   187, 234-235
Sáder Pérez, Rubén   224
Sáez, Irene   297-298
Sahagún, Fray Bernardino de   23-24
Salas Römer, Henrique   298
Salazar Raffali, Arnaldo   282
Salman, Mohamed   206
Salmerón, Víctor   261
Samuel, Marcus   61-63, 69, 74
Sanabria, Edgar   199-204, 209
Saud, Ibn   138-139, 164, 176
Saud, Muhammad bin   138
Sayed Omar, Ahmed el   206
Schael, Guillermo José   65-66
Schumacher, Ernest Friedrich   232-233
Schweitzer, Albert   169
Selligues, M.   37
Silliman, Benjamin   38-39
Silva Calderón, Álvaro   228, 301
Silva Luongo, Luis José   201
Sinclair, Harry   101, 130
Smith, William   40
Sosa, Arturo   200, 261
Sosa Pietri, Andrés   243, 278, 280-282, 285, 295

Sosa Rodríguez, Julio   228, 243
Soto, Gioconda   311-312
Stalin, José   75-76, 164
Stewart, Robert   101
Suárez Flamerich, Germán   175, 185, 189, 251
Suez de Vallejo, Aracelis   323
Sugar, Ernesto   251
Sutherland, Jorge   45
Szabo, Juan   293

T

Tafunell, Xavier   124
Tarbell, Ida   79
Tarbes, Jack R.   251
Tariki, Abdullah   206-207
Teagle, Walter   102
Tejera, Miguel   26
Tello, Manuel   118, 157
Texera, Yolanda   158
Thatcher, Margaret   276
Thornburg, Max   147-148
Toledo, Francisco de   31
Toro Hardy, José   292
Torres, Gumersindo   88-92, 94-95, 103, 108-110, 117-121, 134, 156, 180, 193
Townsend, James   39-40
Tredinick, Joaquín   273, 289, 292
Tregelles, John Allen   59, 60, 84
Trejo, Hugo   198
Trinkunas, Julius   263, 269, 273
Trujillo, Rafael Leonidas   199
Truman, Harry   165
Tugwell, Franklin   215, 217-218, 226, 232

U

Ugueto Arismendi, Luis   261
Urbaneja, Diego Bautista   201
Urdaneta, Luis   289, 293
Urdaneta, Renato   251-252
Urdaneta Maya, Enrique   110
Úslar Pietri, Arturo   104, 18, 130-132, 145-146, 165, 216-217, 219-220, 223-224, 332

V

Valero, Jorge   175
Valladares, Rafael Max   60, 84-85
Vallejo, Carlos   319
Vallenilla, Luis   97-98, 135
Vallenilla Lanz, Laureano   91
Vallenilla Planchart, Laureano   198
Vargas, José María   34-36
Vargas, Marcos   167
Vásquez, Nelson   259, 263, 269
Velarde, Hugo   224
Velasco, Alonso   289
Velásquez, Ramón J.   277-278, 285, 295
Vélez, Luis   67-68
Vera Izquierdo, Santiago   184, 189, 191-193, 197
Vessuri, Hebe   158
Vierma, Luis   310
Vigas, Andrés Jorge   56, 85
Villafañe, José Gregorio   51-52
Villagra, Francisco de   31
Villalba, Jóvito   192-193
Villanueva, Jesús   304, 310
Vinci, Leonardo da   64
Viney, John   293

Vogeler Rincones, Carlos   269
Volkenborn, Arnold   282
Volta, Alejandro   36-37

W

Wall, George Parkes   27
Warner, Charles   55
Weber, Max   43
Wilhelm, Samuel   263, 269
Wojtyla, Karol (Juan Pablo II)   276
Wright, Orville   72-73
Wright, Wilbur   72-73

Y

Yamani, Ahmed Zaki   227, 236, 265-266, 277
Yergin, Daniel   40, 137, 154, 162, 164, 206-207, 232-233
Young, James   37

Z

Zahedi, Fazlollah   186
Zar Nicolás II   75-76
Zijlker, Aeilko Jans   60
Zuloaga Ramírez, Guillermo   117-118, 120, 157

www.ingramcontent.com/pod-product-compliance
Lightning Source LLC
Chambersburg PA
CBHW022059150426
43195CB00008B/190